普通高等教育"十一五"国家级规划教材

SMT教材系列

表面组装工艺技术

(第2版)

周德俭　吴兆华　编

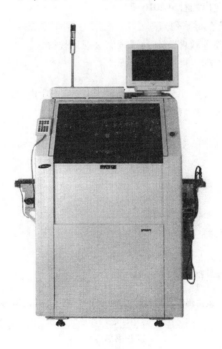

国防工业出版社

·北京·

内 容 简 介

本书介绍电子电路表面组装技术(SMT)的组装工艺技术,内容包括:SMT 工艺技术的内容和特点、SMT 组装方式和工艺要求、SMT 工艺流程与组装生产线、SMT 组装工艺材料、胶黏剂和焊膏涂敷工艺技术、SMC/SMD 贴装工艺技术、SMT 焊接工艺技术、SMA 清洗工艺技术、检测与返修技术等。全书共 8 章,每章均附有思考题,便于自学和复习思考。

本书在第 1 版的基础上按教育部"十一五"规划教材要求修编,可作为高等院校 SMT 专业或专业方向的本科教材和高等职业技术教育教材,也可应用于 SMT 的系统性培训教材和供从事 SMT 的工程技术人员自学和参考。

图书在版编目(CIP)数据

表面组装工艺技术/周德俭,吴兆华编. —2 版. —北京:
国防工业出版社,(2016.1 重印)
(SMT 教材系列)
普通高等教育"十一五"国家级规划教材
ISBN 978-7-118-06085-0

Ⅰ.表… Ⅱ.①周…②吴… Ⅲ.印刷电路 – 组装 –
高等学校 – 教材 Ⅳ.TN410.5

中国版本图书馆 CIP 数据核字(2008)第 191883 号

※

*国防工业出版社*出版发行

(北京市海淀区紫竹院南路 23 号 邮政编码 100048)
涿中印刷厂印刷
新华书店经售

*

开本 787×1092 1/16 印张 18¼ 字数 421 千字
2016 年 1 月第 2 版第 3 次印刷 印数 8001—9500 册 定价 30.00 元

(本书如有印装错误,我社负责调换)

国防书店:(010)88540777 发行邮购:(010)88540776
发行传真:(010)88540755 发行业务:(010)88540717

序 言

    表面组装技术(SMT)是电子先进制造技术的重要组成部分,SMT 的迅速发展和普及,变革了传统电子电路组装的概念,为电子产品的微型化、轻量化创造了基础条件,对于推动当代信息产业的发展起到了独特的作用,成为制造现代电子产品的必不可少的技术之一。目前,SMT 已广泛应用于各行各业的电子产品组件和器件的组装中。而且,随着半导体元器件技术、材料技术、电子与信息技术等相关技术的飞速进步,SMT 的应用面还在不断扩大,其技术也在不断完善和深化发展之中。近年来,与 SMT 的这种发展现状和趋势相应,与信息产业和电子产品的飞速发展带来的对 SMT 的技术需求相应,我国电子制造业急需大量掌握 SMT 知识的专业技术人才。

    SMT 包含表面组装元器件、电路基板、组装材料、组装设计、组装工艺、组装设备、组装质量检验与测试、组装系统控制与管理等多项技术,是一门新兴的先进制造技术和综合型工程科学技术。要掌握这样一门综合型工程技术,必须经过系统的专业基础知识和专业知识学习和培训。然而,由于 SMT 之新兴特点,在我国,与之相应的学科、专业建设和教学培训体系建设工作尚刚起步,也缺乏与之相适应的系统性教学、培训教材和学习资料。

    为此,信息产业部电子科学研究院以项目资助的形式支持《表面组装技术基础》、《表面组装工艺技术》、《SMT 组装系统》、《SMT 设备原理及应用》、《SMT 组装质量检测与控制》等"SMT 教材系列"的编写工作,其意义重大而又深远。

    我们相信,随着本系列教材的陆续出版,它不仅会对我国 SMT 方面的人才培养工作、学科和专业建设工作带来积极的促进作用,还将会对 SMT 在我国的普及和发展、对电子先进制造技术的发展起到积极的推动作用。

中国工程院院士
电子科学研究院常务副院长

再 版 前 言

电子电路表面组装技术(SMT)在我国正处于高速发展和快速普及化之中,相关专业技术人才的缺乏已对其发展产生了明显的制约作用。为加快人才培养步伐,急 SMT 专业技术人才培养的系统性教学、培训所需,我们在信息产业部相关项目资助下,组织和编写了"SMT 教材系列"。

本系列教材包含已完成编写的《表面组装技术基础》、《表面组装工艺技术(第 2 版)》、《SMT 组装系统》、《SMT 组装质量检测与控制》四册主要教材,以及计划编写的《SMT 设备原理及应用》等教材。各册教材既相互独立,又有相互关联性。前四册介绍了 SMT 的主要技术,全系列教材基本涵盖了 SMT 的所有内容。编写中还注意到了教材的实用参考价值和适用面等问题,教材具有理论联系实际、易于自学等特点。教材每一章均附有思考题,便于自学和复习思考。根据需要选择该系列教材中的部分或全部,可应用于高等院校 SMT 专业或专业方向的本科教育和高等职业技术教育;应用于 SMT 的系统性专业技术培训。也可用其作为器件设计、电路设计等与 SMT 相关的其它专业的辅助教材,以及供从事 SMT 的工程技术人员自学和参考。

本系列教材在编写过程中得到了信息产业部电子科学研究院,中国电子科技集团第二、十、十四、五十四研究所,桂林电子科技大学,北京电子装联公司等单位,以及电子先进制造专业组的各位专家的大力支持与帮助。教材中还引用了宣大荣等人编写的相关书籍的部分内容。在此表示衷心的感谢。

本册教材由广西工学院周德俭教授和桂林电子科技大学吴兆华教授合作编写,中国电子科技集团第五十四所张为民研究员主审。第 1 版于 2002 年由国防工业出版社出版,并于 2006 年入选国家教育部"十一五"规划教材。本版按照"十一五"规划教材要求重新修编。黄春跃、李春泉、黄红艳、代宣军、徐剑飞、朱继元等人参加了资料收集以及文字和图稿的计算机编排工作。本教材共 8 章,参考教学学时数为 30 学时~36 学时。

由于水平有限,教材中一定存在着不少谬误,真诚期望同行专家和读者指正。

编 者

目　　录

第1章 概　述

1.1　SMT 及其工艺技术的内容与特点

1.1.1　SMT 的主要内容

电子电路表面组装技术(SMT，Surface Mount Technology)主要应用于印制电路板(PCB，Printed Circuit Board)级电路模块或陶瓷基板组件的元器件贴装。它是电子产品电气互联技术体系中的主体技术，是现代电子产品先进制造技术的重要组成部分。其技术内容包含表面组装元器件、组装基板、组装材料、组装工艺、组装设计、组装测试与检测技术、组装及其测试和检测设备、组装系统控制和管理等，技术范畴涉及到材料、制造、电子技术、检测与控制、系统工程等诸多学科，是一项综合性工程科学技术。

下面列出的是 SMT 的主要内容：

(1) 表面组装元器件 $\begin{cases} 设计——结构尺寸、端子形式、耐焊接热等 \\ 制造——各种元器件的制造技术 \\ 包装——编带式、棒式、托盘、散装等 \end{cases}$

(2) 电路基板——单(多)层 PCB、陶瓷、瓷釉金属板、夹层板、柔性板等

(3) 组装设计——电设计、热设计、元器件布局、基板图形布线设计等

(4) 组装工艺 $\begin{cases} 组装材料——胶黏剂、焊料、焊剂、清洗剂等 \\ 组装工艺设计——组装方式、组装工艺流程、工艺优化设计等 \\ 组装技术——涂敷技术、贴装技术、焊接技术、清洗技术、检测技术等 \\ 组装设备应用——涂敷设备、贴装机、焊接机、清洗机、测试设备等 \end{cases}$

(5) 组装系统控制与管理——组装生产线或系统组成、控制与管理等

1.1.2　SMT 工艺技术的主要内容

表面组装工艺技术(以下简称为 SMT 工艺技术)的主要内容可分为组装材料选择、组装工艺设计、组装技术和组装设备应用四人部分(如图 1-1 所示)。

SMT 工艺技术涉及化工与材料技术(如各种焊膏、焊剂、清洗剂)、涂敷技术(如焊膏印刷)、精密机械加工技术(如丝网制作)、自动控制技术(如设备及生产线控制)、焊接技术、测试和检验技术、组装设备原理与应用技术等诸多技术。它具有 SMT 的综合性工程技术特征，是 SMT 的核心技术。

1.1.3　SMT 工艺技术的主要特点

采用表面组装技术形成的电子产品(以下简称 SMT 产品)一般均具有元器件种类繁多、元器件在 PCB 上高密度分布、引脚间距小、焊点微型化等特征。而且，其组装焊接点

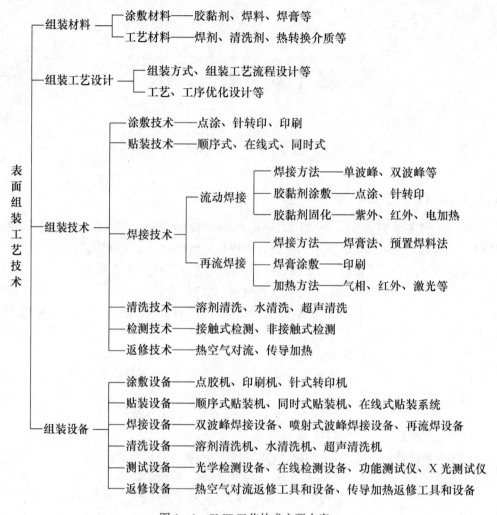

图1-1 SMT工艺技术主要内容

既有机械性能要求又有电气、物理性能要求。为此,与之对应的表面组装工艺技术除了其涉及的技术领域范围宽、学科综合性强的特征外,还具有下列特点。

(1) 组装对象(元器件、多芯片组件、接插件等)种类多。

(2) 组装精度和组装质量要求高,组装过程复杂及控制要求严格。

(3) 组装过程自动化程度高,大多需借助或依靠专用组装设备完成。

(4) 组装工艺所涉及技术内容丰富且有较大技术难度。

(5) SMT及其元器件发展迅速引起的组装技术更新速度快等。

1.1.4 SMT 和 THT 的比较

SMT工艺技术的特点还可通过其与传统通孔插装技术(THT,Through Hole Packaging Technology)的差别比较体现。从组装工艺技术的角度分析,SMT 和 THT 的根本区别是"贴"和"插"。二者的差别还体现在基板、元器件、组件形态、焊点形态和组装工艺方法各个方面,图1-2是上述几方面的差别比较图。

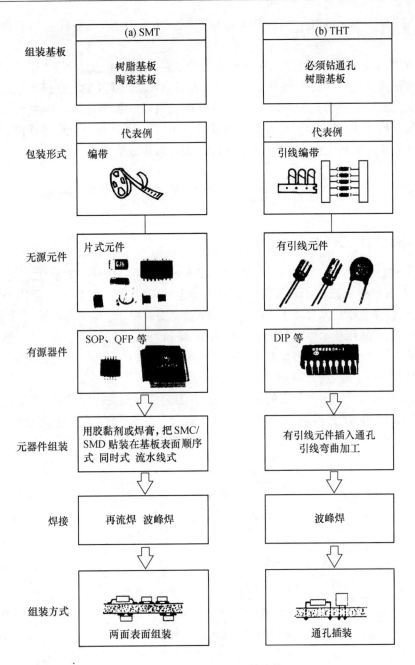

图 1-2 SMT 和 THT 的比较

THT 采用有引线元器件,通过把元器件引线插入 PCB 上预先钻好的安装孔中,暂时固定后在基板的另一面采用波峰焊接等软钎焊技术进行焊接,形成可靠的焊点,建立长期的机械和电气连接,元器件主体和焊点分别分布在基板两侧。

采用 SMT 时,表面组装元件/器件(SMC/SMD)无长引线,而设计有焊接端子(外电极或短引线),在 PCB 或其它电路基板上侧设计了相应于元器件焊接端子的平面图形(焊盘图形)。SMT 是利用胶黏剂或焊膏的黏性将 SMC/SMD 上的焊接端子对准基板上的焊盘图形,把 SMC/SMD 贴到电路基板的表面上,通过再流焊等焊接方法进行焊接,使元器件端子和电路焊盘之间建立牢固和可靠的机械与电气连接,元器件主体和焊点在基板同侧。

之所以出现"插"和"贴"这两种截然不同的电路模块组装技术,是由于采用了外形结构和引脚形式完全不同的两种类型的电子元器件。为此,可以说电路模块组装技术的发展主要受元器件类型所支配。PCB级电路模块或陶瓷基板组件的功能主要来源于电子元器件和互连导体组成的电路,而组装方式的变革使得PCB级电路模块或陶瓷基板组件的功能和性能的大幅度提高、体积和重量的大幅度减小成为可能。

1.2 SMT工艺技术要求和技术发展趋势

1.2.1 SMT工艺技术要求

随着SMT的快速发展和普及,其工艺技术日趋成熟,并开始规范化。美、日等国均针对SMT工艺技术制订了相应标准。我国也制订有:《表面组装工艺通用技术要求》、《印制板组装件装联技术要求》、《电子元器件表面安装要求》等中国电子行业标准,其中《表面组装工艺通用技术要求》中对SMT生产线和组装工艺流程分类、对元器件和基板及工艺材料的基本要求、对各生产工序的基本要求、对储存和生产环境及静电防护的基本要求等内容进行了规范(见附录1)。

表1-1列出了我国已公布的部分与SMT工艺技术相关的标准,SMT工艺设计和管理中可以以上述标准为指导来规范一些技术要求。由于SMT发展速度很快,其工艺技术将不断更新,所以,在实际应用中要注意上述标准引用的适用性问题。

表 1-1 我国已公布的部分与 SMT 工艺技术相关的标准

序号	标准代号	标准 名 称	批准单位
1	SJ/T 10565 - 1994	印制板组装件装联技术要求	信息产业部
2	SJ/T 10345 - 1994	波峰焊接技术要求	信息产业部
3	SJ/T 10668 - 1995	表面组装技术术语	信息产业部
4	SJ/T 10670 - 1995	表面组装工艺通用技术要求	信息产业部
5	SJ/T 10669 - 1995	表面组装元器件可焊性试验	信息产业部
6	SJ/T 10666 - 1995	表面组装组件的焊点质量评定	信息产业部
7	SJ/T 20632 - 1997	印制板组装件总规范	信息产业部
8	SJ/T 11187 - 1998	表面组装用胶黏剂通用规范	信息产业部
9	SJ/T 11186 - 1998	锡铅膏状焊料通用规范	信息产业部
10	SJ/T 11216 - 1999	红外/热风再流焊接技术要求	信息产业部
11	GJB 3243 - 1998	电子元器件表面安装要求	国防科技委员会
12	GJB 3825 - 1999	表面安装印制组件通用要求	国防科技委员会
13	SJ 20882 - 2003	印制电路组件装焊工艺要求	信息产业部
14	SJ 20883 - 2003	印制电路组件装焊后的清洗工艺方法	信息产业部

(续)

序号	标准代号	标准名称	批准单位
15	GB/T 19247.1 - 2003	印制板组装第 1 部分:通用规范 采用表面安装和相关组装技术的电气和电气焊接组装的要求	国家标准委员会
16	GB/T 19247.2 - 2003	印制板组装第 2 部分:分规范 表面安装焊接组装的要求	国家标准委员会
17	GB/T 19247.3 - 2003	印制板组装第 3 部分:分规范 通孔安装焊接组装的要求	国家标准委员会
18	GB/T 19247.4 - 2003	印制板组装第 4 部分:分规范 引出端焊接组装的要求	国家标准委员会
19	GB/T 19405.1 - 2003	表面安装技术第 1 部分:表面安装元器件 (SMDs)规范的标准方法	国家标准委员会
20	GB/T 19405.2 - 2003	表面安装技术第 2 部分:表面安装元器件的运输与储存条件 - 应用指南	国家标准委员会

1.2.2 SMT 工艺技术发展趋势

SMT 工艺技术的发展和进步主要朝着 4 个方向。一是与新型表面组装元器件的组装需求相适应;二是与新型组装材料的发展相适应;三是与现代电子产品的品种多、更新快特性相适应;四是与高密度组装、三维立体组装、微机电系统组装等新型组装形式的组装需求相适应。主要体现在:

(1) 随着元器件引脚细间距化,0.3mm 引脚间距的微组装设备及其工艺技术已趋向成熟,并正在向着提高组装质量和提高一次组装通过率方向发展。

(2) 随着器件底部阵列化球型引脚形式的普及,与之相应的组装工艺及其检测、返修技术已趋向成熟,同时仍在不断完善之中。

(3) 为适应绿色组装的发展需求和无铅焊料等新型组装材料投入使用后的组装工艺需求,相关组装工艺技术正在研究和进步之中。

(4) 为适应多品种、小批量生产和产品快速更新的组装需求,组装工序快速重组技术、组装工艺优化技术、组装设计制造一体化技术等技术正在不断提出和正在进行研究之中。

(5) 适应高密度组装、三维立体组装的组装工艺技术,是今后一个时期内需要研究的主要内容。

(6) 有严格安装方位、精度要求等特殊组装要求的表面组装工艺技术,也是今后一个时期需要研究的内容,如微机电系统的表面组装等。

(7) 焊膏喷印技术、基于柔性和挠性基板的三维立体组装技术等新的组装工艺技术还在继续出现。

思 考 题 1

(1) SMT 工艺技术的主要内容有哪些?

(2) 为什么说 SMT 工艺技术是 SMT 的核心?

(3) SMT 工艺和 THT 工艺有什么主要差别?

(4) SMT 的主要组装方式有哪几种?

(5)《表面组装工艺通用技术要求》主要规范了一些什么内容?

第 2 章　SMT 工艺流程与组装生产线

2.1　SMT 组装方式与组装工艺流程

2.1.1　组装方式

　　SMT 的组装方式及其工艺流程主要取决于表面组装组件(SMA)的类型、使用的元器件种类和组装设备条件。大体上可将 SMA 分成单面混装、双面混装和全表面组装 3 种类型共 6 种组装方式,如表 2-1 所列。不同类型的 SMA 其组装方式有所不同,同一种类型的 SMA 其组装方式也可以有所不同。

表 2-1　表面组装组件的组装方式

序号	组装方式		组件结构	电路基板	元器件	特　征
1	单面混装	先贴法	A B	单面 PCB	表面组装元器件及通孔插装元器件	先贴后插,工艺简单,组装密度低
2		后贴法		单面 PCB	同上	先插后贴,工艺较复杂,组装密度高
3	双面混装	SMD 和 THC 都在 A 面	A B	双面 PCB	同上	先贴后插,工艺较复杂,组装密度高
4		THC 在 A 面 A、B 两面都有 SMD	A B	双面 PCB	同上	THC 和 SMC/SMD 组装在 PCB 同一侧
5	表面组装	单面表面组装	A B	单面 PCB 陶瓷基板	表面组装元器件	工艺简单,适用于小型、薄型化的电路组装
6		双面表面组装	A B	双面 PCB 陶瓷基板	同上	高密度组装,薄型化

　　根据组装产品的具体要求和组装设备的条件选择合适的组装方式,是高效、低成本组装生产的基础,也是 SMT 工艺设计的主要内容。

　　1. 单面混合组装

　　第一类是单面混合组装,即 SMC/SMD 与通孔插装元件(THC)分布在 PCB 不同的一面上混装,但其焊接面仅为单面。这一类组装方式均采用单面 PCB 和波峰焊接(现一般采用双波峰焊)工艺,具体有两种组装方式。

　　(1) 先贴法。第一种组装方式称为先贴法,即在 PCB 的 B 面(焊接面)先贴装 SMC/SMD,而后在 A 面插装 THC。

　　(2) 后贴法。第二种组装方式称为后贴法,是先在 PCB 的 A 面插装 THC,后在 B 面贴装 SMD。

2．双面混合组装

第二类是双面混合组装,SMC/SMD 和 THC 可混合分布在 PCB 的同一面,同时,SMC/SMD 也可分布在 PCB 的双面。双面混合组装采用双面 PCB、双波峰焊接或再流焊接。在这一类组装方式中也有先贴还是后贴 SMC/SMD 的区别,一般根据 SMC/SMD 的类型和 PCB 的大小合理选择,通常采用先贴法较多。该类组装常用两种组装方式。

(1) SMC/SMD 和 THC 同侧方式。表 2－1 中所列的第三种,SMC/SMD 和 THC 同在 PCB 的一侧。

(2) SMC/SMD 和 THC 不同侧方式。表 2－1 中所列的第四种,把表面组装集成芯片(SMIC)和 THC 放在 PCB 的 A 面,而把 SMC 和小外形晶体管(SOT)放在 B 面。

这类组装方式由于在 PCB 的单面或双面贴装 SMC/SMD,而又把难以表面组装化的有引线元件插入组装,因此组装密度相当高。

3．全表面组装

第三类是全表面组装,在 PCB 上只有 SMC/SMD 而无 THC。由于目前元器件还未完全实现 SMT 化,实际应用中这种组装形式不多。这一类组装方式一般是在细线图形的 PCB 或陶瓷基板上,采用细间距器件和再流焊接工艺进行组装。它也有两种组装方式。

(1) 单面表面组装方式。表 2－1 所列的第五种方式,采用单面 PCB 在单面组装 SMC/SMD 。

(2) 双面表面组装方式。表 2－1 所列的第六种方式,采用双面 PCB 在两面组装 SMC/SMD,组装密度更高。

2．1．2　组装工艺流程

合理的工艺流程是组装质量和效率的保障,表面组装方式确定之后,就可以根据需要和具体设备条件确定工艺流程。不同的组装方式有不同的工艺流程,同一组装方式也可以有不同的工艺流程,这主要取决于所用元器件的类型、SMA 的组装质量要求、组装设备和组装生产线的条件,以及组装生产的实际条件等。

1．单面混合组装工艺流程

单面混合组装方式有两种类型的工艺流程,一种采用 SMC/SMD 先贴法(图 2－1 (a)),另一种采用 SMC/SMD 后贴法(图 2－1(b))。这两种工艺流程中都采用了波峰焊接工艺。

SMC/SMD 先贴法是指在插装 THC 前先贴装 SMC/SMD,利用胶黏剂将 SMC/SMD 暂时固定在 PCB 的贴装面上,待插装 THC 后,采用波峰焊进行焊接。而 SMC/SMD 后贴法则是先插装 THC,再贴装 SMC/SMD。

SMC/SMD 先贴法的工艺持点是胶黏剂涂敷容易,操作简单,但需留下插装 THC 时弯曲引线的操作空间,因此组装密度较低。而且插装 THC 时容易碰到已贴装好的 SMD,而引起 SMD 损坏或受机械振动脱落。为了避免这种现象,胶黏剂应具有较高的黏结强度,以耐机械冲击。

SMC/SMD 后贴法克服了 SMC/SMD 先贴法方式的缺点,提高了组装密度。但涂敷

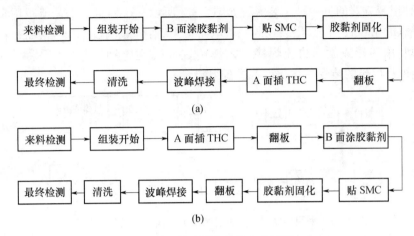

图 2-1 单面混合组装工艺流程

(a) SMC 先贴法；(b) SMC 后贴法。

胶黏剂较困难。这种组装方式广泛用于 TV、VTR 等 PCB 组件的组装中。

2. 双面混合组装工艺流程

双面 PCB 混合组装有两种组装方式：一种是 SMC/SMD 和 THC 同在电路板的 A 面（表 2.1 中的第三种方式）；另一种是 PCB 的 A 面和 B 面都有 SMC/SMD，而 THC 只在 A 面（表 2.1 中的第四种方式）。双面 PCB 混合组装一般都采用 SMC/SMD 先贴法。

第三种组装方式有两种典型工艺流程，图 2-2 表示出其中一种典型工艺流程。这种工艺流程在再流焊接 SMC/SMD 之后，在插装 THC 之前可分成两种流程。当在再流焊接之后需要较长时间放置或完成插装 THC 的时间较长时采用流程 A。因为在再流焊接期间留在组件上的焊剂剩余物，如停置时间较长，在最后清洗时很难有效地清除，为此，流程 A 比流程 B 增加了一项溶剂清洗工序。另外，有些 THC 对溶剂敏感，所以再流焊接后需要马上进行清洗。但流程 B 是这两种工艺流程中路线短、费用少的一种，广泛用于高度自动化的表面组装工艺中。一般在清洗后还应进行洗净度检测，以确保电路组件能达到可接受的洗净度等级。

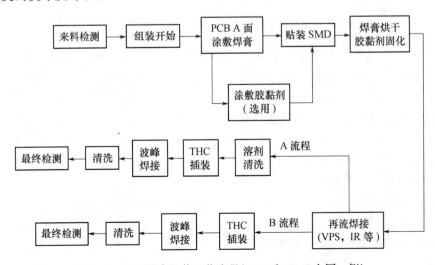

图 2-2 双面混合组装工艺流程(SMD 和 THC 在同一侧)

第三种组装方式的另一种工艺流程如图2-3所示。这种组装工艺流程用来把鸥翼形引线的 SMD 和 THC 混合组装在同一块电路板上。它可以不采用焊膏,而是在电路板上电镀焊料,用热棒或激光再流焊接工艺焊接 SMD。在这种工艺中,常采用既能贴装 SMD 又能进行焊接的装焊一体化设备进行组装。

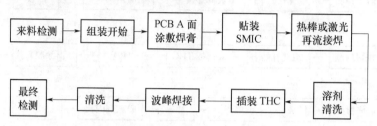

图2-3   采用热棒或激光再流焊接的双面混合组装工艺流程

第四种组装方式的典型工艺流程如图2-4所示,SMIC 和 THC 组装在 A 面,SMC/SMD 组装在 B 面。在 A 面 SMIC 再流焊之后,紧接着在 A 面插装 THC,再在 B 面涂敷胶黏剂和贴装 SMC/SMD。这就防止了由于 THC 引线打弯而损坏 B 面的 SMC/SMD,以及插装 THC 时的机械冲击引起 B 面黏结的 SMC/SMD 脱落。如果需要先在 B 面贴装 SMC/SMD 后在 A 面插装 THC,在引线打弯时应特别小心。而且贴装 SMC/SMD 的胶黏剂应具有较高的黏结强度,以便经受得住插装 THC 时的机械冲击。

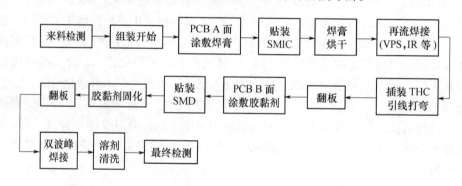

图2-4   双面混合组装工艺流程(SMIC 和 SMD 分别在 A 面与 B 面)

图2-5表示出第四种组装方式的又一种典型工艺流程。该流程的特点是先贴装 SMIC 和 SMC,而后插装 THC。流程 A 是在 B 面贴装 SMC/SMD 和在 A 面贴装 SMIC 后,A 面再流焊接。然后才在 B 面插装 THC,并进行波峰焊接的工艺流程。流程 B 是 A 面的 SMIC 和 B 面的 SMC/SMD 依次分别进行再流焊接后,再插装 THC 并进行波峰焊接的工艺流程。该工艺流程也可用手工焊接 THC。另外,对热敏感的 SMIC,如方形扁平封装芯片载体(QFP)等,也可采用激光等局部加热法进行焊接。

3. 全表面组装工艺流程

全表面组装工艺流程对应于表1-1所列的第五种和第六种组装方式。

单面表面组装方式的典型工艺流程如图2-6所示。这种组装方式是在单面 PCB 上只组装表面组装元器件,无通孔插装元器件,采用再流焊接工艺,这是最简单的全表面组装工艺流程。

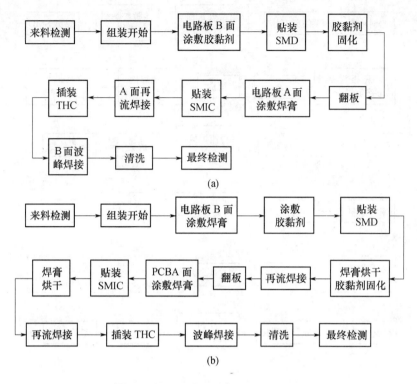

图 2-5　双面板混合组装工艺流程

(a) 流程 A；(b) 流程 B。

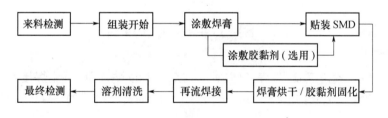

图 2-6　单面组装工艺流程

　　双面表面组装的典型工艺流程如图 2-7 所示。在电路板两面组装塑封有引线芯片载体(PLCC)时,采用流程 A。由于 J 型引线和鸥翼形引线的 SMIC 采用双波峰焊接容易出现桥接,所以组件两面都采用再流焊接工艺。但 A 面组装的 SMIC 要经过两次再流焊接周期,当在 B 面组装时,A 面向下,已经装焊在 A 面上的 SMIC 在 B 面再流焊接周期,其焊料会再熔融,且这些较大的 SMIC 在传送带轻微振动时容易发生移位,甚至脱落,所以涂敷焊膏后还需要采用胶黏剂固定,防止形成混乱的焊接连接和 SMIC 脱落。当在电路板 B 面组装的元器件只是小外形晶体管(SOT)或小外形集成电路(SOIC)时,可以采用流程 B。

　　以上介绍了几种典型的表面组装工艺流程。在实际组装中必须根据 SMA 的设计,以及电子装备对 SMA 的要求和实际条件,综合多种因素确定合适的工艺流程,以获得低成本高效益的组装生产效果和得到高可靠性的 SMA。

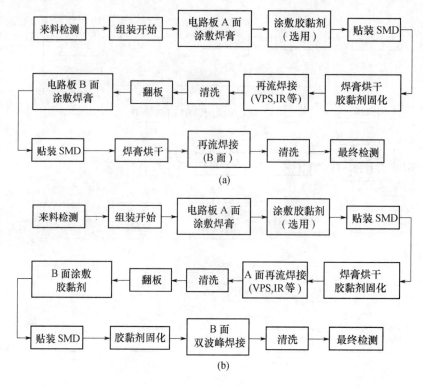

图 2-7 双面表面组装工艺流程

(a) 流程 A;(b) 流程 B。

2.2 SMT 生产线的设计

SMT 生产线主要由点胶机、焊膏印刷机、SMC/SMD 贴片机、再流焊接设备、检测设备等组装和检测设备组成,图 2-8 是一种适用于单面表面组装的 SMT 生产线组成示意图。

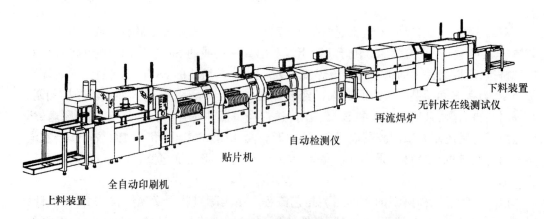

图 2-8 SMT 生产线示例

　　SMT 生产线设计涉及到技术、管理、市场各个方面,如市场需求及技术发展趋势、产品规模及更新换代周期、元器件类型及供应渠道、设备选型、投资强度等问题都需考虑。同时,还要考虑到现代化生产模式及其生产系统的柔性化和集成化发展趋势,使设计的 SMT 生产线能与之相适应等。所以,SMT 生产线的设计和设备选型要结合主要产品生产实际需要、实际条件、一定的适应性和先进性等几方面进行考虑。

　　在已知组装产品对象的情况下,建立 SMT 生产线前应该先进行 SMT 总体设计,确定需组装元器件种类和数量、组装方式及工艺和总体设计目标,然后再进行生产线设计。而且最好在 PCB 电路设计初步完成后,才进行 SMT 生产线设计;这样可使所设计生产线投入产出比达到最佳状态。

2.2.1　总体设计

　　无论是仿制 SMT 产品、传统 THT 产品改进,还是 SMT 产品升级换代,在总体设计中,都应该结合产量规模和投资规模,以及对 SMT 生产工艺及设备的调研了解,合理地选择元器件类型,设计出产品组装方式和初步工艺流程。

1. 元器件(含基板)选择

　　元器件(含基板)选择是决定组装方式及工艺复杂性和生产线及设备投资的第一因素。尤其是在我国 SMC/SMD 类型不齐全、大部分依靠进口的现有发展水平下,元器件选择显得格外重要。例如,当 SMA 上插装元件 THC 只有几个时,可采用手工插焊,不必用波峰焊。如果插装元件多,则尽量采用单面混合组装工艺流程。元器件选择过程中必须建立元器件数据库(如表 2-2 所列)和元器件工艺要求,并注意以下几点。

表 2-2　元器件数据库

序号	名　称	封装	性能用途	数量	焊接要求	安装尺寸/mm	引脚数	引脚(长/宽)/mm	引脚间距/mm	包装	备　注
1	$\frac{1}{8}$W 电阻	1005	放大器	50	260℃,10s	1.0×0.5×0.3				8mm	成无四厂,715 厂
2	$\frac{1}{2}$W 电阻	1608	放大器	20	260℃,10s	1.6×0.8×0.9				8mm	
3	0.1μF MLC	1005	放大器	10	260℃,5s	1.0×0.5×0.3				8mm	
4	1.5μF MLC	1608	放大器	5	260℃,5s	1.6×0.8×0.4				8mm	新元件
5	三极管	SOT23	放大器	5	260℃,5s	2.7×2.2×10	3	0.35/0.1	1.9	16mm	
6	D/A	SOP24	D/A	2	250℃,3S	1.68×1.27×3.05	24	1.05/0.76	1.27	管式	
7	CPU	PLU84	CPU	1	230℃,2s	画图	84	1.15/0.77	1.27	散装	
8	ROM	QFP80	ROM	2	230℃,2s	画图	80	1.0/0.1	0.8	散装	
⋮											
20	电阻	THC	放大器	5						带装	
21	大电容	THC	动放	5						带装	散热

　　(1) 要保证元器件品种齐套,否则将使生产线不能投产,为此,应有后备供应商。

（2）元器件的质量和尺寸精度应有保证，否则将导致产品合格率低,返修率增加。

（3）不可忽视 SMC/SMD 的组装工艺要求。注意元器件可承受的贴装压力和冲击力及其焊接要求等。如 J 型引脚 PLCC,一般只适宜采用再流焊。

（4）确定元器件的类型和数量、元器件最小引脚间距、最小尺寸等,并注意其与组装工艺的关系。如 0.3mm 引脚间距的 QFP 须选用高精度贴片机和丝网印刷机,而 1.27mm 引脚间距的 QFP 则只须选择中等精度贴片机即能完成。

2．组装方式及工艺流程的确定

组装方式是决定生产工艺复杂性、生产线规模和投资强度的决定性因素。同一产品的组装生产可以用不同的组装方式来实现。确定组装方式时既要考虑产品组装的实际需要,又应考虑发展适应性需要。在适应产品组装要求的前提下,一般优选单面混合组装或单面全表面组装方式。

元器件的种类品种繁多而且发展很快,原来较合理的组装方式,因元器件的发展变化,过了一段时间可能会变为不合理。若已建立的生产线适应性差,由此就可能造成较大的损失。为此,在优选单面混合组装方式设计生产线的同时,还应考虑所选择的设备能适用于双面混合组装方式,便于需要时扩展。

另外,一般只有产品本身是单一的全表面组装型,而且元器件供应又有保障的情况下,才选择全表面组装方式及工艺流程。表 2-3 列出了组装方式对产品品质和生产线的影响情况。

表 2-3　组装方式对 SMT 技术的影响

目　标	影　响　因　素	电路板制作技术			
		第 I 型	第 II 型	第 III 型	传统型
缩小体积	单面	4	3		0
	双面	4	3.5	2.5	0
自动化	新生产线成本负担	4	2	0	1
	由传统生产线转换的成本负担	0	2	4	
	产量能力	3	1	4	0
	弹性能力	4	2	0	0
品质	一次就好	4	0	2	3
功用	用到 VLSI	4	4	0	0
	高频应用	4	4	0	0

4分—十分具有吸引力；3分—具有吸引力；2分—尚可；1分—没有吸引力；0分—绝对没有吸引力。
I 型—全表面组装工艺；II 型—双面混合组装工艺；III 型—单面混合组装工艺

组装方式确定之后,即可初步设计出工艺流程,并制定出相应的关键工序及其工艺参数和要求,如贴片精度要求,焊接工艺要求等,便于设备选型之用。如果不是按实际需要而盲目设计、建立一条生产线,再根据该生产线及其设备来确定可能进行的工艺流程,就有可能产生或是大材小用,或是一些设备闲置不能有效利用,或是达不到产品质量要求等不良后果。为此,应充分重视"按需设计"这一设计原则。

2.2.2　生产线自动化程度

现代先进的 SMT 生产线属于柔性自动化(Flexible Automation)生产方式,其特征是采用机械手、计算机控制和视觉系统,能从一种产品的生产很快地转换为另一种产品的生产,能适合于多品种中/小批量生产等。其自动化程度主要取决于贴片机、运输系统和线控计算机系统。表 2-4 列出了按生产效率划分的 SMT 生产线的类型。

表 2-4　SMT 生产线主要类型

自动化 产量		手动 一般< 1000 片/h <±0.1mm	半自动 (500～2000) 片/h 不定	低速 <3000 片/h >±0.2mm	中速 (3000～8000) 片/h >±0.2mm	高精度 (3000～6000) 片/h <0.1mm	高速 >8000 片/h >±0.2mm	备注
研究实验		○	○	△		△		
小批量	少品种	△	○	△	○	○		
	多品种	○	△		○	○		产量
中/大 批量	少品种				△		○	
	多品种				○△	○	○	器件要求
变量变种		△			○	○		器件要求
价格/万美元		2～3	5～8	8～12	10～20	20～40	60～100	最小配置

注:○优选;△可选

一般根据年产量、生产线效率系数和计划投资额,来确定 SMT 生产线的自动化程度。

1. 高速 SMT 生产线

高速 SMT 生产线一般由贴片速度大于 8000 片/h 的高速贴片机组成,主要用于彩电调谐器等大批量单一产品的组装生产。目前也出现了数万片/h 的高速高精度贴片机,主要应用于产量大的组装产品,如通信产品等。

2. 中速高精度 SMT 生产线

细间距器件的发展很快,在计算机、通信、录像机、仪器仪表等产品中已被广泛应用。组装该类产品较适宜采用中速高精度 SMT 生产线,它不仅适用于多品种中/小批量生产,而且多台联机也适用于大批量生产,能满足生产扩展需要。在投资强度足够的情况下,应优选中速高精度 SMT 生产线,而不选普通中速线。一般认为中速贴片机的贴片速度为(3000～8000)片/h。

3. 低速半自动 SMT 生产线

低速半自动 SMT 生产线一般只用于研究开发和实验。因其产量规模、精度和适应性难以满足发展所需,产品生产企业不宜选用。低速贴片机的贴片速度一般小于3000 片/h。

4. 手动生产

手动生产成本较低、应用灵活,可用于帮助了解熟悉 SMT 技术,也可用于研究开发或小批量多品种生产,并可用作返修工具。为此,这种形式的生产也有一定的应用面。

值得一提的是,上述分类并不是绝对的,同一生产线中既有高速机又有中速机的也很常见,主要还是要根据组装产品、组装工艺和产量规模的实际需要来确定设备的选型和配套。

2.2.3　设备选型

SMT生产线的建立主要工作是设备选型。建立生产线的目的是要以最快的速度生产出优质、富有竞争力的产品,要以效率最高、投资最小、回收年限最短为目标。为此,SMT设备的选型应充分重视其性能价格比和设备投资回收年限。在尽量争取少投资高回报的同时,又要注意不单纯地为减少投资选择性能指标差的设备或减少配置,必须考虑所选设备对发展的可适应性。

应根据总体设计中的元器件种类及数量、组装方式及工艺流程、PCB板尺寸及拼板规格、线路设计及密度和自动化程度及投资强度等,来进行设备选型。一般应设计2个以上方案进行分析比较。因贴片机是生产线的关键设备,其价格占全线投资的比重较大,为此,一般以贴片机的选型为重点,但且不可忽视印刷、焊接、测试等设备。应以实际技术指标、产量、投资额及回收期等为依据进行综合经济技术判断,确定最终方案。设备选型应注意以下几个问题。

1. 性能、功能及可靠性

设备选型首先要看设备性能是否满足技术要求,如果要贴焊0.3mm间距QFP,则需采用高精度贴片机,而波峰焊机一般也不能满足要求;第二是可靠性,有些设备新用时技术指标很高,但使用时间不长就降低了,这就是可靠性问题引起的。应优选知名企业的成熟机型,或参考其它单位同类机型使用情况进行选型;第三才是功能,如果说性能主要由机械结构保证,那么功能则主要由计算机控制系统来保证。注意功能一定要适用,不应一味地追求功能齐全配置而实际用不上,造成投资增大和浪费。

2. 可扩展性和灵活性

设备组线扩展性和灵活性主要指功能的扩展、指标提高、生产能力的扩大,以及良好的组线接口等。如一台能贴0.65mmQFP的贴片机,能否通过增加视觉系统等配件后用于贴0.3mmQFP、贴球形栅格陈列(BGA)器件;能否与不同型号的设备共同组线等。

中速多功能贴片机组线是SMT设备组线的常用形式,具有良好的灵活性、可扩展性和可维护性,而且可减少设备的一次投入,便于少量多次地投资。为此,是一种优选组线方式。

3. 可操作性和可维护性

设备要便于操作,计算机控制软件最好采用中文界面;对中高精度贴片机,一定要有自动生成贴片程序功能。设备要便于维护、调试和维修,应把维修服务作为设备选型的重要标准之一。

2.2.4　其它

1. 生产线和设备的验收

目前国内对SMT生产线和设备尚无成熟的验收方法与统一的验收标准。一般可以采用3种验收方式:性能指标验收、标准样板验收和产品验收。

2．技术队伍

SMT 是复杂的综合系统工程。SMT 生产线的建立和使用必须依靠掌握 SMT 的技术队伍。要生产出优质合格产品,光有设备是不行的,为此,建立 SMT 生产线时,就要考虑培养技术骨干和管理骨干队伍。

2.3　工艺设计和组装设计文件

2.3.1　工艺设计

1．工艺流程图和工艺要求

工艺流程图和工艺要求包含:

(1) 生产效率与节拍。

(2) SMT 设备主要工艺参数。

(3) 检查维修点。

(4) 网板或漏板等外协加工要求等。

2．SMT 生产线设计文件例

SMT 生产线设计文件包含:

(1) 生产线布置、场地与动力。

(2) 设备选型的技术指标清单等。

3．SMT 工艺材料清单

SMT 工艺材料清单包含组装工艺中需要的焊膏、胶黏剂、清洗剂等各种工艺材料的清单。

2.3.2　组装设计

1．印制网板或漏板图形文件

印制网板或漏板图形文件包含板图和相关结构参数和精度参数等。

2．贴片机组装文件

贴片机组装文件包括:

(1) 元器件描述	表 2－5	(2) 元器件数据库	表 2－6
(3) 贴片机结构设置	表 2－7	(4) 拾放程序报告	表 2－8
(5) 贴片数据报告	表 2－9	(6) 元件号报告	表 2－10
(7) 板号报告	表 2－11	(8) 吸嘴数据报告	表 2－12
(9) 送料器报告	表 2－13		

3．焊接设备文件

焊接设备文件包含:

(1) 波峰焊接设备参数:焊接温度曲线;工艺参数、传输速度、波峰高度、角度等。

(2) 再流焊接设备参数:焊接温度曲线;传输速度等。

4．测试文件

测试文件主要包含测试方法与程序等。

表2-5 元器件描述文件例

送料器 _____		
元器件名 _____	尺寸:X _____ Y _____ Z _____	
元器件类型_____	对中方法_____	
去除坐标 X_____ Y_____ Z_____		
灰度值		

引脚描述

边　　　　_____　　　　_____

X - Offset　_____　　　　_____

Y - Offset　_____　　　　_____

#- leads　_____　　　　_____

← Y

引脚长　　_____　　　　_____

引脚宽　　_____　　　　_____

引脚间距　_____　　　　_____　　　Y　　　Vub　　　X

T - Hights　_____　　　　_____　　→X

最小间距　_____　　　　_____

最大间距　_____　　　　_____　　　板运动方向

焊盘宽　　_____　　　　_____

引脚占 %　_____　　　　_____

注:X-Offset:(X-引脚长)/2；Y-Offset:(Y-引脚长)/2；T—Hights:引脚长×0.667

表2-6 常用元器件描述数据库文件例

类型		SOF28	SOP20	PLLL20	PLLL-84	PLLL68	PLLL84	QFP68	QFP100	QFP132	QFP132	QFP160	QFP220
描述	X	0.339	0.252	0.600	1.325	0.494	1.178	1.150	0.981	1.078	1.080	1.260	1.665
	Y	0.708	0.262	0.600	1.325	0.494	1.178	1.150	0.680	1.078	1.080	1.260	1.665
	Z	0.122	0.043	0.025	0.025	0.175	0.160	0.150	0.115	0.170	0.170	0.144	0.080
边		LR	LR	A	A	A	A	LR	A	A	A	A	
X—Offset		0.133	0.106	0.000	0.000	0.000	0.000	0.000	0.425	0.000	0.000	0.000	0.000
Y—Offset		0.000	0.000	0.198	0.597	0.458	0.548	0.527	0.000	0.489	0.505	0.592	0.791
#—引脚		14	10	5	21	17	21	17	20	33	33	40	50
L—长		0.072	0.040	0.128	0.131	0.060	0.066	0.097	0.068	0.100	0.070	0.071	0.6825
L—宽		0.018	0.012	0.021	0.021	0.025	0.016	0.012	0.012	0.013	0.010	0.011	0.009
L—间距		0.050	0.256	0.050	0.050	0.050	0.050	0.050	0.0255	0.0250	0.0250	0.0256	0.025
T—Hights		0.034	0.040	0.07	0.080	0.030	0.040	0.040	0.030	0.040	0.040	0.040	0.040
最小间距		0.040	0.023	0.045	0.045	0.040	0.040	0.040	0.022	0.022	0.022	0.023	0.022
最大间距		0.060	0.028	0.055	0.055	0.060	0.060	0.060	0.029	0.028	0.028	0.029	0.028
焊盘宽		0.060	0.012	0.030	0.030	0.030	0.020	0.016	0.016	0.015	0.012	0.012	0.012
引脚占比例		75%	50%	75%	75%	75%	75%	75%	75%	75%	75%	50%	50%

表 2-7　贴片机结构设置报告文件例

吸嘴位置与类型

1. X_____　2. X_____　3. X_____　4. X_____　5. X_____　6. X_____
　Y_____　　　Y_____　　　Y_____　　　Y_____　　　Y_____　　　Y_____
　Z_____　　　Z_____　　　Z_____　　　Z_____　　　Z_____　　　Z_____

送料器位置

前面	右面	左面	背面
低槽_____高槽_____	低槽_____高槽_____	低槽_____高槽_____	低槽_____高槽_____
参考_____参考_____	参考_____参考_____	参考_____参考_____	参考_____参考_____
X_____　X_____	X_____　X_____	X_____　X_____	X_____　X_____
Y_____　Y_____	Y_____　Y_____	Y_____　Y_____	Y_____　Y_____
Z_____　Z_____	Z_____　Z_____	Z_____　Z_____	Z_____　Z_____
θ_____　θ_____	θ_____　θ_____	θ_____　θ_____	θ_____　θ_____

槽号

SlotNo____　SlotNo____　SlotNo____　SlotNo____　SlotNo____　SlotNo____　SlotNo____　SlotNo____

No_____　No_____　No_____　No_____　No_____　No_____　No_____　No_____
No_____　No_____　No_____　No_____　No_____　No_____　No_____　No_____
No_____　No_____　No_____　No_____　No_____　No_____　No_____　No_____

Waffle 盘送料器　　　　　　　　　　　　行数_____　列数_____
第一示教　X_____　　　　　　　　　　　第二示教　X_____
　　　　　Y_____　　　　　　　　　　　　　　　　Y_____
　　　　　Z_____　　　　　　　　　　　　　　　　Z_____

CAD 数据	开始	结束
参考设计号	_____	_____
元件类型号	_____	_____
X 坐标	_____	_____
Y 坐标	_____	_____
θ 坐标	_____	_____
元件标号 1	_____	_____
元件标号 2	_____	_____
Y 坐标	_____	_____
θ 坐标	_____	_____

表 2-8　拾放程序报告例

Pick and Place Program for Board＜APTEST＞

Seq - Seqnc	Ref Desig	Part Number	Nozzle	Pickup	Place
0				0	0
1001		{TEP} - hold		0	0
1002		{TEP} - vision		0	0
1003		{GOTO} - step 0		2	0
2001		{TEP} - hold		0	0
2002		{CHUCK}	06 - BA	2905	0
2003	U8	TSOP32	06 - BA	2003	2001
2003	U9	TSOP32	06 - BA	2003	2002

(续)

Seq–Seqnc	Ref Desig	Part Number	Nozzle	Pickup	Place

注:Seq–Seqnc:程序段数或步数

　Ref–Desig:PCB板设计号

　Part Number:元件类型

　Nozzle:吸嘴类型

　Pickup:第一位是贴片头号,第二位是吸嘴变化,后二位是拾片号

　Place:第一位是贴片头号,后三位是贴片号

表2-9　PCB CAD贴片数据报告例

Board CAD Placement Date Report for<BOARDNAME>

Ref Desig	Part Number	CAD–X	CAD–Y	CAD–T	Comp Rep
U26	QSN750002PLC68	2.2720	5.4290	180.00	
U27	QFP132	0.9050	5.7650	90.00	5X8
U3	QLS7404SO14	2.9560	0.6540	0.00	
U4	QSN00020	2.2000	0.5900	180.00	
U5	QLS7404SO14	1.4560	0.6540	180.00	6X2
U6	QLS741S08	0.6420	0.9250	0.00	
{ARAILSET}	000	0.0000	0.0000	0.00	

表2-10　元件号报告例

07/0194

Part List Report Page 1

Part Number	Profile	Nozzle	Description	Quantity
DPAK	DPAK	06–BA		0
MLC34	MINI–MELF	02–XG		0
	MINI–MELF	02–XG		0
PLCC20	PLCC20	06–BA	PLCC68	0

表2-11　板号报告例

07/01/94

List of Boards Report Page 1

Board Name	DOS File Name	Program Created On
BOARDNAME1	BRD240XX	03/01/94—21:47
BOARDNAME2	BRD230XX	03/01/94—18:56
BOARDNAME3	BRD250XX	02/16/94—05:23
BOARDNAME4	BRD260XX	01/21/94—12:30

表 2-12　吸嘴数据报告例

07/01/94

Nozzle Date Report

Page 1

Head	Nozzle	Nozzle Name	X - coord	Y - coord	T - coord	Z - coord	Z - adjust
1	1	01—XF	24.9650	3.8980	0.0000	1.0850	0.0000
1	2	03—XH	25.6520	3.8980	0.0000	1.0850	0.0000
1	3	05—AA	26.4670	3.8980	0.0000	1.0850	0.0000
2	1	01—XF	25.0600	3.8830	0.0000	1.0650	0.0000
2	2	03—XH	25.7430	3.8830	0.0000	1.0650	0.0000
2	3	05—AA	26.5680	3.8830	0.0000	1.0650	0.0000
2	4	07—CB	24.0000	5.0000	0.0000	0.8000	0.0000
2	5	06—BA	25.7650	5.1620	0.0000	1.2200	0.0000
2	6	08—VISION	26.6260	5.1590	0.0000	1.2200	0.0000

表 2-13　送料器变换报告例

Sample Reprot

March 29, 1997 1:18 p.m.

Feeder Changeover Report

Page 1

Current Setup:　　BOARD1

Target Setup:　　BOARD2

Feeders Not Used in the Target Setup

Action Type	Head	Side	Slot	Feeder Format	Part Number	SMD Type
CAN STAY	1	FRONT	5	16mm	SOIC14	SOIC14
CAN STAY	1	FRONT	29	16mm	SOIC14	SOIC14
CAN STAY	1	FRONT	32	16mm	SOIC14	SOIC14

Move Feeders to Changeover to the Target Setup

Part Number	SMD Type	Feeder Format	Head	FROM Side	Slot	Head	To Side	Slot
SOIC14	SOIC14	16mm	1	FRT	2	1	FRT	43

Action Type	Head	Side	Slot	Feeder Format	Part Number	SMD Type
CAN STAY	1	FRONT	5	16mm	SOIC14	SOIC14
CAN STAY	1	FRONT	29	16mm	SOIC14	SOIC14
CAN STAY	1	FRONT	32	16mm	SOIC14	SOIC14

Add These Feeders for the Target Setup

Action Type	Head	Side	Slot	Feeder Format	Part Number	SMD Type
ADD FEEDER:	1	FRONT	46	8mm	0805	0805
ADD FEEDER:	1	FRONT	48	8mm	1206	1206
ADD FEEDER:	1	FRONT	50	8mm	0603	0603

Feeders That Must Remain in Place

Action Type	Head	Side	Slot	Feeder Format	Part Number	SMD Type
MUST STAY	1	FRONT	5	16mm	SOIC14	SOIC14
MUST STAY	1	FRONT	29	16mm	SOIC14	SOIC14
MUST STAY	1	FRONT	32	16mm	SOIC14	SOIC14

思 考 题 2

(1) 决定工艺流程主要应考虑哪些因素？

(2) 什么是先贴法和后贴法？二者的主要差别是什么？

(3) 不同的表面组装工艺流程中有哪些主要工序是必不可少的？

(4) SMT 生产线的主要组成设备有哪些？

(5) SMT 生产线设计的主要内容是什么？

(6) SMT 工艺设计和组装设计中的主要文件有哪些？

第3章　SMT组装工艺材料

3.1　SMT工艺材料的用途与应用要求

3.1.1　SMT工艺材料的用途

SMT组装工艺材料包含焊料、焊膏、胶黏剂等焊接和贴片材料,以及焊剂、清洗剂、热转换介质等工艺材料。组装工艺材料是表面组装工艺的基础。不同的组装工艺和组装工序,采用不同的组装工艺材料。有时在同一组装工序,由于后续工序或组装方式不同,所用材料也有所不同。

在波峰焊、再流焊、手工焊3种主要焊接工艺中,焊料、焊膏、胶黏剂等组装工艺材料的主要作用如下:

(1) 焊料和焊膏。焊料是表面组装中的重要结构材料。在不同的应用场合采用不同类型的焊料,它用于连接被焊接物金属表面并形成焊点。再流焊接时采用焊膏,它是焊接材料,同时又能利用其黏性预固定SMC/SMD。随着再流焊接技术的普及和组装密度的不断提高,焊膏已成为高度精细的电路组装材料,在SMT组装工艺中被广泛应用。波峰焊接时,采用棒状焊料。手工焊接时采用焊丝。在特殊应用中采用预成型焊料。

(2) 焊剂。焊剂是表面组装中重要的工艺材料。它是影响焊接质量的关键因素之一,各种焊接工艺中都需要它,其主要作用是助焊。

(3) 胶黏剂(亦称贴片胶)。胶黏剂是表面组装中的黏连材料。在采用波峰焊工艺时,一般是用胶黏剂把元器件贴装预固定在PCB板上。在PCB双面组装SMD时,即使采用再流焊接,也常在PCB焊盘图形中央涂敷胶黏剂,以便加强SMD的固定,防止组装操作时SMD的移位和掉落。

(4) 清洗剂。清洗剂在表面组装中用于清洗焊接工艺后残留在SMA上的剩余物。在目前的技术条件下,清洗仍然是表面组装工艺中不可缺少的重要部分,而溶剂清洗是其中最有效的清洗方法,因此,各种类型的溶剂就成了清洗工艺中关键的工艺材料。

3.1.2　SMT工艺材料的应用要求

为适应SMA的高质量和高可靠性要求,在SMT工艺中对组装工艺材料有很高的要求,主要有:

(1) 良好的稳定性和可靠性。对焊料要求严格控制有害杂质的含量;对焊膏和焊剂要求低残留物、无腐蚀性;对胶黏剂要求黏结强度不高也不低,以保证在焊接过程中不掉片,又能在维修时方便地脱片等。

(2) 能满足高速生产需要。SMT生产过程一般都是高速自动化过程,工艺材料应与之相适应。如胶黏剂的固化时间,在20世纪80年代中后期采用烘箱间断式固化方法时为20min左右;而90年代普遍采用的隧道炉连续固化方式则要求固化时间在5min之内;进一步的发展还要求其有更短的固化时间。

(3) 能满足细引脚间距和高密度组装需要。细引脚间距和高密度组装要求焊膏中的合金焊料粉末粒度更细;要求焊膏和胶黏剂的触变性更好,塌落度更小;要求严格控制焊剂中的固体含量和活性,以免出现桥接等不良现象。

(4) 能满足环保要求。传统SMT工艺材料中有不少材料包含有对大气臭氧层有害、对人体有害的物质,如含有氯氟烃(CFC)的清洗剂和含铅焊料等,随着人类环保意识的增强和对人体健康的日益重视,无害SMT工艺材料的研究工作正在不断得到加强。

3.2 焊 料

3.2.1 焊料的作用与润湿

焊料是用来连接两种或多种金属表面,同时在被连接金属的表面之间起冶金学桥梁作用的金属材料。它是电路组装中最常用的传统焊接材料。常用焊料是一种易熔合金,通常由2种或3种基本金属和几种熔点低于425℃的掺杂金属组成。焊料之所以能可靠地连接两种金属,是因为它能润湿这两个金属表面,同时在它们中间形成金属间化合物。润湿是焊接的必要条件。

焊料与金属表面的润湿程度一般用润湿角来描述,图3-1所示为润湿角σ和焊料润湿程度之间的关系。润湿角是溶融焊料沿被连接的金属表面润湿铺展而形成的二者之间的夹角,润湿角σ越小,说明焊料与被焊接金属表面的可润湿程度(可焊性)越好。一般认为当润湿角σ大于90°时,其金属表面不可润湿(不可焊)。

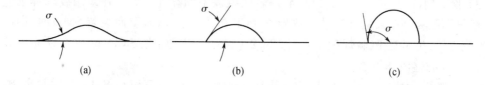

图3-1 焊料润湿变化情况
(a) 完全润湿($\sigma=0°$);(b) 部分润湿($0°<\sigma<90°$);(c) 不润湿($\sigma>90°$)。

3.2.2 SMT常用焊料的组成、物理常数及特性

焊料合金有多种类型。焊料中的合金成分和比例对焊料的熔点、密度、机械性能、热性能和电性能都有显著的影响。表3-1列出了常用焊料的组成及其主要特性。由表中可以看出,在锡铅系焊料中,加入铋和铟,焊料的最低熔点可降至150℃左右。而锡铅焊料中锡的含量降至10%以下或在其中加入银等金属后,熔点可升至300℃以上。由表中还可以看出,从熔点、机械性能和电性能等综合考虑,常用焊料中的Sn63/Pb37和Sn62/Pb36/Ag2具有最佳综合性能,而在低熔点焊料中,Sn43/Pb43/Bi14具有较好的综合性能。

表 3−1　各种焊料的物理和机械性能

焊料合金							熔化温度/℃		密度/(g/cm³)	机械性能			热膨胀系数/(×10⁻⁶/℃)	导电率
Sn	Pb	Ag	Sb	Bi	In	Au	液相线	固相线		拉伸强度/MPa	延伸率/%	硬度/HB		
63	37						183	共晶	8.4	61	45	16.6	24.0	11.0
60	40						183	183	8.5					
10	90						299	268	10.8	41	45	12.7	28.7	8.2
5	95						312	305	11.0	30	47	12.0	29.0	7.8
62	36	2					179	共晶	8.4	64	39	16.5	22.3	11.3
1	97.5	1.5					309	共晶	11.3	31	50	9.5	28.7	7.2
96.5		3.5					221	共晶	6.4	45	55	13.0	25.4	13.4
	97.5	2.5					304	共晶	11.3	30	52	9.0	29.0	8.8
95			5				245	221	7.25	40	38	13.3	—	11.9
43	43			14			163	144	9.1	55	57	14	25.5	8.0
42				58			138	共晶	8.7	77	20~30	19.3	15.4	5.0
48					52		117	共晶		11	83	5		11.7
	15	5			80		157	共晶		17	58	5		13.0
20						80	280	共晶		28	—	118		75
	96.5					3.5	221	共晶		20	73	40		14.0

不同组成成分的焊料具有不同的特性。例如,Sn−Pb 合金是电子组装应用中最传统和普通的焊料合金,它们具有合适的强度和可润湿性,但由于它会与银或金形成脆性的金属化合物(产生溶蚀作用),所以不宜用于焊接银、银合金和金。在厚膜电路的组装中,多数是对含 Ag、Au 的金属表面进行焊接,Ag 和 Au 在焊料中的熔化速度比 Cu、Ni 和 Pb 更快,故焊接时出现 Ag 和 Au 向焊料中扩散溶蚀的现象。为了防止这种现象,就必须采用低温短时间焊接,并选用难熔于 Ag 和 Au 的焊料。随着焊料中 Ag 含量的增加,Ag 的熔化速度变慢,而焊料成分相同时熔化速度与温度有关。Sn−Ag 合金具有优良的润湿性和高强度,但也有可能出现 Ag 的迁移。而 Sn−Pb−Ag 合金具有最小的银溶蚀作用,并可提高焊料的耐蠕变性。Pb−In 合金在温度循环条件下具有良好的焊接强度,对贵金属 Au 等的溶蚀作用小等。为此,在实际应用中,要根据组装工艺要求和使用环境、特别是温度条件正确选用不同类型的焊料合金。

焊料合金包括共晶和非共晶成分。共晶焊料由单熔点焊料合金组成,在某熔点范围内固体焊料颗粒和熔融焊料不同时存在。近共晶焊料没有明显的熔点,但具有相当窄的熔点范围,典型的熔点温度范围仅 3℃。非共晶焊料由熔点范围很宽(5℃～16℃)的焊料合金组成。图 3−2 是 Sn−Pb 合金的二元相图,液相线和固相线相遇于共晶成分处,这种合金的共晶成分为 Sn63−Pb37。Sn63−Pb37 焊料合金由于其共晶特性和适用于电路组装的熔点(183℃),被广泛地用于 SMT 的焊膏和波峰焊接用的棒状焊料中。当对端帽含有钯银成分的片式电容器等器件进行焊接时,常采用 Sn62−Pb36−Ag2 焊料合金,这是由于该焊料中含有 2% 的银,能减少端帽中的银和焊料中锡之间产生的溶蚀作用。

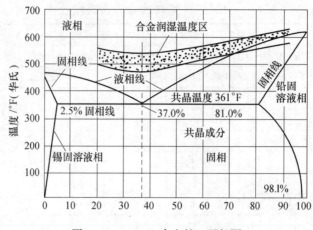

图 3-2   Sn-Pb 合金的二元相图

3.2.3   SMT 用焊料的形式和特性要求

1. SMT 用焊料的形式和作用

不同的应用场合采用不同形式的焊料。在表面组装焊接工艺中常用的焊料形式有：膏状焊料(焊膏)、棒状、丝状和预成形焊料。

(1) 膏状焊料。在再流焊接工艺中采用膏状焊料,称为焊膏。焊膏是表面组装焊接工艺的主要焊料形式,将在 3.3 节中详细介绍。

(2) 棒状焊料。棒状焊料用于浸渍焊接和波峰焊接。使用中将棒状焊料熔于焊料槽中。

(3) 丝状焊料。丝状焊料用于烙铁焊接场合。丝状焊料采用线材引伸加工——冷挤压法或热挤压法制成,中空部分填装松香型焊剂,焊接过程中能均匀地供给焊剂。在有些情况下,也采用实心丝状焊料。

(4) 预成形焊料。预成形焊料主要在激光等再流焊接工艺中采用,也可用于普通再流焊接工艺。这种焊料有不同的形状,一般有垫片状、小片状、圆片状、环状和球状,根据不同需要选择使用。这种焊料形式也有不同的焊料合金成分,可参照表 3-1 根据需要选择使用。

2. SMT 用焊料的特性要求

SMT 用焊料合金主要有下列特性要求：

(1) 其熔点比被焊接母材的熔点低,而且与被焊接材料接合后不产生脆化相及脆化金属化合物,并具有良好的机械性能。

(2) 与大多数金属有良好的亲合力,能润湿被焊接材料表面,焊料生成的氧化物,不会成为焊接润湿不良的原因。

(3) 有良好的导电性,一定的热应力吸收能力。

(4) 其供应状态适宜自动化生产等。

3.2.4   焊料合金应用注意事项

应用焊料合金时还应该注意以下一些问题：

（1）正确选用温度范围。焊料是温度敏感材料，例如，Sn 基焊料在低温时，Sn 发生同素异形变化，产生脆性，其变化速度在 −45℃ 时最快，所以不适合在低温下使用。在高温时，蠕变特性显著，如表 3−2 所列。在 100℃ 高温下强度大大减小，因此使用 Sn−Pb 共晶焊料时，应设计使基板使用温度（含内部发热）尽可能限定在 90℃ 以下。

表 3−2　焊料合金的蠕变特性

合金成分/%				在下列温度下 1000h 寿命试验的蠕变应力/(MN/m²)	
Sn	Pb	Sb	Ag	20℃	100℃
60	40			29	4.5
40	60			21	4.2
10	90			35	1.1
95		5		21	9.0
95			5	22	—
95			2	—	27.0
62	36		2		
5	93.5		1.5	16	
1	97.5		1.5	19	

（2）注意其机械性能的适用性。Sn−Pb 焊料属软焊料，本身的机械应力不高，焊接部位容易发生塑性变形，并最终形成焊料裂缝。应注意在任何使用条件下，选择焊料合金时，必须满足机械强度的要求。

（3）被焊金属和焊料成分组合形成多种金属间化合物，如表 3−3 所列。这些化合物具有硬而脆的性质，成为焊料开裂的原因。特别是在组装表面组装元器件的场合，焊料和被焊接金属界面是应力集中的部位，形成双重不利因素。由于这种金属间化合物的形成与温度和时间有关，所以焊接应尽量在低温和短时间内完成。

表 3−3　金属化合物和纯金属的显微硬度

化合物或金属	$AuSn$	$AuSn_2$	$AuSn_1$	$Ag_{17}Sn_3$	Ag_3Sn	Cu_3Sn	Cu_6Sn_5	Ni_3Sn
克氏硬度/KHN	67	121	61	78	85	128	76	237
化合物或金属	Ni_3Sn_2	Au_7In_3	$AuIn$	Au	Ag	Cu	Ni	Sn
克氏硬度/KHN	266	162	88	44	47	56	126	7

（4）熔点问题。大部分 SMC/SMD 能适应表面组装的一般焊接工艺，但其中有些热敏感元器件不能耐 Sn/Pb 共晶温度（183℃）。另外，由于多引线细间距器件常采用多层基板组装，这种基板往往经受不住高于 150℃ 的焊接高温，所以需要采用低熔点焊料。而功率器件多的组件，则需要采用高温焊料。

（5）防止溶蚀现象的发生。在焊接条件下，被焊接金属会在熔融焊料合金中熔解，这种现象叫溶蚀。图 3−3 表示出在 Sn/Pb 熔融焊料中各种金属的熔解速度。在 SMT 焊接的温度范围内，Sn/Pb 焊料中金的熔解速度最快，其次是银。在 SMC/SMD 中，多采用银作电极,这时为了防止焊料溶蚀现象,常在元器件引线或电极上镀 Ni 形成中间层,然后镀 Sn。防止溶蚀最好的方法是采用加银焊料,为此常用在 Sn/Pb 中添加 1%～3%Ag 的合金焊料。

(6) 防止焊料氧化和沉积。浸渍焊接和波峰焊接工艺中,在停止焊接期间,焊料静止时间越长,液面氧化会导致浮渣量增多。所以,应在焊料槽中加入适当的防氧化添加剂,以降低氧化速度和提高润湿性。另外,由于焊料中各种成分的比重不同,所以焊料槽内存在成分不均匀的情况。特别是在添加 Ag 的焊料中,由于 Ag 比重大,容易沉积在焊料槽的底部,所以在焊接工艺中必须进行充分搅拌。另外,沉积的 Ag 会堵塞焊料喷出口,焊接操作时必须注意。

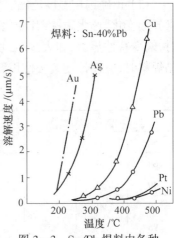

图 3－3   Sn/Pb 焊料中各种
金属的溶解速度

3.2.5   无铅焊料

由于铅及其化合物是污染环境的有毒物质,使用无铅焊料是一种必然的发展趋势。与常用 Sn/Pb 焊料相比,无铅焊料的熔点增高,密度与润湿性降低,成本提高,机械性能等也有所变化。与之对应的焊接工艺、焊接工艺材料选择、焊接设备参数要求等组装工艺条件也将发生变化。

替代 Sn/Pb 合金的无铅焊锡合金材料有多种,目前已经得到应用的主要有锡/银/铜(Sn/Ag/Cu)合金、锡/铜(Sn/Cu)合金、锡/银/铜/铋(Sn/Ag/Cu/Bi)合金三大类。在这三大类材料中,美国和欧洲的厂商更看好 Sn/Ag/Cu 合金,而日本的厂商则更多地倾向于选择 Sn/Ag/Cu/Bi 合金。

各种材料有不同特性,例如,92.0Sn/3.3Ag/4.7/Bi 被认为是锡/银/铋系中最佳合金,它比 63Sn/37Pb 有更优越的强度,足够的塑性和相当的抗疲劳特性,其熔点(210℃～215℃)和湿润特性适合应用于表面组装电路组件(SMA);而当允许更高的焊接温度时,95.5Sn/3.5Ag/1Bi 能提供更好的抗疲劳特性,等等。

在目前的元器件、工艺与设备条件下选择无铅焊料,其基本性能应能满足以下条件:

(1) 熔点低,合金共晶温度近似于 Sn63/Pb37 的共晶温度 183℃,大致为 180℃～220℃。

(2) 无毒或毒性很低,现在和将来都不会污染环境。

(3) 热传导率和导电率要与 Sn63/Pb37 的共晶焊料相当。

(4) 具有良好的润湿性。

(5) 机械性能良好,焊点要有足够的机械强度和抗热老化性能。

(6) 要与现有的焊接设备和工艺兼容,可在不更新设备不改变现行工艺的条件下进行焊接。

(7) 与目前使用的助焊剂兼容。

(8) 焊接后对各焊点检修容易。

(9) 成本低,所选用的材料能保证充分供应。

表 3－4、表 3－5 和表 3－6 分别列出了典型无铅焊料的物理性能及成本比较等。

表 3-4 典型无铅焊料的物理特性

钎料	熔点/℃	再流焊的最高加热温度/℃	抗拉强度/MPa	延伸率/%	表面张力		电导率/% IACS	热导率/W·cm⁻¹·℃⁻¹
					空气/mN·m⁻¹	氮气/mN·m⁻¹		
Sn-37Pb	183	220	51	27	468	495	11.5	0.50
Sn-0.7Cu	227	245	35	20	491	461	13.4	0.68
Sn-3.5Ag	221	243	31	23	431	493	23	0.73

表 3-5 无铅焊锡及其特性

化学成分	熔点/℃	说　明
48Sn/52In	118 共熔	低熔点,昂贵,强度低
42Sn/58Bi	138 共熔	已有相关应用标准
91Sn/9Zn	199 共熔	渣多,潜在腐蚀性
93.5Sn/3Sb/2Bi/1.5Cu	218 共熔	高强度,很好的温度疲劳特性
95.5Sn/3.5Ag/1Zn	218~221	高强度,好的温度疲劳特性
99.3Sn/0.7Cu	227	高强度,高熔点
95Sn/5Sb	232~240	好的剪切强度和温度疲劳特性
65Sn/25Ag/10Sb	233	摩托罗拉专利,高强度
97Sn/2Cu/0.8Sb/0.2Ag	226~228	高熔点
96.5Sn/3.5Ag	221 共熔	高强度,高熔点

表 3-6 典型无铅焊料的熔点与成本

合　金	熔化温度/℃	相对成本*	备　注
Sn-37Pb	183	1.0	
Sn-58Bi	138	1.4	低熔点,限用特殊场合
Sn-20In-2.8Ag	179~189	7.6	成本高
Sn-10Bi-5Zn	168~190	1.2	润湿性差
Sn-9Zn	199	1.2	润湿性差
Sn-10Bi-5Zn	168~190	1.2	润湿性差
Sn-7.5Bi-2Ag-0.5Cu	186~212	1.8	制造难度偏大
Sn-3.2Ag-0.5Cu	217~218	2.0	
Sn-3.5Ag-1.5In	218	2.4	
Sn-2.5Ag-0.8Cu-0.5Sb	213~218	1.8	制造难度偏大
Sn-3.5Ag	221	2.0	
Sn-2.5Ag	221~226	1.8	
Sn-0.7Cu	227	1.2	熔点偏高
Sn-5Sb	232~240	1.2	熔点偏高
Sn-3.5Ag-4.8Bi	205~210	2.0	
* 单位体积钎料的成本,以 63Sn-37Pb 为标准			

　　无铅焊料合金组成成分与传统焊料 Sn/Pb 合金组成成分不同,为了使形成的焊点有理想的界面合金层(熔化焊料与母材金属互相扩散形成的金属间化合物层),与之相关的

元器件引脚、PCB焊盘金属材料及其它镀层金属材料,以及各种焊接辅助材料的组成与特性均需进行重新评估和选择设计。与焊料质量有关的锡锅的结构、材料等也都应与无铅焊料的特性相匹配。研究表明,当无铅焊料中的某些元素(如铟)达到一定含量时,如果PCB焊盘和元器件引脚上有铅,可能会导致两者不兼容,出现脱焊、虚焊等焊接缺陷,因此对元器件和PCB的镀层进行无铅表面处理是非常必要的。

另外,无铅焊料合金的润湿性、扩散性不如Sn/Pb焊料合金好(扩散性为Sn/Pb焊料的60%～90%),表面张力大、比重小,容易受元器件、基板电极的Pb、Bi、Cu等杂质的影响(形成低熔点化合物),更容易产生红眼(基板焊接区上不附着焊料看见红色铜板的状态)、桥连、焊料球、接合部的剥离、强度劣化等质量故障。

目前,国内无铅焊料及其组装工艺技术均尚处于研究发展阶段,工艺技术尚不是很成熟,选用无铅焊料时要充分重视与工艺改进的配合。

3.3 焊 膏

3.3.1 焊膏的特点、分类和组成

1. 焊膏的特点

焊膏已广泛应用于SMT的焊接工艺中。它与传统焊料相比具有一些显著的特点。例如,可以采用印刷或点涂等技术对焊膏进行精确的定量分配,可满足各种电路组件焊接可靠性要求和高密度组装要求,并便于实现自动化涂敷和再流焊接工艺;涂敷在电路板焊盘上的焊膏,在再流加热前具有一定黏性,能起到使元器件在焊盘位置上暂时固定的作用,使其不会因传送和焊接操作而偏移;在焊接加热时,由于熔融焊膏的表面张力作用,可以校正元器件相对于PCB焊盘位置的微小偏离,等等。

2. 焊膏的分类和组成

焊膏是用合金焊料粉末和触变性的焊剂系统均匀混合的乳浊液。合金焊料粉是焊膏的主要成分,也是焊接后的留存物,它对再流焊接工艺、焊点高度和可靠性都起着重要作用。合金焊料粉末的成分、颗粒形状和尺寸是影响焊膏特性的重要因素,需根据焊接对象的实际需要和具体焊接工艺合理选择。焊剂系统是净化焊接表面、提高湿润性、防止焊料氧化和确保焊点可靠性的关键材料。表3-7所列为焊膏的组成和功能。

表3-7 焊膏组成和功能

组 成		使用的主要材料	功 能
合金焊料粉		Sn-Pb Sn-Pb-Ag等	元器件和电路的机械和电气连接
焊剂系统	焊 剂	松香,合成树脂	净化金属表面,提高焊料润湿性
	胶黏剂	松香,松香脂,聚丁烯	提供贴装元器件所需黏性
	活化剂	硬脂酸,盐酸,联氨,三乙醇胺	净化金属表面
	溶 剂	甘油,乙二醇	调节焊膏特性
	触变剂		防止分散,防止塌边

焊膏的品种较多,可以按照焊料合金成分、按照不同的使用温度、按照所用的焊剂系统等几种形式进行分类。表3-8所列为按照所用的焊剂系统进行分类的常用焊膏类型。

表3-8　按焊剂系统划分的焊膏类型

类　　型	焊剂和活化剂	应　用　范　围
R	水白松香,非活性	航天,军事
RMA	松香,非离子性卤化物等	军事和其它高可靠性电路组件
RA	松香,离子性卤化物	消费类电子产品

3.3.2　焊膏的特性与影响因素

1. 焊膏的流变特性

焊膏是一种流体,具有流变特性。材料的流动性可分为理想的、塑性的、伪塑性的、膨胀的和触变的,焊膏属触变流体。

图3-4示出流体的流动特性,其中剪切应力单位为Pa,剪切率单位为s^{-1}。剪切应力对剪切率的比值被定义为流体的黏度,其单位为Pa·s,它是流变特性中最重要的一个参数。理想的或牛顿流体的黏性不随剪切力变化。

塑性流体具有屈服点特性,超过屈服点继续加外力,塑性流体就表现出牛顿流体的特性。伪塑性材料没有"屈服点",一加应力流动马上开始;剪切率增加时,黏度以非线性形式降低,这种材料的流动可以是可逆的或是不可逆的。触变流体基本上与伪塑性材料相同,当剪切率增加时这两类流体的表观黏度都减少,只是触变材料要在一定时间才能返回到原始黏度,如图3-5所示。它的剪切率与剪切应力关系曲线,在黏度增加和黏度减小时不相重合,其迟滞面积大小代表材料的触变特性。在任何特定剪切率时的黏度取决于它预先已承受的剪切量。另一种观察流体的触变特性的方法是保持剪切率为常数,伪塑性材料将表现出恒定的黏度,而触变材料的黏度将经过一定时间才能减小到平衡值,如图3-6所示。

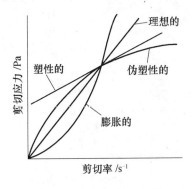

图3-4　流体的流动特性

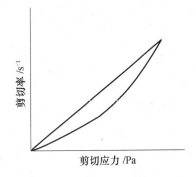

图3-5　触变材料的典型流动曲线

从印刷的角度来看,焊膏的触变特性是一种受搅拌影响的特性,达到平衡需要一定时间,其印像边缘比伪塑性流体好。焊膏的黏度在恒定剪切率下持续减小,这就意味着,在较大的丝网印刷中,在刮板行程末端焊膏沉积量比开始时要多。

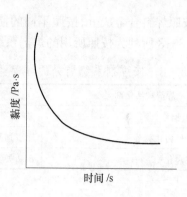

图 3-6　恒定剪切率下的焊膏黏度变化

2. 焊膏的熔点与焊接温度

焊膏的熔点主要取决于合金焊料粉的成分与配比。根据焊膏组成成分和熔点的不同,采用的再流焊温度也不同,而焊接效果和性能也各不相同。表3-9列出了不同熔点焊膏所采用的再流焊温度。

表 3-9　不同熔点焊膏的再流焊温度

合金类型	熔化温度/℃	再流焊温度/℃
Sn63/Pb37	183	208~223
Sn60/Pb40	183~190	210~220
Sn50/Pb50	183~216	236~246
Sn45/Pb55	183~227	247~257
Sn40/Pb60	183~238	258~268
Sn30/Pb70	183~255	275~285
Sn25/Pb75	183~266	286~296
Sn15/Pb85	227~288	308~318
Sn10/Pb90	268~302	322~332
Sn5/Pb95	305~312	332~342
Sn3/Pb97	312~318	338~348
Sn62/Pb36/Ag2	179	204~219
Sn96.5/Pb3.5	221	241~251
Sn95/Ag5	221~245	265~275
Sn1/Pb97.5/Ag1.5	309	329~339
Sn100	232	252~262
Sn95/Sb5	232~240	260~270
Sn42/Bi58	139	164~179
Sn43/Pb43/Bi14	114~163	188~203
Au80/Sn20	280	300~310
In60/Pb40	174~185	205~215
In50/Pb50	180~209	229~239
In19/Pb81	270~280	300~310
Sn37.5/Pb37.5/In25	138	163~178
Sn5/Pb92.5/Ag2.5	300	320~330

3. 影响焊膏特性的因素

焊膏的流变性是制约其特性的主要因素。此外,焊膏的黏度、金属组成和焊料粉末也是影响其性能的重要因素。

1) 焊膏的印刷特性

焊膏印刷时的典型流动特性如图 3-7 所示。焊膏流变性的复杂情况主要是由于黏性焊剂系统中合金焊料粉末的弥散现象引起的。这些弥散成分是非均值的混合物,所含弥散相(焊料粉末)比介质分子(焊剂系统)大得多。焊剂系统和焊料粉末之间的亲合力主要发生在单个焊料颗料的表面上。为此,焊料颗料的质量是影响焊膏印刷特性的重要因素。

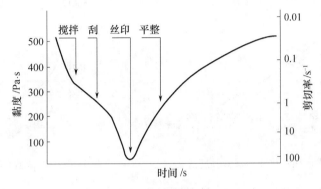

图 3-7　丝网印刷时焊膏的典型流动特性

2) 焊膏的黏度

黏度是焊膏的主要性能指标,当所有其它条件包括温度都保持恒定时,焊膏的黏度值随剪切率增加而降低。在黏度计上由主轴旋转产生剪切应力,所以用转速(r/min)代替剪切率(它们之间成正比关系),图 3-8 示出焊膏的黏度曲线。

焊料合金 (金属)百分含量、粉末颗粒大小、温度、焊剂量和触变剂的润滑性能是影响焊膏黏度的主要因素。图 3-9 示出在 4 种不同的剪切率(主轴的转速)情况下金属百分

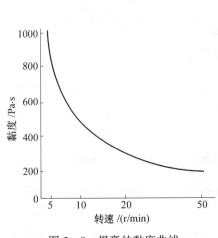

图 3-8　焊膏的黏度曲线

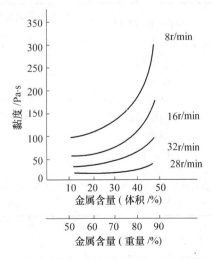

图 3-9　剪切率和金属含量对黏度的影响

含量对焊膏黏度的影响。图3-10示出粉末颗粒尺寸对具有相同金属百分含量和焊剂系统的焊膏黏度的影响。如图中所示,粉末颗粒尺寸增加,黏度减少;粉末颗粒尺寸减小,黏度增加。这是因为粉末颗粒的总表面积随颗粒尺寸减小而增加,引起总剪切力增加,所以黏度增加。

图3-11所示为焊膏黏度和环境温度变化之间的关系,温度增加,黏度减小,温度降低,黏度增加。为了控制焊膏黏度,必须把使用环境温度控制在适当范围,因为即使±2℃的微小温度变化也能使黏度发生至少几十 Pa·s 的变化,从而影响焊膏的印刷质量。

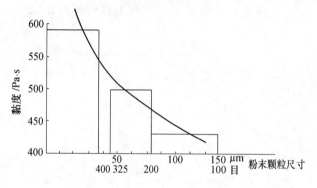

图3-10　粉末颗粒尺寸对焊膏黏度的影响

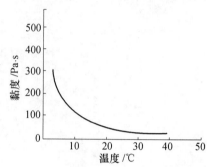

图3-11　焊膏黏度随环境温度的变化

在实际应用中,一般根据焊膏印刷技术的类型和印到 PCB 上的厚度确定最佳黏度。例如:采用模板印刷与采用丝网印刷和点涂涂敷技术相比,要求焊膏具有较高的黏度和金属百分含量。因为模板印刷是典型的接触印刷技术,较高的黏度和金属百分含量将有助于防止焊膏流到金属掩膜下面,从而具有较好的印像质量或清晰度。而丝网印刷要求较低的黏度和金属百分含量,因为焊膏必须被挤压通过丝网上的开孔,它会局部受到编织筛网的阻拦。表3-10列出与金属百分含量和涂敷技术类型有关的焊膏黏度。

表3-10　松香基焊膏的金属含量百分比和典型黏度

焊膏应用的类型	典型黏度/Pa·s(24℃,5r/min, 7号轴)	金属含量百分比% (重量)
模板印刷	550~750	90
丝网印刷	450~550	90
丝网印刷	550~675	88
注射器点涂*	400~600	85
注射器点涂+	350~450	80
针式转印	200~300	75

注:在焊膏厚度超过约0.2mm的印刷技术中,采用中至高范围的黏度,以防止坍塌和印像清晰度差。
* 大直径针; + 小直径针

3) 焊膏的金属组成

如图3-12所示,焊膏中金属组成的重量和体积百分含量之间存在一定关系。选择金属含量时要考虑焊膏扩展的空间、焊膏保持在有限面积上的能力、焊缝的大小和厚度等因素。金属百分含量并不是一个固定的参数,因为在不同活化剂的焊剂系统中,相同金属重量百分含量的焊膏,所导致的结果会有很大差别,所以要根据不同的焊剂系统选择合适的金属重量百分含量。

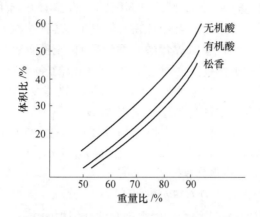

图 3 – 12　焊膏的金属百分比与体积百分比之间的关系

(在 3 种不同活化剂系统中,采用 200 目的焊膏)

选择金属重量百分含量的一般范围是 75% ~ 90%。增加金属百分含量有助于控制焊缝内的空洞和焊缝大小(体积),并使焊后易于清洗。

4) 焊膏的焊料粉末

焊膏中的焊料粉末尺寸、形状和分布是影响焊膏性能的主要参数,它对焊膏的性能起关键作用。一般采用喷射塔制造焊料粉末,控制冷却条件等使工艺条件处于最佳状态,就能形成球形的和均匀的焊料颗粒。否则会发生颗粒的破裂和变形弯曲,而形成非球形的焊粒颗粒。

大多数焊膏都采用球形焊料粉末,因球形粉末在给定体积下总表面积最小,能减少可能发生表面氧化的面积。而且其一致性好,为使焊膏具备优良的印刷性能创造了条件。不规则形状的焊料粉末其颗粒总表面积大,易于氧化,还容易堵塞丝网筛孔,使印刷不稳定。

常用焊料颗粒的尺寸(大小)一般为 – 200/+ 325 目,该尺寸以外的颗粒以不多于 10% 为宜。组装细间距器件时,所用焊料颗粒尺寸为 – 270/+ 500 目或 – 325/+ 500 目。表 3 – 11 表示出 SMD 引脚间距与焊料颗粒的关系。

表 3 – 11　SMD 引脚间距与焊料颗粒的关系

引脚间距/mm	0.8 以上	0.65	0.5	0.4
颗粒直径/μm	75 以下	60 以下	50 以下	40 以下

3.3.3　SMT 工艺对焊膏的要求

在 SMT 的不同工艺或工序中,要求焊膏具有与之相应的性能。表 3 – 12 列出了实际应用中 SMT 工艺对焊膏的特性和相关因素的具体要求。主要内容如下:

(1) 具有优良的保存稳定性。焊膏制备后,在印刷前冷藏(或在常温下)保存 3 个月~

6个月,其性能应保持不变。

(2) 印刷时和在再流加热前,焊膏应具有下列特性:

① 印刷时有良好的脱模性。焊料合金粉末颗粒直径、粒度分布和形状对脱模性影响很大。应选择粉末颗粒直径小于掩膜开口部位尺寸的1/4,并选用粉末颗粒为球形颗粒(特别是在贴装细间距器件时)。当焊膏黏度较高时,其流动性差,脱模困难;但黏度太低,则印刷后可能出现坍塌现象。焊膏触变性较差时,脱模较容易,但又容易发生坍塌。为此,必须按实际要求和工作条件合理选择和确定焊膏的各种特性参数。

② 印刷时和印刷后焊膏不易坍塌。实际上,印刷脱模性和坍塌性有相应关系,如在无定形焊料粉末中,粒度大和触变性好时,不易坍塌。

③ 合适的黏度。表面组装常利用焊膏的黏性把 SMD 暂时固定在 PCB 表面上,为此,要求焊膏有良好的黏度,而且要求其黏度随时间变化小,当元器件贴装后经过较长时间才进行再流焊接也不会减小其黏性。

(3) 再流加热时要求焊膏具有下列特性:

① 具有良好的润湿性能。焊膏中的焊剂和波峰焊中的主焊剂不同,它不一定能去除全部焊接面上的氧化膜,在加热曲线的影响下,其润湿情况较为复杂,所以要正确选用焊剂类型和金属百分含量,以便达到润湿性的要求。

表 3－12   对焊膏要求的特性和相关因素

材料诸因素 / 组装要求的特性		焊料合金							焊 剂								焊 膏		
		组成	不纯物	粒度	颗粒形状	粒度分布	氧化状态	熔点	沸点	含量	成分	Cl含量	氯素含量	触变剂量	溶剂量	电导率	吸水量	黏度	比重
印刷前	储存稳定性		△						○		○			△	△		○		
印刷到再流前	印刷脱模性			○	○	○			○	○				○				○	○
	触变性			○	△	○	△		○	○	○			○				○	△
	黏性								○	○	○			○	○			○	
再流时	润湿性	○	○				○					○		△			△		
	焊料球		△	○	○	○	○	○						△	○				
	焊剂飞溅		○				△							△	○				
	速干性						△			○	○			△	△				
再流后	洗净性								△					○			○		
	组件表面美观	△	○		△	○	○			○	○			△	○				
	非腐蚀性		△									○	○						
	绝缘电阻		△						△	○	△	△				△		△	
	接合强度 张力 蠕变性 弯曲弹性 热冲击性	○	○					○			○	○							
注:○关系大;△有关系																			

② 减少焊料球的形成。产生焊料球是焊膏再流时常出现的不良现象。图 3-13 示出焊料球的形成过程。焊料球的形成原因是表 3-13 中所列诸因素的组合。作为焊膏本身的问题有：溶剂沸点低、焊剂量过多、球形粉末分布少等原因引起的焊料粉氧化率高等。

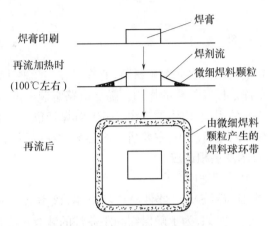

图 3-13 焊料球形成过程

表 3-13 焊料球产生的主要原因

主 要 原 因		内 容
焊 膏	氧化度（颗粒形状、分布）	发生氧化，熔融后容易形成球。表面积越大，越易氧化，所以球形比不定形好，微细颗粒少好
	焊剂量，活性度	焊剂量多时，流出多，焊料球多；活性度低时也易形成焊料球
	水分和其它	存在水分等杂质，引起飞溅，焊料球增多
印 刷	放置时间	印刷后放置时间长，溶剂等成分挥发，恢复焊料粉末的原来状态，易形成焊料球
	印刷偏差	印刷在焊盘外，容易发生焊料球
	印刷厚度	太厚，从焊盘溢出，容易发生焊料球
再流条件	预热条件	预热不均匀，焊料挥发少，易流出，焊剂劣化
	加热条件	急速加热（如 VPS），由于焊料内产生温度差，残留下后熔组分
	炉内气氛	氧化气氛不利
其 它	贴装压力	贴装压力大，焊料扩展到焊盘外和元器件下面，易于形成焊料球
	PCB 焊盘污染	润湿性变坏，易发生焊料球

③ 焊料飞溅少。当温度急剧上升时，焊膏会出现近似沸腾现象，引起焊料颗粒飞溅。这主要取决于预热后溶剂的残余量和沸点。

(4) 再流焊接后要求的特性：

① 洗净性。焊接后若有焊剂残渣和焊料球留在电路板上，将影响组件可靠性，所以一般需在焊接后进行清洗。特别是对高性能电子产品和军事装备电路组件，清洗是必须的。传统组装工艺常采用松香型焊剂，其有效清洗剂是氟氯烃(CFC)，它能满足组件的洗

净度要求。因为焊接后在电路板组件上残留下的焊剂剩余物是焊剂中的固体成分,所以要求焊剂中固体含量越低越好。同时,要求焊剂成分具有高绝缘性,低腐蚀性。

②焊接强度。焊接后能得到良好的接合状态(焊点),要求焊料合金及其焊缝具有一定的机械强度,以确保 SMA 在使用过程中不会因振动等因素而出现元器件脱落,保证其长期可靠性。

3.3.4 焊膏的发展方向

焊膏已发展成为高度精细的表面组装材料,它在 SMT 的细引脚间距器件组装、高密度组装等组装技术中发挥了极其重要的作用。随着电路组装密度的不断提高和再流焊接技术的广泛应用,以及"绿色组装"概念的提出,SMT 对焊膏也不断有新的要求。目前,焊膏的研究开发工作还在深入进行之中,主要研究内容集中在以下两个方面。

1. 与器件和组装技术发展相适应

1)与细间距技术(FPT)相适应

采用 FPT 的多引线细间距 SMIC 器件已广泛应用,该类器件的组装,对组装工艺和焊膏特性都有很高的要求。例如,为了确保细间距器件的装焊可靠性,要求焊膏在整个组装过程中始终保持设计时的良好性能。因此焊料的颗粒要细小,焊料粉末形状要求是 $\phi 10\mu m \sim \phi 30\mu m$ 的均匀球形颗粒,以使焊膏有良好的印刷均匀性和优良的再流特性,能获得很高的印刷分辨率,减少塌陷、扩展和桥接等缺陷,并能使焊盘间隙保持在 0.2mm~0.3mm 之间。FPT 还要求焊膏具有较高的焊接黏度(800Pa·s~1300Pa·s),合适的模印性和流动性,较好的黏结强度和合适的耐干燥性能。另外,由于 FPT 一般采用多层基板组装,该类基板不少经受不住 >150℃ 焊接高温,因此,FPT 用焊膏一般还需采用低温焊料。

目前,国内≤0.3mm 细引脚间距器件的一次组装通过率不高,焊膏性能及其涂敷工艺水平是其影响主因。为此,与 FPT 相适应的焊膏特性和涂敷技术方面的研究工作仍在不断进行中。

2)与新型器件和组装技术的发展相适应

球型栅格阵列(BGA)器件、芯片尺寸封装(CSP)器件等新型器件的组装,以及裸芯片组装、裸芯片与器件混合组装、高密度组装、三维立体组装等新型组装形式,都对焊膏有不同的要求,与之相适应的研究工作从未间断过。

2. 与环保要求和绿色组装要求相适应

1)与水清洗相适应的水溶性焊膏的开发

针对使用氯氟烃(CFC)的限制,含有水溶性焊剂的焊膏已实用化,但其相关研究工作仍在继续。

2)免洗焊膏的应用

替代 CFC 最彻底的办法是采用焊后免洗的焊剂和焊接工艺。常采用两种焊后免洗技术,一种是采用固体含量低的焊后免洗焊剂,如用聚合物和合成树脂代替 CFC,这种焊剂可直接用于波峰焊接工艺或配制成焊膏用于再流焊接工艺;另一种是在惰性气体或在反应气氛中进行焊接,如氮气保护的双波蜂焊接设备和红外再流焊接设备都已被应用。这两种技术的深入研究工作都还在进行之中。

3）无铅焊膏的开发

铅及铅化合物是有毒物质，其使用将逐步受到限制。目前，国内外均已展开取代含铅焊料的无铅焊料与焊膏的研究与开发工作，国外已有推荐产品。但其使用涉及到组装工艺、焊接温度等诸多内容的变化，有不少问题尚待进一步研究解决。

3.4　焊　　剂

3.4.1　焊剂的分类和组成

焊剂是焊接中的重要工艺材料，它有多种类型和不同的组成，通过其物理化学作用影响焊接过程，最终形成可靠的焊接连接。现在广泛采用的焊剂类型可以分成两大类：酸系焊剂和树脂系焊剂。酸性焊剂的作用强，但由于其腐蚀性大，所以在 SMT 的焊接中，通常采用树脂系焊剂。树脂系焊剂又可分成松香系和合成树脂系两类。焊剂分类如表 3-14 所列。

表 3-14　焊剂种类

酸系	无机酸	无机酸(盐酸、氟酸等)
		无机盐(氯化亚铅等)
	有机酸	有机酸(羧酸、谷氨酸等)
		有机卤素(氯化胺、苯胺等)
树脂系	松香系	纯松香(R)
		弱活性松香(RMA、AA)
		活性松香(RA、A、B)
		极活性松香(RSA)
		低残渣型
	合成树脂	

1. 松香系列焊剂

松香从松树的含油松脂中提取精炼而成，其主要成分是松香酸及其同素异形体、有机多脂酸和碳氢化萜，在室温下松香呈固体状。最纯的松香叫做水白松香，简称 WW，它是最弱的非活性焊剂类型。在焊接工艺中，水白松香能去除足量的金属氧化物，而使焊料获得优良润湿性能。为了改善水白松香的活性，可添加诸如烷基胺氢卤化物(联氢卤化物)等活化剂，从而形成了松香系列焊剂。

表 3-15 列出了活性化松香焊剂的成分。它们由松香、活化剂、溶剂和其它成分组成。RMA 和 RA 型松香系焊剂无腐蚀性，RMA 型通常以液体形式用于波峰焊接和以膏剂形式用于焊膏；RA 型广泛用于工业和消费类电子产品的制造，并常留在产品的电子组件上不再清洗。RSA 型焊剂普遍被用于双波峰焊接，这种焊剂最明显的特点是除含有少量松香外，还含有合成树脂，其活性随活化剂等级变化，属于合成型松香系焊剂。

表 3-15　活性化松香焊剂的成分

成　分	组　成	含量/%	熔点/℃
树脂	变性,精制,重合,添水,松脂	15~30	软化 80~140
活化剂	胺,苯胺,联氨卤化盐,三羧酸脂肪酸	1~3　1~5	
溶剂	乙醇类,酮类	余量	
其它	界面活性剂,阻化剂,消光剂	若干	

合成型松香系焊剂的最大优点是焊接后剩余物是软的,在室温下是液体,能比纯松香焊剂更容易去除。美国的合成型松香系焊剂分类规定为:SR(非活性)、SMAR(中度活性)、SAR(活性化)、SSAR(极活性化)。

2. 合成焊剂

合成焊剂的主要组成成分是合成树脂,可根据用途配制不同类型的合成焊剂。例如,由合成树脂、溶剂、活化剂和发泡剂等成分组成的合成焊剂,大量用于普通单波峰焊接工艺。将采用合成树脂和松香基焊剂组成的合成焊剂应用于双波峰焊接工艺中,还能解决在 PCB 进入第二个波峰时,由于焊剂不足而出现焊料拉尖和断路等问题。

3.4.2　焊剂的作用和施加方法

1. 焊剂的作用与应用

焊剂属活性材料,其作用是去除金属表面和焊料本身的氧化物或其它表面污染,润湿被焊接的金属表面。在焊接时它还能保护金属表面不再氧化和减少熔融焊料的表面张力促进焊料扩展和流动。其主要作用如表 3-16 所列。

表 3-16　焊剂的作用

焊接工序	作　用	说　明
预热		溶剂蒸发
焊料开始熔化	辅助热传导	受热,松香熔化,覆盖在基材和焊料表面,使传热均匀
	去除氧化物	放出活化剂,与成离子状态的基材表面的氧化物反应,使之溶解在焊剂中,从而除掉氧化物
焊料合金形成	表面张力下降	熔融焊料表面张力小,使润湿良好
	防止再氧化	覆盖在高温焊料表面,控制氧化,改善焊缝质量
焊缝形成 (焊料轮廓)		
焊料固化		

当采用波峰焊接工艺时,被焊接的组件与熔融焊料波相接触,焊剂发挥作用后并从组件表面离开,焊料润湿组件表面。在采用焊膏的再流焊接工艺中,焊剂发挥作用后从熔融焊料内逸出。这两种情况中,焊剂发生位移对形成的焊缝的最终质量都起到重要的作用。特别是在双波峰焊接工艺中,焊剂的这种作用更显著。当熔融焊料开始润湿焊盘和元器件引线时,焊剂就发生位移,浮在熔融的焊料表面,影响其流变性和表面张力。当在焊剂配方中固体百分含量增加时,它对熔融的焊料的流变性的影响也增加。由于它可保护焊

料表面不氧化,从而改善熔融焊料与组件表面的接触能力,使熔融焊料达到 SMA 的所有焊接部位。另外,在使用焊膏时,焊剂对焊膏的印刷性能将产生一定的影响。

大多数焊剂在焊接加热时达到活化温度,清洗金属表面并随溶剂蒸发。若溶剂蒸发在达到焊接温度时再发生,则蒸发的溶剂会使溶融的焊料飞溅。为此,在焊接工艺中使用的焊剂,要根据其沸点选择适当的熔剂或溶剂混合物,特别是在使用焊膏的场合,更应注意溶剂的选择和使用。

焊接工艺中,焊剂除了上述有益作用外也还具有一些不良影响。例如:焊接后一般都会留下焊剂剩余物,从而带来 SMA 的质量后患,其主要影响如表 3－17 所列。为此,一般焊后对有较高质量要求的产品都必须进行清洗。

表 3－17　焊剂的剩余物的影响

类　　型	影　响　的　内　容
1. 基板可靠性劣化	(1) 金属与离子剩余物和水分等反应,发生迁移; (2) 引起基板表面绝缘下降,出现漏电; (3) 特别严重时,引起电路腐蚀
2. 对元器件的恶劣影响	(1) 焊剂剩余物沾在开关和音量调节器上,致使开关接触不良或出现滑动杂音; (2) 沾在接插件等器件上,导致接触不良
3. 外观不佳	(1) 由于焊剂剩余物黏性,沾上尘埃,导致外观不佳; (2) 引线上沾上杂物,造成短路
4. 其它	(1) 沾在电路测试设备的测试探针上,导致接触不良; (2) 与焊料球混在一起,使焊料球的去除困难

2. 焊剂的施加方法

在再流焊接中焊剂的使用,是将膏状焊剂加到焊膏中。在波峰焊接工艺中将焊剂施加到被焊接金属的表面上有 3 种方法:波峰法、喷射法(喷涂法)和发泡法。常用的喷涂法又有超声喷涂法、丝网鼓方式、压力喷嘴喷涂 3 种方法。

(1) 超声喷涂法。将频率大于 20kHz 的振荡电能通过压电陶瓷换能器转换成机械能,把焊剂雾化,经压力喷嘴喷到 PCB 上。

(2) 丝网鼓方式。由微细、高密度小孔丝网的鼓旋转空气刀将焊剂喷出,产生的喷雾喷到 PCB 上。

(3) 压力喷嘴喷涂法。直接用压力和空气带动焊剂从喷嘴喷出到 PCB 上。

3.4.3　新型焊剂的研发与水溶性焊剂

焊接工艺中使用的焊剂一般在焊后有残渣留在电路组件上,对电路组件的性能造成一定影响。所以对于有高可靠性要求的电路组件,焊后必须清洗。传统使用的有效清洗剂是含氯氟烃(CFC)。由于 CFC 对臭氧层有破坏作用,其使用已受到限制并最终将禁止。为此, CFC 替代品的研究是新型清洗剂研究的主要内容。然而最彻底的办法是使用焊后在电路组件上不留或少留残渣的焊剂,以便焊后免洗。所以,近年来国内外对固体含量低的焊后免洗焊剂和水溶性焊剂都有较多的研究。

焊后免洗焊剂一般以合成树脂为基,只含有极少量的固体成分,不挥发物含量只有1/5~1/20,卤素含量低于0.01%~0.03%。它完全不含卤化物活化剂,而含有耐热合成聚合物,该聚合物在焊接温度下与羧基酸反应只留下极少量的无腐蚀性的分解剩余物。为此,这种焊剂只有极少量的固体衍生物,焊后只留下极少量的剩余物,而且长期绝缘电阻性能良好。

替代 CFC 清洗剂的有效途径是采用水溶性焊剂,但采用这种焊剂,焊后清洗液体的排放处理问题较难解决,所以在某种程度上影响了它的推广应用。在 SMA 的焊接工艺中采用水溶性焊剂和在 SMT 中采用水溶性焊剂配制焊膏的深化研究工作现在仍在进行之中。表3-18~表3-20列出了国内外典型水溶性焊剂产品的性能。

表3-18 (美)ALPHA 公司产品性能

序 号	项 目	产 品 牌 号		
		856A	857	859
1	固体含量/%	16	18	29
2	密度(25℃)/(g/cm^3)	0.839	0.865	0.880
3	pH	中性	酸性	中性

注:以上牌号产品在清洗后都能达到 Mil-P-28809 对洁净度的要求

表3-19 (美)Multicore 公司产品的性能

序号	项 目	产 品 牌 号				
		HX—10	HX—20	HX—40	HX—N	HX—30HF
1	固体含量/%	11	20	43	22	30
2	密度/(g/cm^3)	0.835	0.874	0.982	0.874	0.948
3	pH	3.5	3.0	2.5	7	3
4	酸值/(mg KCH/g)	12	24	50	0	33
5	卤化物含量/%	0.5	1.0	2.0	0.4	0

表3-20 晨光化工研究院 WCF 系列产品性能

序 号	项 目	WCF—1	WCF—2
1	外观	无色或浅黄色透明液体	
2	密度(23℃)/(g/cm^3)	0.810	0.818
3	卤素含量/%	无	0.8
4	pH 值	5~6	5~6
5	扩展率/%	>82	>85
6	洗净后绝缘电阻/Ω	≥1×10^{12}	≥1×10^{12}
7	离子洁净度(NaCl)/(μg/cm^2)		<0.5

3.5　胶　黏　剂

3.5.1　黏结原理

当采用混合组装工艺时,在波峰焊接之前,一般需采用胶黏剂(即贴装胶或贴片胶)将元器件暂时固定在 PCB 上。黏结时,为使胶黏剂与被黏结的材料紧密接触,材料表面不能有任何类型的污染,以使胶黏剂能对材料产生良好的润湿。当胶黏剂润湿被黏结的材料表面并与之紧密接触,则在它们之间产生化学的和物理的作用力,从而实现二者的黏结。

(1) 化学作用力。化学作用力可以用胶黏剂和黏结面之间的分子引力来解释。胶黏剂和黏结面之间一旦发生润湿和接触,相互间就受到弱的分子力的吸引,这种弱的分子力叫做范德瓦斯力。其实,任何两种材料接触时都会产生一定的分子亲和力,不同材料之间的接触产生的亲和力不同。显然,两种材料之间的分子亲合力越大,其黏结强度就越大。材料的润湿还与其表面张力相关,为此,两种材料表面的接触效果取决于表面张力和亲合力的关系,表面张力和亲合力在润湿中或在表面的接触中起着重要的作用。

(2) 物理作用力。物理作用力也是影响黏结强度的主要因素,其大小取决于胶黏剂和被黏结材料的接触表面积及其表面微孔。当胶黏剂和被黏结表面相接触时,它趋向于流动并取代被黏结表面微孔内的空气。随着这个过程的进行,胶黏剂和被黏结表面的接触面积逐渐增加。表面微孔越多,胶黏剂在视表层下的渗透就越多。胶黏剂的机械黏结强度随着接触表面积和渗透的增加而增加。

3.5.2　SMT 常用胶黏剂

1. 胶黏剂的种类与作用

胶黏剂的种类按其功能可分成结构型、非结构型和密封型 3 种。

(1) 结构型。结构型胶黏剂具有高的机械强度,用于把两种材料永久地黏结在一起,并有较强的承载能力,固化状态下有一定的硬度。

(2) 非结构型。非结构型胶黏剂具有一定的机械强度,用于暂时连接荷重要求不大的物体,如把 SMD 黏结在 PCB 上。非结构型胶黏剂在固化状态下也是硬的。

(3) 密封型。密封型胶黏剂无机械强度要求,用于缝隙填充、密封或封装等,一般用于两种不受荷重的物体之间的黏结。密封型胶黏剂通常是软的。

根据化学性质可将胶黏剂分成热固型、热塑型、弹性型和合成型。

(1) 热固型。热固型胶黏剂是由化学反应固化形成的交联聚合物,固化之后再加热不会软化,不能重新黏结。若在接近或高于热固型胶黏剂的玻璃转变温度重新加热热固型胶黏剂,会大大减小其黏结强度。热固型胶黏剂又可分成单组分和双组分两种类型,单组分胶黏剂要求高温固化,双组分胶黏剂能在室温迅速固化,但要求精确混合树脂和催化剂,以获得合适的黏结特性。

(2) 热塑型。热塑型胶黏剂不形成像热固型胶黏剂那样的交联聚合物,因此可以重新软化,重新黏结。它是单组分系统,因高温冷却而硬化,或因溶剂蒸发而硬化。

(3) 弹性型。弹性胶黏剂具有较大的延伸率,可由合成或天然聚合物用溶剂配制而成,呈乳状。如尿烷、硅树脂和天然橡胶等。

(4) 合成型。合成胶黏剂由热固型、热塑型和弹性型胶黏剂组合配制而成,它利用了每种材料的长处,因此具有较好的综合性能。如,环氧聚硫化物和乙烯基 – 酚醛塑料。

2. SMT 常用胶黏剂

在 SMT 工艺中一般采用热固型胶黏剂把 SMD 黏结在 PCB 上,主要应用材料有环氧树脂、聚丙烯、腈基丙烯酸脂和聚脂等,常用的是前两种。表 3 – 21 列出了两种常用胶黏剂的特性和固化方法。胶黏剂的成分可根据用户对性能的要求,如黏结强度、黏度、罐藏寿命、固化温度和固化规范等进行配制。

表 3 – 21 两种胶黏剂的特性和固化方法

基本树脂	特 性	固化方法
丙烯酸脂	性能稳定,不需特殊低温储存,常温下使用寿命为 12 个月; 固化温度相对较高,但固化速度快,时间短; 黏结强度、电气特性一般; 甚高速点胶性能优良	采用紫外线 + 热双重固化系统
环氧树脂	热敏感,必须低温储存以确保使用寿命(一般 5℃ 左右 6 个月,常温下 3 个月); 固化温度相对较低,但固化速度慢,时间长; 黏结强度高,电气特性优良; 甚高速点胶性能不佳; 随着温度的升高,胶黏剂寿命缩短,在 40℃ 时,其寿命、质量迅速下降	采用热固化单一固化系统

(1) 聚丙烯胶黏剂。聚丙烯胶黏剂以丙烯酸酯或替代的甲基丙烯酸酯为基础,固化时间比环氧树脂胶黏剂短。它不能在室温固化,必须采用适当的设备。通常用短时间紫外线照射或用红外线辐射固化,固化温度约为 150℃,固化时间约为数十秒到数分钟。

(2) 环氧树脂。环氧树脂是用途最广泛的热固型、高黏度胶黏剂,可以作成液体、膏状、薄膜和粉剂等形式。它可以是单组分,也可以是双组分系统。单组分环氧树脂要求冷藏保存和高温快速固化,以加快其聚合反应速度,一般在带有循环空气的普通固化炉内进行固化。双组分环氧树脂胶黏剂由环氧树脂和催化剂、硬化剂或固化剂的第二组分混合而成,两种组分的充分混合,便可引起环氧固化和聚合反应。我国研制的这类胶黏剂,其典型配方为:环氧树脂 63%(重量比),无机填料 30%(重量比),胺系固化剂 4%(重量比),无机颜料 3%(重量比)。

3.5.3 SMT 用胶黏剂的固化与性能要求

1. 胶黏剂的固化

胶黏剂的固化方式有热固化、光固化、光热双重固化和超声固化等,其中光固化很少单独使用,超声固化通常用于采用封存型固化剂的胶黏剂。SMT 工艺中最常用的固化方式主要有热固化、紫外光/热固化两种。

（1）热固化。热固化常用烘箱间断式热固化和红外炉连续式热固化两种形式。烘箱间断式热固化是将已施胶黏剂并贴装 SMD 的 PCB 分批放在料架上，然后一起放入已恒温的烘箱中固化，通常温度设定在约 150℃，固化时间为数分钟至数十分钟。烘箱一般带有鼓风装置使箱内空气对流和温度恒定，避免 PCB 上下层有温差。烘箱固化方式操作简便、投资费用小，但热能损耗大，固化时间长，不利于生产线流水作业。红外炉连续式热固化也称隧道炉固化，是胶黏剂固化最常用的方式。红外加热不仅适用于胶黏剂的固化，而且还可用于焊膏的再流焊，SMT 工艺中一般使用将固化和再流焊接功能结合为一体的设备（再流焊炉），利用其不同的温区完成不同的功能。由于胶黏剂对特定的红外波长有较强的吸收能力，在红外炉中只需较短的时间即可固化，所以红外炉固化热效率高，对生产线流水作业较为有利。图 3-14 所列为环氧树脂胶黏剂典型固化曲线，但胶黏剂性能的差异以及红外炉设备的不同，红外炉所采用的固化曲线也不同。

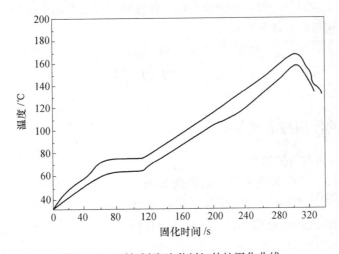

图 3-14　环氧树脂胶黏剂红外炉固化曲线

（2）紫外光/热固化。紫外光/热固化体系是同时使用紫外光照射和加热方式，在连续的生产线上能非常迅速地使胶黏剂固化。紫外光波长一般采用 365nm，功率为 80W/cm，热固化温度最高为 150℃～180℃。紫外光固化时间约需 10s～30s，光热固化总时间约为 3min 以下。紫外光/热固化的最大特点是速度快、耗能小，适合于大批量生产。但在紫外光固化过程中，由于空气中的氧气在高强度紫外光辐照下产生的臭氧对人体有害，必须注意生产场地的通风排气。采用紫外光/热固化胶黏剂时，黏结点的胶黏剂必须延展伸出元器件底部，以使紫外光能直接照射胶黏剂并引发聚合反应。紫外光可先使暴露在元器件外面的胶黏剂固化，而中央部分胶黏剂的全部固化仍需通过热固化来保证。部分固化的胶黏剂在焊接和清洗过程中很容易吸收有害的化学物质，对焊后绝缘电阻等性能将产生不利影响。

2. SMT 对胶黏剂的性能要求

为了确保被黏结元器件固定可靠，对 SMT 用胶黏剂的性能有以下要求。

（1）具有一定的黏度和良好的黏度可调节性。能适用于把各种形状的 SMD 黏结在电路板上,能适合于手工和自动涂敷。胶滴间不拉丝,涂敷后能保持足够的高度,而不形成太大的胶底或塌边。涂敷后到固化前胶滴不会漫流,以免流到焊接部位,形成虚焊。在加热固化前,对 SMD 也有一定的黏合力。

(2)较快的固化速度和适当的固化温度。固化时间一般应在 5min 内,固化温度要求在 150℃ 以下,以免对电路板和元器件产生不良影响。

(3)固化后耐高温性能好。在波峰焊接(250℃左右)条件下元器件不会掉落,在 25℃ ±2℃ 时,要求剪切强度为 6MPa~10MPa,即要求胶黏剂具有一定强度。这就要求涂敷量要适当和固化要充足。但黏度和强度也不宜太高,如果固化后的胶黏剂用烙铁加热就能再次软化,则有利于维修。

(4)固化后有良好的使用性能。固化后和焊接过程中胶黏剂无收缩,在焊接过程中无气析现象,这由严格调配胶黏剂的组成和充分固化保证。固化后能经受得住电路板的移动、翘曲、洗刷,以及助焊剂和清洗剂的作用,与后续工艺过程中的化学用品相容,不发生化学反应;并在常温下有较长的使用寿命。在任何情况下不会干扰电路工作;还应具有颜色,以利于目视检验和计算机检测。

3.6 清 洗 剂

3.6.1 清洗的作用与清洗剂种类

1. 清洗的作用与清洗原理

在 SMT 焊接工艺中必须采用合适的助焊剂,以获得优良的可焊性。目前普遍采用的树脂焊剂等大多数类型的焊剂,焊接后都会在 PCB 和焊点表面留下各种残留物,为防止由于电迁移而潜在的电路损坏,必须把它们清洗干净。而且即使是采用水溶性焊剂,对一些可靠性要求高的产品,也要求进行焊后清洗。为此,清洗是对电路组件的高可靠性具有深远影响的组装工艺,其作用是去除焊剂残渣和其它污染物,使 SMT 产品满足有关标准对离子杂质污染物和表面绝缘电阻的要求。

需要清洗的残留物主要有粒状的、非极性的和有极性的 3 类。灰尘、纤维和焊料小颗粒等是粒状污染物,可用压力喷射和超声波等机械方法清洗。松香焊剂含有非极性的和有极性的污染物,松香残渣和插装过程中的油渍、汗渍等是非极性污染物,卤化物、酸、盐等活化剂是有极性污染物。非极性和有极性污染物会对电路产生不良的影响,是清洗的重要对象,一般采用对应的非极性和有极性的溶剂,利用其化学反应溶解清洗。所以,清洗的关键是选择优良的清洗溶剂。

2. 清洗剂的种类

清洗溶剂常简称为清洗剂。常用溶剂可分成疏水溶剂、亲水溶剂和疏水 – 亲水混合物组成的共沸溶剂三种。疏水溶剂不能和水混合,具有非极性特征,对离子污染几乎没有任何溶解作用,但大多数疏水溶剂对非极性或非离子的污染具有较大的溶解能力,如松香、油和油脂。亲水溶剂可以和水相溶解,所以和极性污染物能发生较大的溶解作用。表 3 – 22 列出普通的疏水溶剂和亲水溶剂。

表 3-22　普通疏水溶剂和亲水溶剂

疏　水　溶　剂	亲水溶剂	疏　水　溶　剂	亲水溶剂
二氯甲烷	甲醇	三氯三氟乙烷(1,1,2-三氯-1,2,2,-三氟乙烷)	异丙醇
三氯乙烯	乙醇	四氯二氟乙烷	甲基乙基酮
全氯乙烯	n-丙醇	三氯氟甲烷	甲基丁酸
1,1,1-三氯乙烷	丙酮		仲丁醇

把疏水和亲水溶剂混合在一起组成的不可燃共沸混合物,对极性和非极性两类污染物都有溶解作用,其主要组成是疏水溶剂三氯三氟乙烷、四氯二氟乙烷、三氯氟甲烷或1,1,1-三氯乙烷中的一种,以及一种或多种醇类亲水溶剂。

典型疏水溶剂可分为两组——含氯烃和含氟烃(含氯氟烃)溶剂。

(1) 含氯烃溶剂。常用含氯烃溶剂有:1,1,1-三氯乙烷、全氯乙烯、三氯乙烯和二氯甲烷。这些溶剂和醇类共沸物相混合组成的共沸溶剂混合物,与含氟烃溶剂相比,对松香型焊剂剩余物具有较高的溶解能力,并具有较高的沸点和较低的成本。全氯乙烯、三氯乙烯基溶剂有毒性,所以不推荐采用。二氯甲烷在含氯烃溶剂中具有最低的沸点(39.8℃),对有机污染物如松香、油和油脂具有很高的溶解能力,但也由于有毒性和容易与广泛的聚合物起反应,所以不推荐以高浓度应用。因此,广泛用于共溶剂混合物的主要的含氯溶剂是1,1,1-三氯乙烷,它是4种含氯烃溶剂中最安全的一种,当它和亲水性溶剂混合物时,提供了优良的去污染能力。表 3-23 列出了普通含氯烃溶剂的物理特性。表 3-24 列出了两种由 1,1,1-三氯乙烷为主要成分组成的共沸溶剂混合物的物理特性。

表 3-23　普通含氯溶剂的物理特性

	1,1,1-三氯乙烷	全氯乙烯	三氯乙烯	二氯甲烷
化学式	CCl_3CH_3	$CCl_2=CCl_2$	$CCl_2=CHCl$	CH_2Cl_2
分子量	133.4	165.9	131.4	84.9
沸点/℃	74.67	121	86.67	39.8
液体密度(25℃)/(g/cm³)	1.32	1.62	1.45	1.32
在沸点的饱和蒸气密度 (空气=1.00)	4.50	5.80	4.54	2.93
蒸气压力(20℃)/Pa	2.33×10^4	1.87×10^3	7.81×10^3	4.67×10^4
黏度(25℃)/Pa·s	—	—	—	3.29×10^{-4}
表面张力(20℃)/(N/m)	2.590×10^{-2}	3.230×10^{-2}	2.920×10^{-2}	2.812×10^{-2}
汽化潜热/(J/kg)	2.37×10^5	2.09×10^5	2.39×10^5	3.29×10^5
比热(液体)/(J·kg·℃)	17.88	14.44	15.81	19.25
汽化速率(四氯化碳=100)	139	27	69	147
可溶性(25℃)(重量)/%:溶剂中的水	—	0.01	0.02	0.20
水中的溶剂	<0.10	0.02	0.11	2.00
贝壳松脂丁醇值/cm³	124	92	130	136

表 3-24 含 1,1,1-三氯乙烷的普通氯基溶剂的物理特性

溶剂混合物名称	Prelete	Alpha 565	溶剂混合物名称	Prelete	Alpha 565
制造厂家	London Chemical	Alpha Metals	1,1,1-三氯乙烷	92.9%	90%
	无色液体	无色液体	1,2—丁烯氧化物	<7.1%	—
沸点(760mmHg)/℃	73.3	73.9	二亚乙基醚	<7.1%	<5%
表面张力/(N/m)	$2.52×10^{-2}$	—	甲基丁炔	<7.1%	—
黏度(25℃)/(m²/s)	$0.618×10^{-6}$	—	硝基甲烷	<7.1%	—
比重(77℉)	1.286	1.275	仲丁烯乙醇	<7.1%	—
蒸气密度(空气=1.00)	4.16	4.6	丙醇	—	<5%
组成：					

(2)含氟烃溶剂。含氟烃溶剂主要有三氯三氟乙烷(1,1,2-三氯-1,1,2-三氟乙烷,简称 FC-113),四氯二氟乙烷(1,1,2,2-四氟-1,2,2-二氟乙烷,简称 FC-112),和三氯氟甲烷(简称 FC-11)。表 3-25 列出了这 3 种溶剂的物理性能。其中只有 FC-113 和 FC-112 用作共沸溶剂混合物的主要成分,而 FC-11 因其沸点低(23.7℃)和蒸

表 3-25 普通含氟烃溶剂的物理特性

特性	含氟烃熔剂		
	FC-113	FC-11	FC-112
化学式	CCl_2F-CF_2Cl	$CFCl_3$	CCl_2-CCl_2F
分子量	187.4	137.4	203.9
沸点(760mmHg)/℃	47.6	23.7	92.8
液体密度(25℃)/(g/cm³)	1.565	1.485(21.1℃)	1.645
在沸点的饱和蒸气密度(空气=1.00)	6.20	—	7.47
/(kg/L)	$7.399×10^{-3}$	—	—
蒸气压(21.1℃)/Pa	$6.29×10^4$	$1.53×10^5$	$6.13×10^3$
黏度(21.1℃,液体)/Pa·s	$6.94×10^{-4}$	$4.38×10^{-4}$	$1.06×10^{-3}(20℃)$
表面张力(20℃)/(N/m)	$1.88×10^{-2}$	$1.90×10^{-2}$	$2.39×10^{-2}$
气化潜热/(J/kg)	$1.47×10^5$	$1.82×10^5$	$1.72×10^5$
21.1℃时的比热/(J/kg·℃)			
液体	14.44	14.44	15.13(20℃)
饱和蒸气	10.31	8.94	—
蒸发速率(四氯化碳=100)	280	225	64
可溶性(25℃),重量/%			
溶剂中的水	0.011	0.009	0.009(20℃)
水中的溶剂	9.017	0.011	0.012(20℃)
贝壳松脂丁醇值/cm³	34	60	70
介电常数(60Hz,液体,30℃)	2.41	2.20	—
燃点	无	无	无

气压力高,以及应用中容易挥发,仅在少数场合用于很低毒性的冷清洗溶剂中。FC-113 含氟烃溶剂也称为 TF 氟氯烷,是普通采用的含氟烃溶剂。由于纯 FC-113 对松香或其它非极性污染物的溶解能力低,因此常添加醇类组成共沸溶剂混合物使用,它与含氯烃基溶剂相比较由于溶解能力缓慢,对聚合物影响很小。FC-112 有很高的沸点(92.8℃),且对非极性污染物有较高的溶解能力,这种特性使它成为优良的蒸气喷淋去污染溶剂。

在各种不同的共沸溶剂混合物的组成中,用得最多的是 FC-113,其次是 FC-112。表 3-26 列出以 FC-113 为主要成分的共沸混合物的物理特性。

表 3-26 以 FC-113 为主要成分的几种共沸混合物的物理特性

物 理 特 性	Alpha 1001	Alpha 1003	Freon TMC	Freon TMS	Genesolv DTA	Genesolv DMS	Genesolv DES
沸点(760mmHg)/℃	76	82	36.2	39.7	34.2	42.0	44.4
在沸点的气化潜热/(J/kg)	128	1100	104.0	90.7	—	—	78.0
密度/(g/cm³)(a=68℉,b=77℉)			1.420b	1.477b	1.404a	1.462a	1.486a
黏度/Pa·s(a=70℉,b=77℉)			4.61×10^{-4}b	—	5.38×10^{-4}b		7.0×10^{-4}a
表面张力/(N/m)(a=75℉,b=77℉,c=70℉,d=68℉)			2.14×10^{-2}b	1.74×10^{-2}b	2.21×10^{-2}c	1.90×10^{-2}d	1.94×10^{-2}a
贝壳松脂丁醇值/cm³	71	71	86	45	148	48	43

3.6.2 SMT 对清洗剂的要求

1. 良好的稳定性

清洗溶剂的稳定对于 SMA 的清洗可靠性非常重要。若溶剂在使用期间发生化学反应或损坏与其接触的材料,就会严重影响 SMA 的可靠性,并使溶剂的回收和再使用成为不可能。所以要求其有良好的化学稳定性,有可接受的稳定性等级,要求在储存和使用期间不发生分解,不与其它物质发生化学反应,对接触材料低腐蚀或无腐蚀。

然而,几乎所有的清洗溶剂都会在一定程度上与活性金属起反应并引起腐蚀,尤其是需要多次重复清洗的组件或当传送带浸没在溶剂系统中时,最容易引起腐蚀。所以必须在溶剂中加入适量的化学抑制剂。常用的抑制剂有以下 3 种类型:

(1)酸中和剂,在溶剂使用中形成的氯化氢与它进行中和反应。

(2)金属稳定剂,它可去除金属表面的活性,并和表层金属反应形成稳定的络合物。

(3)抗氧化剂,它减少溶剂形成氧化物的趋势。

2. 良好的清洗效果和物理性能

选择适合于所设计的 SMA 的清洗剂时,应根据所选用的焊剂类型,对预选的几种清洗剂进行导电率-电阻率测试和比较,以便确定其洗净度等级。在此基础上,还要考虑适当的物理性能——沸点、蒸气压、比热、表面张力和溶解性等。要求有良好的热稳定性好,能在给定温度和给定时间内完成有效的清洗操作。要求其能适合于所选用的清洗系统,以及能对 SMA 上下两面进行有效清洗。

3. 良好的安全性和低损耗

清洗剂应有可接受的毒性等级,具有不燃性和低毒性,确保操作安全。并要求其无色;操作过程中的损失小;价格适当。

3.6.3 清洗剂的发展

在 SMT 焊接工艺中普遍采用松香型焊剂和相应的有效清洗剂含氯烃和含氯氟烃(CFC),而 CFC 对大气臭氧层有破坏作用。《保护臭氧层维也纳公约》和《关于消耗臭氧层的蒙特利尔议定书》都对 CFC 等含氯有机物质的使用规定了严格的限制。为此,近年来代替 CFC 的研究工作发展较快。

替代 CFC 的清洗剂大致有含氢氟氯烃(HCFC)、半水清洗溶剂、水清洗溶剂 3 类。表 3-27 列出了替代 CFC 的几种清洗技术与 CFC-113 的比较。表 3-28 列出了美国 EPA/DOD/IPC Ad Hoc 溶剂工作组认可的 7 种替代 CFC 清洗溶剂。

表 3-27 几种替代技术与 CFC-113 的比较

工 艺	设 备	安全性	溶剂可回收性	能 耗
CFC-113	现用	高	可	低/中
氯化溶剂	现用	中	可	中
水清洗	现用	高	否	高
半水清洗	新	低	否	高
醇类清洗	新	低	可	中
HCFC	新	中/高	可	低/中

表 3-28 7 种替代 CFC 的清洗溶剂

材料牌号	类 型	制造公司	认可情况
9434	HCFC	Du Pont	未
2010	HCFC	Allied	认可
2004	HCFC	Allied	认可
SMT	CFC,含添加剂	Du Pont	认可
Bioact EC-7	半水洗	Alpha	认可
Marclena R	半水洗	Martin Marietta	认可
Axarel 38	半水洗	Du Pont	认可

HCFC 一般可以单独和醇类混合组成共沸溶剂混合物,也可适当组合后再与其它溶剂混合组成共沸溶剂混合物。一般情况下,该溶剂混合物的清洗性能相当或优于 CFC,但其对臭氧层仍有破坏作用。若设 CFC 的臭氧层破坏系数(ODP)和地球温暖化系数是 1,则 HCFC 的系数是 0.02~0.1。为此,它是最终仍将被废除的 CFC 过渡替代品。

半水清洗溶剂是较理想的 CFC 替代溶剂,主要有萜烯基溶剂和其它非氯化的有机溶剂。萜烯是异戊二烯的衍生物,它是可生物降解的、无毒的、无腐蚀的、不含氯素的碳氢有机化合物,对臭氧层无破坏作用。已应用的有美国 Petroferm 公司开发的萜烯溶剂 Bioact EC-7 和 EC-7R,Du Pont 公司开发的碳氢化合物溶剂 Axarel 38,Envirosolv 公司开发的不需加表面活化剂的萜烯基溶剂 KNL 2000 等。开发应用的还有含氟醇系(5FP)和乙醇界面活化剂,以及 5FP 溶剂和超声波技术组合的清洗技术等。

　　水清洗剂是极性的水基无机物质,由于松香型焊剂剩余物完全不溶于水,为了对使用这类焊剂的组件实现水清洗,采用皂化剂与焊接残留物发生"皂化反应",生成可溶于水的脂肪酸盐(皂),然后再用去离子水漂洗。常用的皂化剂有氢氧化胺、单乙醇、二乙醇或三乙醇胺。这种清洗材料和工艺是替代 CFC 溶剂清洗的有效途径,但主要用于低密度的 THT 组件的清洗。在 SMA 的场合,为了替代 CFC 清洗剂,可以采用水溶性焊剂进行焊接,焊接后用去离子水进行喷淋清洗。当然,这种水清洗工艺也适用于 THT 组件的焊后清洗。采用这种不用皂化剂的水清洗时,常在水中加入中和剂,以便提高去除水溶性焊剂剩余物的效果。

　　目前,清洗剂正在继续向着无毒性、不破坏大气臭氧层、对自然环境不具破坏作用,不会产生新的公害、能高效清洗高密度 SMA 的方向发展。

思 考 题 3

　　(1) SMT 产品组装工艺材料主要有哪几类? 哪几种?

　　(2) 焊料的主要作用是什么? 焊料的主要组成成分是什么?

　　(3) 焊剂的主要作用是什么? 焊剂的主要组成成分是什么?

　　(4) 焊膏的主要作用是什么? 影响焊膏性能的主要因素有哪些?

　　(5) 胶黏剂的主要作用是什么? 胶黏剂的主要组成成分是什么?

　　(6) 清洗剂的主要作用是什么? 清洗剂的主要组成成分是什么?

第4章 胶黏剂和焊膏涂敷工艺技术

4.1 胶黏剂涂敷工艺技术

4.1.1 胶黏剂涂敷方法与要求

1. 胶黏剂涂敷方法

胶黏剂的作用是在混合组装中把 SMC/SMD 暂时固定在 PCB 的焊盘图形上,以便随后的波峰焊接等工艺操作得以顺利进行;在双面表面组装情况下,辅助固定 SMIC,以防翻板和工艺操作中出现振动时导致 SMIC 掉落。因此,在上述组装方式贴装表面组装元器件前,需要在 PCB 设定焊盘位置上涂敷胶黏剂。胶黏剂的涂敷质量不仅影响组装工艺过程的效率和质量,也会影响表面组装组件的性能和可靠性,胶黏剂涂敷技术是表面组装工艺技术的重要组成部分。

胶黏剂的涂敷可采用分配器点涂(亦称注射器点涂)技术、针式转印技术和丝网(或模板)印刷技术。分配器点涂是将胶黏剂一滴一滴地点涂在 PCB 贴装 SMC/SMD 的部位上;针式转印技术一般是同时成组地将胶黏剂转印到 PCB 贴装 SMC/SMD 的所有部位上。丝网印刷技术与焊膏印刷技术类似,是采用印刷机将一定数量的胶黏剂通过丝网(或模板)印刷到 PCB 贴装 SMC/SMD 的所有部位上。涂敷胶黏剂采用的方法不同时,对胶黏剂的性能要求也不同。适合于分配器点涂的胶黏剂不一定适合于针式转印技术涂敷,反之亦然。表4-1列出了不同涂敷方式的特点比较。

表4-1 胶黏剂不同涂敷方式的特点比较

	针式转移	注射法	模板印刷
特点	适用于大批量生产 所有胶点一次成形 基板设计改变要求针板设计有相应改变 胶液曝露在空气中 对胶黏剂黏度控制要求严格 对外界环境温度、湿度的控制要求高 只适用于表面平整的电路板 欲改变胶点的尺寸比较困难	灵活性大 通过压力的大小及施压时间来调整点胶量因而胶量调整方便 胶液与空气不接触 工艺调整速度慢,程序更换复杂 对设备维护要求高 速度慢,效率不高 胶点的大小与形状一致	所有胶点一次操作完成 可印刷双胶点和特殊形状的胶点 网板的清洁对印刷效果影响很大 胶液曝露在空气中,对外界环境湿度,温度要求较高 只适用于平整表面 模板调节裕度小 元件种类受限制,主要适用片式矩形元件及 MELF 元件 位置准确、涂敷均匀、效率高
速度	300 000 点/h	20 000 点/h~40 000 点/h	15s/块~30 s/块

（续）

	针 式 转 移	注 射 法	模 板 印 刷
胶点尺寸大小	针头的直径 胶黏剂的黏度	胶嘴针孔的内径 涂覆压力、时间、温度 "止动"高度	模板开孔的形状与大小 模板厚度 胶黏剂的黏度
胶黏剂的要求	不吸潮 黏度范围在 15Pa·s 左右	能快速点涂 形状及高度稳定 黏度范围 70Pa·s～100 Pa·s	不吸潮 黏度范围为 200Pa·s～300Pa·s

本节主要介绍分配器点涂技术和针式转印技术，丝网印刷技术在 4.2 节焊膏涂敷工艺技术中介绍。

2. 胶黏剂涂敷的工艺要求

SMT 对胶黏剂性能的一般要求在 3.5.3 节中已有叙述，在不同的涂敷工艺中对胶黏剂还有一些具体要求。例如，当采用分配器点涂和针式转印技术涂敷胶黏剂时，都要求胶黏剂能顺利地离开针头或针端，而不会形成"成串"的、不精确的或随机的涂敷现象，为此要求：

（1）胶黏剂对 PCB 表面有一定的润湿力，能润湿 PCB 表面。

（2）胶黏剂对 PCB 表面的润湿力（表面张力）必须大于针管和针头的润湿力（表面张力）、大于它本身的内聚力。

（3）胶黏剂的润湿力等性能稳定，适应范围宽，其性能不受被黏结 PCB 材料变化影响等。

这是因为采用分配器点涂和针式转印工艺时，如果胶黏剂对 PCB 表面的润湿力小，涂敷就困难；如果它具有很强的内聚力，它就会形成"成串"的涂敷现象；如果没有稳定的性能和一定的适应范围，其涂敷工艺性将会很差。

不管采用什么涂敷工艺，胶黏剂涂敷时还应避免胶黏剂内和 PCB 及 SMC/SMD 上有污染物；胶黏剂不能干扰良好焊点，即不能污染焊盘和元器件端子；涂敷不良的胶黏剂能及时从 PCB 上清除干净；选择的包装形式应与涂敷设备和储存条件兼容等。

另外，影响胶黏剂涂敷质量的主要参数有胶黏剂的触变性等，所以在应用胶黏剂时要根据涂敷方法和黏结要求进行性能测试，以便正确选择工艺参数。

4.1.2　胶黏剂分配器点涂技术

1. 分配器点涂技术基本原理

胶黏剂涂敷工艺中采用的最普遍的是分配器点涂技术。分配器点涂是预先将胶黏剂灌入分配器中，点涂时，从分配器上容腔口施加压缩空气或用旋转机械泵加压，迫使胶黏剂从分配器下方空心针头中排出并脱离针头，滴到 PCB 要求的位置上，从而实现胶黏剂的涂敷。其基本原理如图 4-1 所示。由于分配器点涂方法的基本原理是气压注射，为此，该方法也称为注射式点胶或加压注射点胶法。

采用分配器点涂技术进行胶黏剂点涂时，气压、针头内径、温度和时间是其重要工艺参数，这些参数控制着胶黏剂量的多少、胶点的尺寸大小以及胶点的状态。气压和时间合理调整,可以减少胶黏剂(胶滴)脱离针头不顺利的拉丝现象。而黏度大的胶黏剂易形成拉丝,黏度过低又会导致胶黏剂量太大,甚至发生漏胶现象。为了精确调整胶黏剂量和点涂位置的精度,专业点胶设备一般均采用微机控制,按程序自动进行胶黏剂点涂操作。这种设备称为自动点胶机,它能程序控制一个或多个带有管状针头的点胶器在 PCB 的表面快速移动、精确定位,并进行点胶作业。为此,自动点胶机也是 SMT 生产线的主要组成设备。

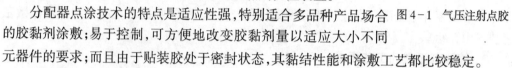

另外,胶黏剂的流变特性与温度有关,所以点涂时需使胶黏剂处于恒温状态。自动点胶机一般都配有胶黏剂恒温装置。

分配器点涂技术的特点是适应性强,特别适合多品种产品场合 图4-1 气压注射点胶的胶黏剂涂敷;易于控制,可方便地改变胶黏剂量以适应大小不同元器件的要求;而且由于贴装胶处于密封状态,其黏结性能和涂敷工艺都比较稳定。

2.分配器点涂技术的几种方法

根据施压方式不同,常用分配器点涂技术有3种方法。

(1)时间压力法。这种方法最早用于 SMT,它是通过控制时间和气压来获得预定的胶量和胶点直径,通常涂敷量随压力及时间的增大而增大。因有可使用一次性针筒且不需清洗的特点而获得广泛使用,其设备投资也相对较少。不足之处在于涂敷速度较低,对 0805/0603 等微型元件的小胶量涂敷一致性差,甚至难以实现。

(2)阿基米德螺栓法。这种方法使用旋转泵技术进行涂敷,可重复精度高,可用于包含涂敷性能最恶劣的胶黏剂的涂敷。它比时间压力法需要更多的清洗,设备投资较大。

(3)活塞正置换泵法。这种方法采用一闭环点胶机,依靠匹配的活塞及汽缸进行工作,由汽缸的体积决定涂胶量,可获得一致的胶量和形状,通常情况下速度快于前两种方法。但它的清洗时间多于时间压力法,设备投资也较大。

3.点胶工艺参数

在点胶过程中贴片胶和贴片机可改变的主要工艺参数如表4-2所列。

表4-2 点胶工艺主要参数

贴 片 胶 参 数	点 胶 机 参 数
黏度	针头与 PCB 的距离
温度的稳定性	针头的内径
流变性(触变性)	胶点的直径与高度
胶内是否有气泡	等待/延滞时间
黏附性(湿强度)	Z 轴的回复高度
胶质均匀性	时间和压力

(1)贴片胶的流变性。贴片胶的流变性(触变性)是指在高剪切速率下黏度很快降低,当剪切作用停止,黏度能迅速上升。好的流变性可以保证贴片胶顺利从针头流出,并在 PCB 上形成合格的胶点。

(2)贴片胶的湿强度。贴片胶的湿强度就是固化前贴片胶所具有的强度,它应足以抵抗被黏结元器件的移位强度,可按下列关系测算。

　　　元器件移位强度＝元器件质量×加速力

　　　抗移位强度＝贴片胶的湿强度×接触面积

　　(3) 胶点轮廓。正确的胶点轮廓主要有尖峰型(亦称三角型)和圆头型两种(如图4-2所示)。尖峰型由屈服值较高的胶黏剂形成,圆头型则由屈服值较低的胶黏剂形成。与尖峰型相比,在高速点胶工艺中形成圆头型胶点有更为理想的黏结特性。

　　(4) 胶点直径。胶点直径 GD 由针头内经 NID 和针头与 PCB 的距离 ND 决定(如图4-3所示)。由于贴片胶与 PCB 之间的表面张力必须大于贴片胶与针头之间的表面张力,而决定这一张力的是胶点直径 GD 和针头内径 NID,为此一般要求二者有下列关系:

　　　$GD > 2 \times NID$

图 4-2　胶点轮廓　　　　　　　　图 4-3　胶点直径

其具体数值可参考表4-3中所列参数选择。

　　(5) 胶点高度。胶点高度 R 至少应大于焊盘高度 A 和 SMC/SMD 端子金属化层高度 B(如图4-4所示)。胶点高度直接影响黏结强度,理想的黏结一般要求经贴装挤压后的胶点至少能黏着或触及被黏结 SMC/SMD 接合区表面的 80% 以上,为此一般取:$R > 2 \times A + B$。

　　(6) 等待/延滞时间。从点胶系统发出点胶信号到贴片胶从针头流出的等待/延滞时间,因胶黏剂的种类、注射针筒和针头的结构形式及其结构参数不同而不同,要根据实际情况进行选择和调整,一般在几十到几百毫秒之间。表4-3中列出了部分 SMC/SMD 的点胶等待/延滞时间参考值。

表 4-3　SMC/SMD 点胶工艺参数参考值

SMC/SMD 项　目	1608RC	2125RC	3216RC	二极管 晶体管	SSOP BQFP	SOPIC (16-28引线)
喷嘴直径/mm	0.33	0.4	0.4	0.4	0.6	0.6
点胶厚度/mm	0.10	0.10	0.10	0.10	0.30	0.30
胶点个数/点	1	1	1	2	2	4
胶点直径/mm	0.55	0.80	0.90	0.90	1.35	1.70
涂敷点精度	±0.10	±0.10	±0.10	±0.10	±0.15	±0.30
涂敷压力/N	30	30	30	30	27	27
涂敷时间/ms	50	50	80	80	100	120
工作温度/℃	25~28	25~28	25~28	25~28	25~28	25~28

(7) Z 轴回复高度。合理的 Z 轴回复高度应确保点胶后点胶头有正确的脱离胶点的"弹脱"效果,同时又不应过高,以免由于"空行程"浪费时间而降低点胶工作频率。若 Z 轴回复高度不够,则针头移动时会拖动胶点而造成拉丝现象,如图 4-5 所示。

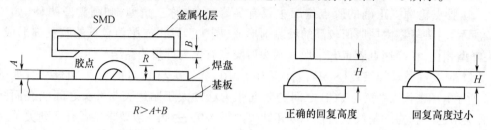

图 4-4 胶点高度   图 4-5 Z 轴回复高度

(8) 时间/压力。点胶的时间/压力值根据点胶设备、胶黏剂和黏结对象的实际情况设置和调整(参见表 4-3)。要注意的是,即使是同一点胶系统和相同的黏结对象,当点胶注射筒中的胶黏剂储存量不同时,相同的时间/压力参数会产生不同的点胶效果。

4. 点胶工艺注意事项

(1) 选择合适的贴片胶。贴片胶的特性随组成成分不同而不同,要根据所选用的涂敷形式、要求固化的时间、黏结对象特点、使用的点胶设备条件、工艺环境条件等因素合理选择。表 4-4 列出的是贴片胶的部分特性和可采用的涂敷方式,表中的贴片胶均为单组分型,作为产品还需添加无机充填剂、固化剂等。

表 4-4 贴片胶特性和涂敷方式

主要成分	黏　度	固化温度/时间	有效保存期	适合涂敷方式
环氧树脂	200Pa·s	140℃/2.5min 以上	20℃,3 个月	点涂、印刷
	500,1300Pa·s	130℃/15min	20℃,1.5 个月	点涂、印刷
变性丙烯酸酯	7500Pa·s	紫外线/10s,150℃/1min	5℃~28℃,12 个月	点涂
丙烯树脂	5500Pa·s	紫外线/10s,150℃/10s 以上	30℃,2 个月	点涂
聚酯树脂类	1800Pa·s	紫外线/10s~15s 150℃/10s 以上	5℃~10℃,3 个月	点涂
	1300,1800,2200Pa·s		25℃,3 个月	点涂
	1700Pa·s		5℃~10℃,6 个月	点涂、印刷
变性环氧丙烯酸酯	500Pa·s	紫外线/12s~13s,150℃/1min	25℃,2 个月	点涂、印刷
	400Pa·s	紫外线/10s,140℃/10s 以上	20℃,1 个月	点涂、印刷

(2) 选择合适的工艺参数。黏结不同的 SMC/SMD 有不同的工艺参数,要根据 SMC/SMD 的类型(形状、重量等)选择合理的点胶厚度、胶点个数、胶点直径,以及点胶机喷嘴的直径和涂敷压力与时间、涂敷工作温度等工艺参数。表 4-3 列出的是部分型号 SMC/SMD 的点胶工艺参数参考值,其它型号的 SMC/SMD 可根据形状、重量等比照选择。图 4-6 和 4-7、表 4-5 分别示意了涂敷胶量与涂敷压力、涂敷时间、涂敷温度的对应关系。

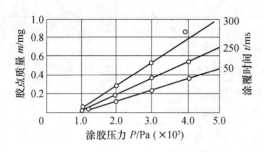

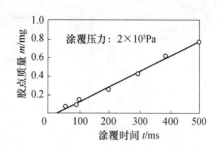

图4-6 胶量与涂敷压力的关系 　　　　图4-7 胶量与涂敷时间的关系

表4-5 涂敷温度对胶量大小的影响

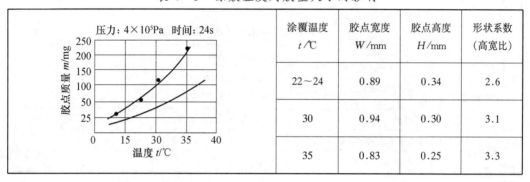

涂覆温度 t/℃	胶点宽度 W/mm	胶点高度 H/mm	形状系数 (高宽比)
22~24	0.89	0.34	2.6
30	0.94	0.30	3.1
35	0.83	0.25	3.3

（3）正确的工艺操作规范。使用贴片胶和点胶机，要有正确的工艺操作规范，否则极易发生故障。除了按点胶机的操作规程和贴片胶的使用条件正确操作和使用外，还应注意贴片胶应在完全脱泡(无气泡)状态下装入注射器；不可让气泡、杂物混入真空管；贴片胶暴露在空气中不能超过半小时；不让贴片胶与皮肤接触；尽量保证贴片胶的恒温使用条件等问题。

表4-6列出了点胶工艺中常见故障和原因分析，以及参考解决方法。

表4-6 点胶常见问题与原因分析

问 题	原因分析	解 决 办 法
拖尾/拉丝	针头与基板之间的距离 ND 太大	调整点胶头的高度，减小 ND
	点胶之后的延滞时间太短	重新设置，延长等待延滞时间
	贴片胶黏度变大	1. 回温时间不够，一般约需 24h 2. 点胶温度不够，一般约需 25℃~30℃ 3. 没有冷藏或过期使胶变质，一般储藏温度 2℃~8℃，储藏期为 6 个月~12 个月
	Z 轴的回复高度太低	增大 Z 轴的回复高度
	时间太短/压力太小	1. 延长点胶时间 2. 加大点胶压力
	针头选用不合适，内径太大	换用内径小的点胶针头
	基板扭曲变形	换质量好的基板

(续)

问 题	原因分析	解 决 办 法
胶点不均匀/漏点	针头与基板之间的距离 ND 太大	调整点胶头的高度,减小 ND
	胶中有气泡	大罐分装的胶水须离心处理,以除去胶中的气泡
	胶质均匀性差	1. 胶水质量差,换胶水 2. 胶水已变质,换胶水
	胶水中有杂质	1. 胶水质量差,换胶水 2. 分装过程中混入杂质 3. 针头和注射筒没有清洗干净,如有可能每班应清洗一次
	针头前部缺胶	1. 新装胶水,应强制从针头压出胶水后擦去,保证胶水充满针头 2. 暂停时间过长,应采用试点功能
	基板扭曲变形	换质量好的基板
元件移位	胶点不均匀/漏点	1. 胶水质量差,换胶水 2. 胶水已变质,换胶水
	胶量过少	增大胶量或采用多点胶点
菇形胶点	针头与基板之间的距离 ND 太小	增大针头与基板之间的距离
	针头内径 ND 太小	换用内径大的针头

4.1.3 胶黏剂针式转印技术

1. 针式转印技术原理

针式转印技术是在单一品种的大批量生产中可采用的胶黏剂涂敷技术,一般采用胶黏剂自动针式机进行,实际中应用的不多。

针式转印技术的原理如图 4-8 所示。操作时,先将钢针定位在装有胶黏剂的容器上面(图 4-8(a));而后将钢针头部浸没在胶黏剂中(图 4-8(b));当把钢针从胶黏剂中提起时(图 4-8(c)),由于表面张力的作用,使胶黏剂黏附在针头上;然后将黏有胶黏剂的钢针在 PCB 上方对准焊盘图形定位,接着使钢针向下移动直至胶黏剂接触焊盘,而针头与焊盘保持一定间隙(图 4-8(d));当提起针时,一部分胶黏剂离开针头留在 PCB 的焊盘上(图 4-8(e))。

图 4-8 是以单根钢针转印胶黏剂的过程显示了针式转印技术的原理,实际应用中的针式转印机是采用针矩阵组件,同时进行多点涂敷。因此,对于每一特定的 PCB,就要求有一个与之相适应的针矩阵组件,以便在 PCB 的设定位置上实现一次同时完成所需胶黏剂的转印涂敷。针式转印技术可应用于手工施胶工艺中,也可利用自动化针式转印机应用于自动施胶工艺中。自动针式转印机还可以与自动贴装机等设备配套组成 SMT 生产线。

针式转印技术的另一种方法是用单个针头把胶黏剂涂敷到元器件的黏结面,而不是涂敷在 PCB 上。其操作过程为:贴装机从供料器上拾取 SMC/SMD,然后采用针式转印技术直接用针头把胶黏剂涂敷到 SMC/SMD 的黏结面,并马上进行贴装。这种方法能避

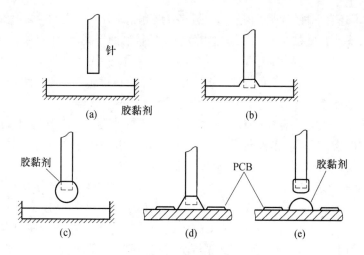

图 4 - 8　针式转印技术原理图

免对应于每一种 PCB 就需配置一个针矩阵组件的缺点,但涂敷和组装效率低。

2. 针式转印技术特点

针式转印技术的胶黏剂涂敷质量取决于胶黏剂的黏度等多个因素。胶黏剂的黏度决定胶黏剂量,是转印涂敷能否成功最主要的因素。工艺环境的温度和湿度也是重要因素之一,控制其在合适的范围内,可以使转印胶黏剂滴的偏差减到最小。PCB 翘曲也是一个重要因素,因为转印的胶黏剂滴的大小与针头和 PCB 之间的间距有关。

由于 PCB 总是存在一定程度的可允许翘曲(一般规定为印板长度的 1%),而为了防止胶黏剂滴发生畸变,在转印操作时又要求针头不与 PCB 接触,所以控制较困难。为此,可采用如图 4 - 9 所示形式的针头,这种针头在顶端磨出一个可与 PCB 接触的小凸台,从而避免了主体与 PCB 接触,这个凸台可以小到不致影响胶黏剂滴的形状。但这种改型针头也只能补偿 PCB 上翘曲引起的偏差,而不能补偿由于下翘曲而引起的偏差。

图 4 - 9　改型针头

针式转印技术的主要特点是能一次完成许多元器件的胶黏剂涂敷,设备投资成本低,适用于同一品种大批量组装的场合。但它有施胶量不易控制、胶槽中易混入杂物、涂敷质量和控制精度较低等缺陷。随着自动点胶机的速度和性能的不断提高,以及由于 SMT 产品的微型化和多品种少批量特征越来越明显,针式转印技术的适用面已越来越小。

4.2　焊膏涂敷工艺技术

4.2.1　焊膏涂敷方法与原理

1. 焊膏涂敷方法

焊膏直接形成焊点,其涂敷工艺技术极为重要,它直接影响表面组装组件的性能和可靠性。为此,与胶黏剂的涂敷工艺技术相比,对焊膏涂敷工艺技术有更高的要求。

将焊膏涂敷到 PCB 焊盘图形上的方法,主要有注射滴涂和印刷涂敷两类,广泛采用的是印刷涂敷技术。还有一种焊膏喷印技术,是近年发展和刚刚开始应用的焊膏涂敷新技术。

使用注射式装置施加焊膏的工艺过程称为注射滴涂(亦称点膏或液料分配),该方法可采用人工手动滴涂,也可采用机器自动滴涂。主要用于小批量多品种生产或新产品的研制,以及生产中补修或更换元器件。该方法速度慢、精度低,但灵活性好。焊膏注射滴涂方法与胶黏剂点涂方法类似,本节不再作介绍。

常用的印刷涂敷方式有非接触印刷和直接印刷两种类型。非接触印刷即丝网印刷,直接接触印刷即模板漏印(亦称漏板印刷),目前多采用直接接触印刷技术。这两种印刷技术可以采用同样的印刷设备,即丝网印刷机。

2. 印刷涂敷原理与特点

印刷涂敷技术的基本原理如图 4-10 所示。印刷前将 PCB 放在工作支架上,由真空或机械方法固定,将已加工有印刷图像窗口的丝网/漏模板在一金属框架上绷紧并与 PCB 对准;当采用丝网印刷时,PCB 顶部与丝网/漏模板底部之间有一距离(通常成为刮动间隙,典型值为 0.020 英寸~0.030 英寸),当采用金属漏模板印刷时不留刮动间隙;印刷开始时,预先将焊膏放在丝网/漏模板上(如图 4-11 所示),刮刀(亦称刮板)从丝网/漏模板的一端向另一端移动,并压迫丝网/漏模板使其与 PCB 表面接触,同时压刮焊膏通过丝网/漏模板上的印刷图像窗口印制(沉积)在 PCB 的焊盘上。

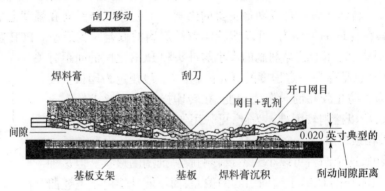

图 4-10 焊膏印刷涂敷原理

图 4-11 丝网印刷机的手工上焊膏示意

有刮动间隙的印刷即为非接触式印刷,非接触式印刷中采用丝网或挠性金属掩模;无刮动间隙的印刷即为接触式印刷,接触式印刷中采用金属漏模板。刮动间隙、刮刀压力和移动速度是优质印刷的重要参数。

焊膏和其它印刷浆料是一种流体,其印刷过程遵循流体动力学的原理。实际丝网印刷具有以下 3 个特征:①刮板前方的焊膏沿刮板前进方向作顺时针走向滚动;②丝网和 PCB 表面隔开一小段距离;③丝网从接触到脱开 PCB 表面的过程中,焊膏从网孔传递到 PCB 表面上。而漏模板印刷的特征是:①刮板前方的焊膏沿刮板前进方向作顺时针走向滚动;②漏模板脱开 PCB 表面的过程中,焊膏从网孔传递到 PCB 表面上。下面以丝网印刷为例说明其印刷原理。

丝网印刷时,刮板以一定速度和角度向前移动,对焊膏产生一定的压力,推动焊膏在刮板前滚动,产生将焊膏注入网孔所需的压力。由于焊膏是黏性触变流体,焊膏中的黏性摩擦力使其流层之间产生切变。在刮板凸缘附近与丝网交接处,焊膏切变速率最大,这就一方面产生使焊膏注入网孔所需的压力,另一方面切变率的提高也使焊膏黏性下降,有利于焊膏注入网孔。所以当刮板速度和角度适当时,焊膏将会顺利地注入丝网网孔。因此,刮板速度、刮板与丝网的角度、焊膏黏度和施加在焊膏上的压力,以及由此引起的切变率的大小是丝网印刷质量的主要影响因素。它们相互之间还存在一定制约关系,正确地控制这些参数就能获得优良的焊膏层印刷质量。

当刮板完成压印动作后,丝网回弹脱开 PCB。结果在 PCB 表面就产生一低压区,由于丝网焊膏上的大气压与这一低压区存在压差,所以就将焊膏从网孔中推向 PCB 表面,形成印刷的焊膏图形。如果形不成低压区(掩膜边界、PCB 上的通孔等与大气接触表面的影响),焊膏仍留在网孔中,就形不成印刷的焊膏图形。实际上,对于成功的印刷,刮板速度 v 和焊膏黏度 η 之间遵循下列关系:$\eta v \leqslant$ 某一恒定值。该恒定值由特定印刷条件决定,与丝网线径、丝网与 PCB 间隔等参数有关。给定黏度超过某一值时,焊膏印刷就不能顺利进行。所以任何给定黏度的焊膏,在特定印刷条件下有一最佳的刮板速度,而刮板倾角一般为 45°。

4.2.2　丝网印刷技术

丝网印刷技术包括丝网制板技术和印刷技术。在 SMT 焊膏的丝网印刷中,对丝网和印刷工艺都有很高的要求。如要求丝网的尺寸精度高、稳定性好、分辨率高,印刷过程可靠性好等。为此,丝网制板技术是丝网印刷中的关键技术,网板也是丝网印刷机的关键部件。

1. 丝网制板技术

网板由网框、丝网和掩膜图形构成。掩膜图形用适当的方法制作在丝网上,丝网绷在网框上。

1) 网框及其选择

网框的作用是支撑和绷紧丝网,有不同的制作材料和不同的种类,可据实际情况选择。

(1) 网框材料。网框材料有木材、阳极化处理的铝合金和不锈钢等。由于丝网的张力可达到 $30N/cm^2$ 或更高,因此网框必须坚固到能维持这个张力而不会发生变形,因此需要采用合适的网框材料。SMT 中常选用壁厚为 1.5mm～2mm 的中空铝合金型材,它在感光制板过程中不易吸水变形,不受湿度变化影响,尺寸稳定性好。

(2)网框尺寸。网框内尺寸应比印刷图形大。如果印刷图形的尺寸是 $a \times b$,网框内尺寸一般至少是 $2a \times 2b$,以保证印刷图形的精度和均匀度。选购印刷机时,丝网余隙是个重要参数,根据丝网的印刷面积确定网框尺寸时,其最小余隙一般为 100mm。余隙越小,丝网和叶片就越易磨损和开裂,同时还会增加获得焊膏均匀印像的难度,并会导致印刷厚度不均匀和分辨率差等印刷缺陷(如图 4-12 所示)。所以网框尺寸的选择对印刷印像的可靠性是一个非常重要的因素。

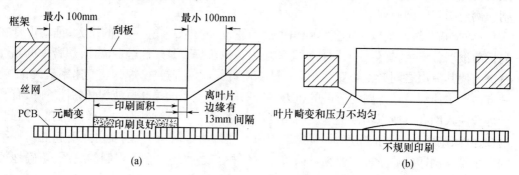

图 4-12 框架和刮板之间关系对印刷质量的影响
(a)关系适当;(b)畸变的关系。

(3)网框种类。根据绷网方式不同,网框可分为固定式网框和自绷式网框两大类。固定式网框是采用绷紧嵌入固定或采用胶黏剂固定法把丝网固定到网框上。嵌入固定是在网框上将丝网用水浸湿,将其经纬方向与框边依次平行地用嵌条嵌入固定,这种方式难以得到精确的丝网图形。SMT 中一般采用胶黏剂固定法,它是借助于绷网机把丝网拉到一定的张力后,用胶黏剂将其黏到网框上,待干燥后备用。自绷式网框是将丝网直接绷到网框上,丝网绷紧装置和网框构成一个整体,借助于"螺丝调节"或"棍式框架"自张绷网。这种网框可提高丝网尺寸稳定性,使用较方便灵活。当丝网在长期使用中发生松弛时,允许用户自行调整丝网张力,从而延长使用寿命。但其精度比胶黏剂固定法低,价格也较昂贵。

网框的选择除了考虑材质、尺寸和种类之外,还要考虑均匀地绷紧丝网的能力、网框的重量和网框的挠性等因素。

2)丝网及其选择

丝网是支撑掩膜图形和控制焊膏印刷量的重要工具,它直接影响焊膏印刷的精度和质量。

(1)丝网材料。丝网材料有真丝、尼龙丝、聚酯丝和不锈钢丝等,可用于 SMT 焊膏印刷的是聚酯丝和不锈钢丝,这主要是由于其尺寸稳定性能满足要求。其中不锈钢丝尺寸稳定性、耐磨性都很好,且具有很高的开孔面积,焊膏的透过性良好,几乎不堵孔,回弹性极小,能经受得住很大的拉力。其伸张度亦很小,因此使丝网和 PCB 表面之间快速脱开的间距比采用聚酯丝小。不锈钢丝网的这些特性使焊膏印像的畸变和印刷行程期间的位移最小,所以它很适用于 SMT 的焊膏印刷。

(2) 丝网结构和种类。丝网可根据材质、结构、纤维粗细和目数分类。按材质可分为不锈钢网、尼龙网、聚酯网等。按结构可分为平纹和斜纹两种,其中平纹丝网最薄。按网的目数可分为低网目数(低于 200 目),中网目数(低于 300 目),高网目数(300 目以上);按纤维粗细和厚度分为薄型和厚型。为了满足不同的应用,丝网种类还有:有色丝网,金属聚酯网,轧光加工丝网和防静电丝网等。

丝网厚度有 6 种规格,其代号如下。

S(薄型):表示丝径细而薄,丝孔较大;M(中间型):介于 S 和 T 之间;T(厚型):表示厚型,印制板采用;H(半重载型):线径较粗,丝网较厚;HD(重载型):线径粗厚;SHD(超重载型):线径最粗,丝网最厚。

(3) 丝网的几何特性。参见图 4-13 放大的丝网单位,丝网的主要几何尺寸有目数 M:指每英寸或每厘米的开孔数,$M =$ (线径 + 开孔)/英寸或(线径 + 开孔)/cm。厚度 T:指丝网经纬向相交叉的线的厚度,以微米为单位,一般网厚度等于 2 倍线径。线径 D:指网丝的直径大小,以微米或厘米为单位。开孔 O:指丝网的孔径大小,以微米或厘米为单位。开孔面积率:指丝网开孔面积 A 占丝网面积的百分比。焊膏透过体积:指丝网厚度与开孔面积之积。

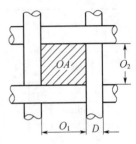

图 4-13　丝网单位

上述丝网特性参数之间的关系为:

开孔大小 $O = \dfrac{1}{M} - D = (1 - MD)/M$　　$\therefore OM = 1 - MD$

开孔面积 $A = O_1 \times O_2$　　$\because O_1 = O_2$

$\therefore A = O^2 = [(1 - MD)/M]^2$

开孔面积率 $= O^2 / \left(\dfrac{1}{M}\right)^2 \times 100\%$

$\qquad\qquad = (1 - MD)^2 \times 100\%$

表 4-7 列出了丝网的尺寸数据。

表 4-7　丝网尺寸数据

目数 M		开孔 O/cm	线径 D/cm	开孔面积率
每厘米目数	每英寸目数			
23.6	60	0.0309	0.0114	0.533
31.5	80	0.0267	0.0051	0.706
31.5	80	0.0224	0.0094	0.496
41.3	105	0.0166	0.0076	0.469
47.2	120	0.0146	0.0066	0.473
53.1	135	0.0130	0.0058	0.475
57.1	145	0.0119	0.0056	0.464

(4) 丝网的选择。焊膏的沉积、流动性和焊膏图形的分辨率与丝网的目数、开孔尺寸、丝网直径和开孔面积有关,而丝网的强度、耐久性、回弹性、耐腐蚀性是由丝网材质本

身性能决定。选择丝网必须综合考虑这些因素。丝网的选择还必须考虑分辨率和焊膏适用性两个重要因素。

分辨率是指丝网可印线条粗细的能力。一定目数的丝网有一定可印最细线条的极限,即"$2D+O$",其中,D是丝网的线径,O是开孔大小。这是由于丝网制板时,掩膜必须放在至少由两根丝桥接组成的网目上,否则无法制成掩膜板。为此,选择丝网时首先要分析 PCB 的线宽、线间距、最小焊盘尺寸和最小孔径等设计参数,并进行计算。表 4-8列出了不同目数丝网可印制最细线条尺寸的理论值,实际使用时还受其它因素的影响,所以要经过实验进行最后确定。

表 4-8   不同目数丝网可印最细线条的理论值   单位:μm

目 数	D	O	$2D+O$	可印刷最细线条
200	55	72	182	190
255	40	60	140	150
305	35	48	118	120
355	35	37	107	110

焊膏适用性是指选用的丝网目数必须与所用焊膏的平均焊料合金粒度相匹配。一般丝网的开孔应是焊料合金颗粒平均粒度的 3 倍。

3) 绷网工艺

将丝网绷紧到一定的张力后固定在网框上称为绷网。它是丝网制板和确保印刷焊膏可靠性的关键工艺。丝网的拉伸特性和控制丝网的张力是绷网操作时应特别注意的问题。丝网尺寸的稳定性具有随着重复绷网、印刷和回弹使内应力逐渐消失而提高的特点。为了使新丝网绷在网框上后具有稳定的尺寸,在固定前应进行消除内应力的稳定化处理,以便保持最终要求的张力。其处理方法一般是根据丝网的直径和目数不同,静置 1h 至数小时。

丝网具有拉伸特性,绷网时必须正确控制丝网张力。张力过大或过小,将造成网框扭曲或丝网不平直,导致网板不能精确地再现原图形。绷网操作可采用条形夹头和机械条形夹头调节等方法,以及采取预设张力、四角留松弛余量和分步给压等措施控制丝网张力,也可采用自动张力控制系统。采用后者,可获得大面积张力均匀的网板。

4) 感光制板工艺

在绷好的网板上,制成供印刷用的精确掩膜图形称为感光制板,它是丝网制板的最后一道工序。掩膜图形的好坏直接影响焊膏的印刷质量和焊接可靠性,必须严格控制其工艺条件。感光制板的主要工艺步骤是:丝网准备,感光乳剂涂敷,曝光,显影和冲洗,最终检查。

(1) 丝网准备。丝网准备工作主要是对丝网进行脱脂处理,去除油污、尘埃、手印和各种脏物,以确保乳剂涂敷的均匀性和可靠性。脱脂处理要选用合适的清洗剂和"磨网胶",处理后的丝网表面应该完全亲水。

(2) 感光乳剂涂敷。感光乳剂涂敷(亦称掩膜)方式有直接乳剂制板法和直接/间接制板法(菲林膜法)。图 4 - 14 为涂敷菲林膜后的丝网局部示意。直接法制得的掩膜清晰度良好,耐印次数高;菲林膜法制得的掩膜边缘清晰,但耐印次数低、成本较高。所以大批量生产多采用直接制板法,小批量和要求高精度时采用菲林膜法。

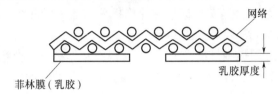

图 4 - 14　丝网菲林膜

采用直接法涂敷乳剂的丝网之所以耐用,是因为丝网双面乳剂涂层将网丝完全封闭,使网丝较少受到机械损伤。但由于丝网本身不平,涂敷的胶也不平,乳胶干燥收缩后会形成锯齿形印刷边缘。可采用多次多层涂敷增加涂胶厚度的方法克服这种现象,但也需要合适的涂胶厚度,它约为丝网线径的 25%。

菲林膜法可根据需要设定乳胶厚度。为防止加热时感光膜片与丝网边缘收缩不一致,应在其四周涂感光胶。为防止灰尘影响感光膜片与丝网的黏结,在粘贴感光膜片前应该用防静电布擦拭膜片,以确保工艺可靠性。另外要注意乳剂和膜片都应充分干燥,以保证曝光效果。还要确保曝光室内的净化条件:温度(T)23℃ ±3℃,湿度(H)55% ±10%,净化等级为 1000 级～100000 级,入口处应有风淋装置。

(3) 曝光。掩膜板曝光时,图像质量和模板耐用值取决于掩膜厚度、乳剂类型、丝网目数、丝网纤维的颜色、感光时间、光源强度和光源的几何形状等参数。应根据实际情况确定。

(4) 显影和冲洗。显影和冲洗时应控制的主要参数有:水压和喷雾微粒的大小、水温、喷嘴与掩膜距离以及冲洗时间。采用自动显影冲洗机有助于提高显影质量。

(5) 最终检查与储存。采用专用放大检查装置进行掩膜检查时,如发现局部显影多余胶点,可用小型喷枪喷射修板溶剂进行局部处理。制作好的网板应在符合技术规定的库房里储存。

2. 丝网印刷工艺

采用丝网印刷技术将焊膏涂敷在 PCB 上的印刷工艺过程如图 4 - 15 所示,一般需借助丝网印刷机完成这个印刷过程。丝网印刷机分成手动、半自动和全自动 3 种类型,组成 SMT 生产线均采用全自动丝印机,它可以自动完成 PCB 上板、对准、印刷、下板等作业,工艺操作人员的任务主要是设定和调节工艺参数、添加焊膏等。丝网印刷机主要有基板夹持机构(工作台)、机架、视觉对位系统、网板、刮板组件和驱动系统等部分组成。

(1) 基板夹持。基板夹持机构用来夹持 PCB,使之处于适当的印刷位置。在手动和半自动丝印机上常采用定位销和四角平面压力敏感带夹持 PCB。

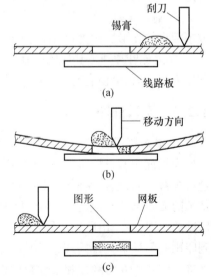

图 4 - 15　丝网印刷工艺过程
(a) 开始; (b) 印刷中; (c) 完成。

自动丝印机上常采用带有橡胶真空吸盘的工作台,它能平整地吸住 PCB 防止其印刷时弯曲。

(2) 视觉对位。采用视觉对位系统精度高、速度快,能满足 PCB 定位精确要求。自动丝印机一般利用示教标号与实际标号在计算机显示器上的颜色不同进行调节,使两种颜色的标号图形重合进行 PCB 定位。

(3) 网板和模板。网板制作已在前节介绍,模板制作在下节介绍。

(4) 刮板组件及其驱动,刮板组件是丝印机上最复杂的运动机构,它由刮板叶片和夹持把、速度、压力控制器,以及溢流叶片等组成。印刷时刮板组件完成下列功能:

① 用溢流棒或溢流叶片使焊膏在整个丝网面积上扩展成为均匀的一层。这个程序叫溢流行程。模板印刷因无丝网横跨开口,不需要采用溢流行程。

② 刮板叶片按压丝网瞬间,使丝网与 PCB 接触。

③ 刮板叶片从丝网或模板上移去多余的焊膏,同时使焊膏充满丝网开孔和模板开口。当丝网或模板脱开 PCB 时,在 PCB 上相应于掩膜图形或模板图形处留下适当厚度的焊膏。这个程序叫印刷行程。

刮板叶片是一种用聚氨基甲酸脂制成的弹性体,它必须具有高摩擦阻力和耐溶剂清洗的性能,它的硬度是影响焊膏印刷质量的重要因素。在印刷焊膏时,叶片的肖氏硬度范围为 60~90。丝网印刷要求的硬度较低,模板漏印时要求的硬度较高。叶片连接在夹持把上要完全平整,否则它与丝网和模板接触不齐,会导致叶片在长度上的压力不均匀,引起不规则的印刷,使印刷的焊膏模糊不清,分辨率差,焊膏厚度不均匀或出现无焊膏区域。

(5) 刮刀速度和压力。刮刀速度和压力是丝网印刷工艺中需调节的重要参数。

① 刮刀速度。印刷时,刮板与丝网或模板直接接触,并以一定速度横刮移过丝网或模板。刮板的移动速度直接影响印刷焊膏层的质量和厚度,要求刮板刮移过丝网或模板时速度恒定,无不适当的加、减速。

② 刮刀压刀。刮板压力过大,会引起丝网或模板和叶片不必要的磨损,并导致丝网或模板很快变形。压力过小,则可能达不到印刷效果。为此应有合适的刮刀压刀。

③ 溢流叶片速度和压力。在溢流行程时,溢流叶片的速度和压力要适当,速度太慢和压力太大时,会使它与丝网接触并出现印刷效果,这种情况应予防止。

4.2.3 模板漏印技术

1. 模板漏印特点

模板漏印属直接印刷技术,采用金属模板(亦称漏板或网板)代替丝网印刷中的网板进行焊膏印刷,也称模板印刷或金属掩膜印刷技术。金属模板上有按照 PCB 上焊盘图形加工的无阻塞开口,金属模板与 PCB 直接接触,焊膏不需要溢流。它印刷的焊膏比丝网印刷的要厚,厚度由所用金属箔的厚度确定。模板可以采用刚性金属模板,将它直接连接到印刷机的框架上,也可以采用柔性金属模板,利用其四周的聚酯或不锈钢丝网与框架相连接。图 4-16 为刚性和柔性金属模板示意图。

柔性金属模板与刚性金属模板相比,制作工艺比较简单,加工成本较低,模板容易均匀地与 PCB 表面接触。而印刷工艺与丝网印刷基本相同,可利用非接触式丝网印刷设

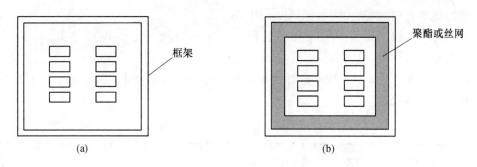

图 4-16　刚性和柔性金属模板

(a) 刚性金属模板；(b) 柔性金属模板。

备。所以,它综合了刚性金属模板和丝网印刷的优点。而刚性金属模板缺乏柔性和乳剂掩膜的填充作用,只能采用接触式印刷方式。

　　金属模板一般用弹性较好的黄铜或不锈钢薄板,采用照相制板蚀刻加工、激光加工或电铸(添加法)加工等方法制作。不锈钢模板从硬度、承受应力、蚀刻质量、印刷效果和使用寿命等各方面都优于黄铜模板。因此,不锈钢模板在焊膏印刷中广为采用。

　　模板印刷和丝网印刷相比(见表 4-9),虽然它比较复杂,加工成本高。但有许多优点,如对焊膏粒度不敏感、不易堵塞、所用焊膏黏度范围宽、印刷均匀、可用于选择性印刷或多层印刷,焊膏图形清晰、比较稳定,易于清洗,可长期储存等。并且很耐用,模板使用寿命通常为丝网的 25 倍以上。为此,模板印刷技术适用于大批量生产和组装密度高、多引脚细间距的产品。

表 4-9　模板印刷与丝网印刷的比较

应 用 情 况	模 板	丝 网
准备时间	短	长
黏度范围	宽(700Pa·s~1500Pa·s)	窄(450Pa·s~600Pa·s)
对粒度的敏感性	弱,不易堵塞	强,易堵塞
手工或机器印刷	两者皆可	只能用机器
接触或非接触印刷	两者皆可	只能用非接触印刷
同面印不同厚度焊膏	可以	不可
清洗性	易清洗	不易清洗
使用寿命	长	短

2. 模板设计

　　影响焊膏印刷质量的模板设计参数主要是模板开口的宽厚比/面积比、开口的形状、开口孔壁的粗糙度。

　　(1) 模板开口的宽厚比/面积比。设 L、W、T 分别为开口长、宽、厚,则宽厚比和面积比定义如下:

宽厚比＝开口的宽度/模板的厚度＝W/T；

面积比＝开口的面积/开口孔壁的面积＝$(L \times W)/[2 \times (L+W) \times T]$。

一般要求宽厚比＞1.5,面积比＞0.66。

(2) 模板开口形状。一般印刷焊膏模板开口设计参数见表4-10推荐。其它模板开口可按以下方案修改。

表4-10　模板开口设计参数

元件类型	PITCH(间距) b/mm	焊盘宽度 B/mm	焊盘长度 L/mm	开口宽度 B/mm	开口长度 L/mm	模板厚度 b/mm	宽厚比	面积比
PLCC	1.27	0.65	2.00	0.60	1.95	0.15~0.25	2.30~3.80	0.88~1.48
QFP	0.635	0.35	1.50	0.30	1.45	0.15~0.18	1.70~2.00	0.71~0.83
QFP	0.50	0.254~0.33	1.25	0.22~0.25	1.20	0.10~0.125	1.70~2.00	0.69~0.83
QFP	0.40	0.25	1.25	0.20	1.20	0.10~0.125	1.60~2.00	0.68~0.86
QFP	0.30	0.20	1.00	0.15	0.95	0.075~0.125	1.50~2.00	0.65~0.86
0402	N/A	0.50	0.65	0.45	0.60	0.125~0.15	N/A	0.84~1.00
0201	N/A	0.25	0.40	0.23	0.35	0.075~0.125	N/A	0.66~0.89
BGA	1.27	Φ0.80	N/A	Φ0.75	N/A	0.15~0.20	N/A	0.93~1.25
μBGA	1.00	Φ0.38	N/A	□0.35	□0.35	0.115~0.135	N/A	0.67~0.78
μBGA	0.50	Φ0.30	N/A	□0.28	□0.28	0.075~0.125	N/A	0.69~0.92
Flip chip	0.25	0.12	0.12	0.12	0.12	0.08~0.10	N/A	1.00
Flip chip	0.20	0.10	0.10	0.10	0.10	0.05~0.10	N/A	1.00
Flip chip	0.15	0.08	0.08	0.08	0.08	0.025~0.08	N/A	1.00

① 细引脚间距(1.3mm~0.4mm)SMD:宽度一般缩窄0.03mm~0.08mm,长度一般缩短0.05mm~0.13mm。

② PBGA:开口直径一般缩小0.05mm。

③ CBGA:开口直径一般扩大0.05mm~0.08mm,或采用厚度为0.20mm的材料。

④ μBGA和CSP:对于圆焊盘,模板开口设计成方形开口,边长等于或小于0.025mm焊盘直径,方形开口四角应有一个小圆角。对于0.025mm方孔,圆角半径为0.06mm;对于0.35mm方孔,圆角半径为0.09mm。

⑤ CHIP:CHIP件开口如图4-17所示。

⑥ IC:IC开口如图4-18所示。

(3) 印胶模板开口设计。印胶模板厚度、直径、开口宽度的选择可分别参考表4-11、表4-12和图4-19。

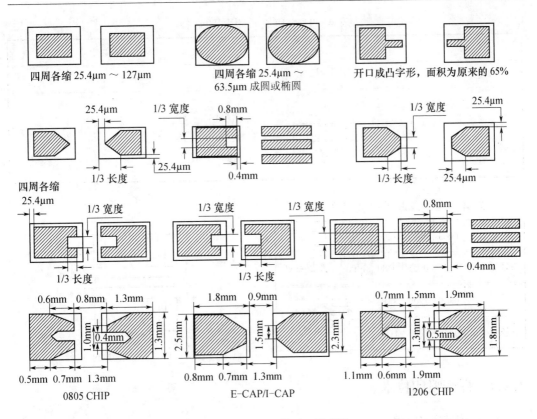

图 4-17　CHIP 件开口示意图

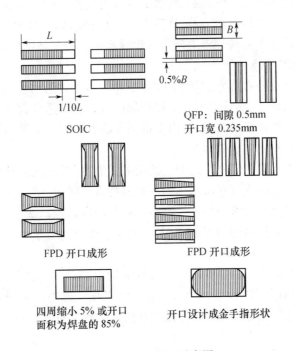

图 4-18　IC 开口示意图

表4-11　印胶模板厚度选择

	0603	0805	1206 以上
厚度 b/mm	0.15~0.18	0.20	0.25~0.30

表4-12　印胶模板直径选择

	0603	0805	1206	3212	
直径 d/mm	0.35	0.55	0.80	1.00	
	0805	1206	3212		
直径 d/mm	0.55	0.80	1.00		

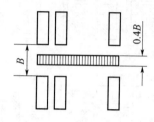

图4-19　开口宽度的选择

4.2.4　焊膏喷印技术

1．焊膏喷印技术原理

焊膏的喷印原理如图4-20所示,焊膏储藏在可更换的管状容器中,通过微型螺旋杆将焊膏定量输送到一个密封的压力舱,然后由一个压杆压出定量的焊膏微滴并高速喷射在焊盘上。在程序控制下实现焊盘上规定的焊膏堆积面积和堆积高度。

2．焊膏喷印技术特点

点涂是通过点涂设备将焊膏点涂到 PCB 贴片焊盘上,优点是无需制作专门的网板,但无法处理细间距元件,可靠性也不高。焊膏印刷方式非常适合大批量的板片组装生产,但是不适合小批量的板片组装。另外,由于钢网印刷的焊膏高度是不可调整的,所以不能在同样的焊盘上印刷不同体积的焊膏。

焊膏喷印技术无点涂与印刷方式的上述缺陷,而且与传统的网板印刷相比,具有不需要调整刮刀压力、速度或其它丝网印刷参数的特点。通过计算机控制,其喷印程序可以完全控制每一个焊盘上的喷印细节,喷印次数和焊膏的堆积量,实现完全一致的焊膏喷印,极大地提高了焊膏喷印质量和保证了随后贴片与回流过程的可控性与焊点的质量。

焊膏喷印技术不仅非常适合单件小批量板卡的组装,而且由于其喷印速度非常高,也可以替代传统的钢网印刷设备,组成 SMT 生产线。另外,由于省去了钢网、清洗剂、擦拭纸、焊膏搅拌机等,焊膏喷印技术在便捷、省工省时、高效率方面更能够体现其优势。

3．典型焊膏喷印机

MYDATA公司近期推出的首款 MY500 型焊膏喷印机如图4-21所示。它借鉴了计算机喷墨打印机的原理,采用获得专利保护的喷印技术,由喷印机主机、喷印头和焊膏盒、计算机控制系统 3 部分组成。可以根据计算机设定的程序,以 500 点/s(180 万点/h)的最高速度在电路板上喷射焊膏。其焊膏盒可以更换,而且就如同喷墨打印机更换墨盒一样方便。

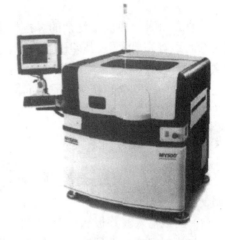

图 4 - 20　焊膏喷印示意图　　　　图 4 - 21　MY500 型焊膏喷印机

　　图 4 - 22 所示是 MY500 型焊膏喷印机的喷印头及其工作时的照片。喷印头的最小喷印点为 0.25mm,能够在间距为 0.4mm 的元件焊盘上喷印焊膏,并很容易在大焊盘附近喷印小焊盘,可以在大器件或连接器旁边喷印 0201 等微型片式芯片的焊点,可以任意设定每一个焊盘的焊膏喷印量和喷印面积,可以在不同的层面上喷印焊膏,甚至在已经喷印的焊盘上再增加喷印焊膏的堆积量。MY500 型焊膏喷印机可喷印的最大的电路板为 508mm×508mm,电路板厚度介于 0.4mm～7mm。

图 4 - 22　喷印头及其安装在喷印机上的照片

　　焊膏喷印是依靠逐点喷印实现的,为了能够达到传统焊膏印刷设备的生产速度,焊膏喷印机喷印焊膏的速度必须高达数百点/s,喷印头的运动需要承受高达 4G 的加速度。

为此,要求焊膏喷印机具有很好的机械和动态性能。MY500型焊膏喷印机的机座由铸石制作而成,基板传送采用线性马达驱动,通过激光测量定位基板高度。

4.3　焊膏印刷过程的工艺控制

焊膏是一种组成成分复杂的焊接材料,它具有流变特性和其它物理化学性能;在表面组装细间距等高要求下,其印刷过程涉及到印刷机,焊膏、印刷用网板等各种错综复杂的因素和工艺参数,每个参数调整不当都会对组装质量产生很大的影响;所以,焊膏印刷比其它涂料的印刷复杂和易发生质量问题。焊膏的印刷工艺设定和控制,在整个表面组装工艺中应该放在首要的位置。

4.3.1　焊膏印刷过程

焊膏印刷的工作过程大致相同,主要工序为:基板输入→基板定位→图像识别→焊膏印刷→基板输出。

(1) 基板输入。基板从料架(上流方向)上传送到印刷机工作平台。

(2) 基板定位。一般在基板与印刷网板贴紧的基础上来固定基板,常以压紧基板一侧的方式进行定位。如果在基板不平的情况下加以固定时,可以通过基板上面的压力进行校正。当基板的厚度小于 0.8mm 时,采用侧面固定方式会导致基板的变形,这种场合可利用真空吸附基板反面的方式进行定位,与之相应的印刷机工作台面应该设置有吸附基板的定位支撑板(见图 4 - 23)。

真空吸附孔

图 4 - 23　固定基板用支撑板

(3) 图像识别。为使基板在工作台面准确定位,一般需设置 2 处以上图像识别基准标记,用于光学摄像对位。在摄像头(CCD)识别基板位置时,可以和印刷网板的位置识别重合进行,操作时可以采用由摄像头移动识别等识别方法。图 4 - 24 所示的是工作台移动标记位置识别方式和处理过程流程图,它通过工作台内设置的半闭环控制伺服电机驱动的 $X - Y - \theta$ 修正用轴来完成识别动作。图中 P 和 M 分别为网板和基板 2 个识别标记的连线。

图 4 - 24 所示的识别方法中, 网板识别 CCD 和基板识别 CCD 的位置关系十分重要, 应作为内部测定参数给予保存。图 4 - 25 所示的是网板和基板间 CCD 的配置及其移动识别方法。另外, 还有在设备上方设置 2 台 CCD 和设置 1 台 CCD 的识别方式之分, 分别如图 4 - 26 和图 4 - 27 所示。表 4 - 13 表示的是通过图 4 - 24 方式识别的印刷机位置的确定精度, 表中数值表示了位置精度的重现性, 实际印刷时的位置精度是基板、网板相对制作精度的叠加。位置的重合精度还与确定位置精度时所使用的运动坐标轴数有关, 通常在确定位置精度时使用的坐标组合轴数较少时, 可以提高位置的重合精度。

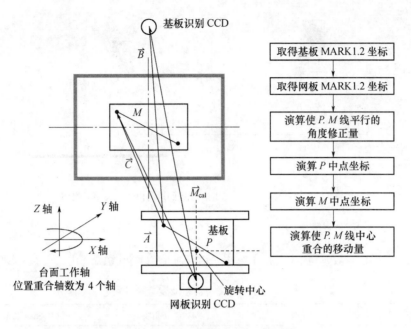

图 4-24　标记位置重合的识别方法

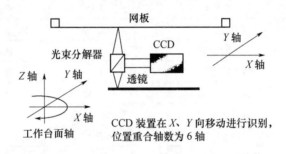

图 4-25　网板、基板的识别方法

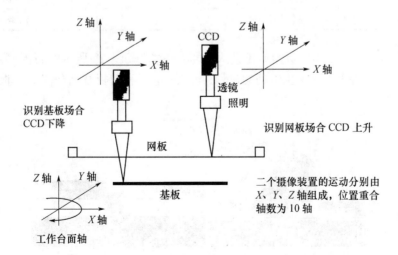

图 4-26　网板、基板的识别方法(2 台 CCD)

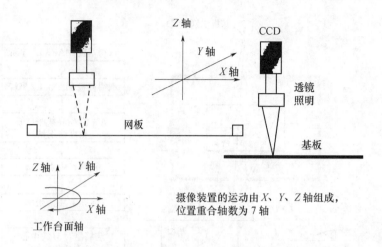

图 4-27 网板基板的识别方法(1 台 CCD)

表 4-13 印刷机的位置重合精度

	项 目	精度	测试根据
1	X 轴重现性	±1.0	高速重现性实测值
	Y 轴重现性	±1.0	高速重现性实测值
	基板识别 CCD	±2.5	1/4 像素
2	X 轴重现性	±1.0	高速重现性实测值
	Y 轴重现性	±1.0	高速重现性实测值
	网板识别 CCD	±2.5	1/4 像素
3	演算误差	±1.0	电机分辨率
4	X 轴绝对精度	±5.0	实测值
	Y 轴绝对精度	±5.0	实测值
	θ 轴绝对精度	±5.0	实测值
	综合位置精度	±9.6	几何平均法

(4) 焊膏印刷。金属网板印刷工艺大致可分为如图 4-28 所示的两步,第一是通过印刷刮刀的移动将焊膏向网板转移的过程;第二是基板和网板开始分离的脱板过程。在

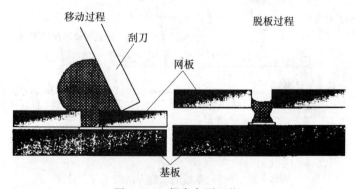

图 4-28 焊膏印刷工艺

焊膏的印刷过程中,如果刮刀的端部对网板表面施加的印刷压力是均一的,这种状态是理想的印刷状态。常采用刮刀头部的浮动机构(见图 4-29)来实现对网板实施均匀压力的印刷,利用这种浮动机构,还可以使基板中心和刮刀中心具有一致性。如果基板中心和刮刀中心发生偏错时,刮刀将倾斜,由此产生的"存入不良"会在网板表面留有焊膏残留物,进而造成印刷性能的劣化。这时可以通过如图 4-30 所示的浮动机构,及时调整与基板的平行度,以保持良好的印刷状态。

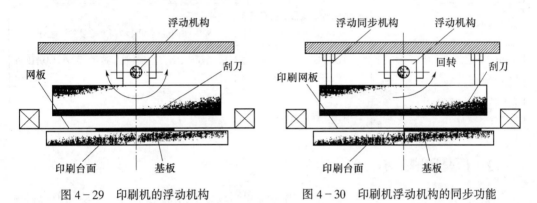

图 4-29　印刷机的浮动机构　　　　　图 4-30　印刷机浮动机构的同步功能

脱板过程通常采用低速控制,使基板与网板顺利分离,焊膏完好地复制到基板焊区。可以通过精密控制的伺服电机和脉冲电机来完成脱板速度控制。需要注意的是常用网板的厚度一般在 $100\mu m \sim 200\mu m$ 范围,由于焊膏的黏结力会使其产生松弛现象。为此,脱板时的前半期由于网板的抗伸张力,设定的速度可以慢些,而后半期正好相反,速度可快些。图 4-31 显示的是网板与焊膏的相对速度等。

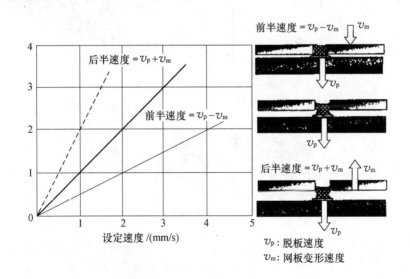

图 4-31　脱板的速度设定和实际速度

(5) 基板输出。印刷完成后的基板在解除固定状态后向下一个工序输出。

表 4-14 列出的是印刷机性能指标与评价点。

表4-14　焊膏印刷机性能评价点

性　　能	评　价　点
网板、基板的贴紧性	• 调整基板接触面、网板接触面的平行度
位置重合精度	• 一般位置重合轴数少的机型位置精度高 • CCD分辨率高的机型精度高 • 图像处理方法(多变量图像选配方法比双位置重心识别方法的精度要高)
方式的转换性	• 能够转换项目少的自动化装置性能好 • 可对基板的厚度自动调整,对不同的印刷性能可自动调整的装置比较好
条件设定	• 可设定项目少的自动装置性能较好,对刮刀速度、脱板速度、距离、印刷压力 　的调整可设定最低限度的装置性能好 • 对影响印刷性的因素可以自动调整的装置性能好
生产性	• 对一系列动作处理时间短的装置性能好

4.3.2　焊膏印刷的不良现象和原因

(1) 位置偏移不良。图4-32示意出焊膏印刷过程中焊膏是在刮刀移动的前方网板开口部进行充填和成形的。如果对开口部施加的压力小,很可能会产生开口部内靠后边一侧生存空气的现象。特别是QFP类四边有引脚的器件,不同方向引脚对应焊区的方向不同,所产生的印刷性能也不同,更易产生该类问题。有时尽管印刷机的重合精度很好,但焊膏印刷后却有位置偏移现象,这正是由于空气生存现象引起的。因为在对着刮刀行进方向后侧生存的印刷空间,其结果正像是在焊区上形成偏移性印刷。纠正这种现象的措施是加强对网板内的印刷压力,另外还可检查一下焊膏的特性是否符合要求。

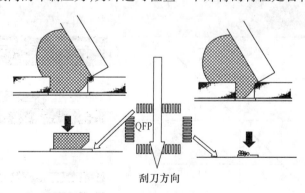

图4-32　印刷图形方向和生存的印刷空间

(2) 焊膏量不足。网板开口部的尺寸过小,可能会造成焊膏量的不足。但是,如果网板开口部的尺寸较大,而且印刷压力也过大则会出现如图4-33所示的情况,即刮刀的端部会切入开口部,使焊膏量减少。在微间距印刷时,如印刷压力过高,也会由于刮刀端部的切入(产生挤压性),使焊膏中的焊剂成分渗溢到网板的反面而产生不良现象(见图4-34),并会使焊膏黏度上升从而造成脱板过程的恶化。如产生上述情况,应及时观察网板反面的渗溢状况,适当地调整印刷压力。同样,在微间距组装印刷时,如果印刷压

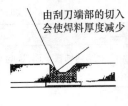

图4-33　由于刮刀端部的
切入造成焊膏量的减少

图4-34　由于刮刀端部切入
产生焊剂的溢出

力过低,也会产生如图4-35所示的在网板上面残留焊膏的现象,并形成一种阻力使脱板过程劣化。

(3) 焊膏量过多。当网板开口部尺寸比较大、而印刷压力太小的场合,将会有焊膏残留在网板表面,同样会造成印刷焊膏量的过剩。

(4) 印刷形状不良。焊膏印刷后的形状常会出现如图4-36所示的角部的延展现象,或者出现塌边不良现象。这些形状不良的生成原因大致与焊膏特性有关,触变系数偏小的场合,焊膏印刷角部容易产生圆角性不良现象,较理想的印刷状态应该是触变性系数在0.7左右。

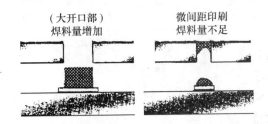

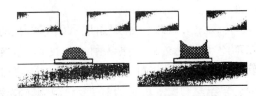

图4-35　印刷压力不足产生的印刷性能劣化　　图4-36　印刷压力不足产生印刷性能劣化

(5) 焊膏渗溢与桥连。接触式印刷中,在印刷网板与基板焊区的贴紧性不太好的情况下,由于存在的间隙,焊膏印刷时会渗流到网板的反面,尤其在焊膏的黏度偏低时容易发生这种现象。滞留在网板反面的焊膏如果不及时清除,更会影响基板与网板的贴紧性,同时会使设定的焊膏印刷量增加,从而产生桥连现象。此外,由于刮刀端部与网板的摩擦过大,对网板会形成一种拉力,也会形成焊膏渗溢现象,这时应该适当降低印刷压力。

部分焊膏印刷性不良的原因可参阅表4-15。

表4-15　焊膏印刷性不良的原因

问 题 点	原　　　因
位置偏移	装置本身的位置精度不好 焊膏印刷时进入网板开口部的均匀性差 由刮刀及其摩擦因素对网板形成的一种拉力不良
焊膏量不足	因印刷压力过大对网板开口部生成一种挖取力所致 因印刷压力过大引起其中的焊剂溢出,产生脱板性劣化 因印刷压力不足,焊膏滞留网板表面造成脱板性劣化

(续)

问 题 点	原 因
焊膏量过多	由印刷压力不足、网板表面留存的焊膏残留会使印刷量增加焊膏渗流到网板反面,影响网板的紧贴性,使印刷量增加
印刷形状不良(圆角、塌边)	焊膏的 n 值偏大(触变系数太小)
焊膏渗透	基板与网板紧贴性差 印刷时压力过大会产生焊膏的溢出 由刮刀及其摩擦因素对网板形成的一种拉力原因所致

4.3.3　印刷工艺参数及其设置

（1）刮刀速度。在印刷过程中,焊膏需要时间滚动并流进网板的孔中,所以刮刀刮过模板的速度控制相当重要。最大印刷速度取决于 PCB 上 SMD 的最小脚距,在进行高精度印刷时(脚距≤0.5mm),印刷速度一般在 20mm/s～30mm/s。刮刀速度对于网板开口部焊膏的压力评价关系(焊膏转移深度评价)如图 4-37 所示。

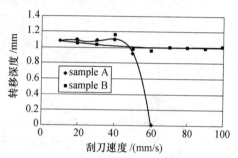

图 4-37　刮刀速度和转移深度

（2）刮刀角度。刮刀角度和转移深度的关系如图 4-38 所示。通常刮刀角度小,形成的转移深度就深,根据图 4-39 所示的焊膏印刷时的供给量(用 Rolling 直径表示)说明转移深度的变化很大。换言之,使用角度小的刮刀印刷时,焊膏印刷量是其重要的控制因素。图 4-40所示的是刮刀角度和界限印刷压力关系,所谓的界限印刷压力,是指印刷网板上不发生焊膏残留状况下的压力界限值。角度小的刮刀,造成的界限压力就大。这里通过相关的评价函数,用转移系数(转移深度/界限压力)定义,来表示与刮刀角度间的关系,其试验曲线见图 4-41。图 4-41 说明,刮刀角度在 60°至 70°范围时,通过适当印刷压力,可获得最佳的印刷效率和转移性。

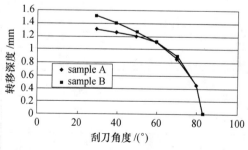

图 4-38　刮刀角度和转移深度的关系

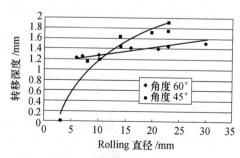

图 4-39　焊膏量和转移深度

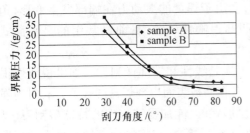

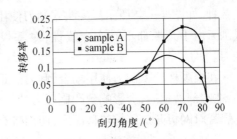

图 4-40　刮刀角度和界限印刷压力关系　　　图 4-41　刮刀角度和界限印刷压力关系

(3) 印刷压力。刮刀压力的改变对印刷质量影响重大。压力太小,导致 PCB 上焊膏量不足;压力过大,则导致焊膏印得太薄。在理想的刮刀速度及压力下应该正好把焊膏从模板表面刮干净。在实际操作中,为消除印刷基板上的挠曲、起伏因素,一般都希望提高设定印刷压力,来实现焊膏的均匀性印刷。特别是采用支撑顶杆方式支持基板定位的,由于顶杆本身的机械刚性低,会因为焊膏滚动时的反力造成基板的挠曲 (见图 4-42)。在有挠度的部分, 由于刮刀端部与网板间存在的间隙,印刷时将会使焊膏残留于网板表面。为防止这种不良现象的产生, 应该加强支撑基板的顶杆数, 加大基板与刮刀的接触面;也可适当提高印刷压力, 使印刷时刮刀对网板开口部有微量的切入, 从而得到较好的效果。

(4) 焊膏的供给量。从图 4-39 可看出焊膏的供给量与转移深度的变化关系,当刮刀角度为 60°时,转移深度变化最小。如图 4-43 所示,界限印刷压力随着焊膏量增加而加大。在生产场合随着焊膏量的减少,往往想通过微调印刷压力来获得稳定的印刷状态,实际上是很困难的,一般都是以焊膏量多的状态来设定印刷压力,进行无调整式生产。生产时使焊膏量保持在一定的范围内,利用自动供给装置实现自动化焊膏印刷,并且使自动印刷机带有焊膏量检测及印刷压力反馈控制的功能,从而实行无缺陷印刷。

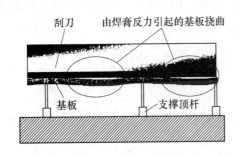

图 4-42　通过支撑杆支持基板的印刷方式

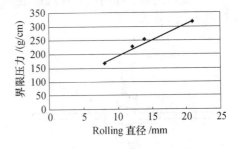

图 4-43　焊膏量与界限印刷压力关系

(5) 刮刀硬度、材质。印刷用刮刀通常都采用合金、聚酯橡胶等做成,合金材料做的刮刀因其硬度高,不会像聚酯橡胶类刮刀那样切入网板开口部,在印刷压力设定后,印刷中不会产生大的质量问题。但是这种刮刀,印刷中随着与网板摩擦力的增加,会因为网板的延展发生印刷位置偏错、渗溢和增加网板本身的磨损。

聚酯橡胶做成的刮刀对电路基板的凹凸不平有良好的追随性,只是因为会发生印刷过程中的刮刀端部切入网板开口部不良现象,实际使用时对聚酯橡胶型刮刀都提出了一定的硬度要求,通常的硬度规定在布氏 90 度。刮刀端部的形状常见有平面式、尖头式、角式数种,如图4-44所示。尖头式刮刀使用时,会由于焊膏的滚动力在端部发生变形,角式刮刀由于其端部不易产生线性,对基板的凹凸追随性较差,目前最常用的是平面式刮刀。

在聚酯橡胶型刮刀使用场合,刮刀的重要因素是线性和端部锋利性。如果说线性很差,在端部磨损后,会影响到印刷压力的上升或者在网板表面出现焊膏的残留。有时为强化焊膏对网板开口部的转移深度,使用带有屋顶形状的、能加强转移力的特殊型刮刀(见图4-45)。印刷时在滚杆(Rolling)直径保持恒定情况下,可以抑制由于焊膏量变动而发生的界限印刷压力的变化。然而,带有屋顶状的刮刀在使用中与焊膏的接触面积大,容易与焊膏粘住,对某些品种焊膏可能不太适用。

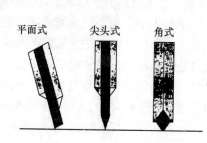

图4-44　不同形状的刮刀

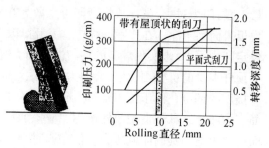

图4-45　带有屋顶状的刮刀

另外,刮刀的硬度也会影响焊膏厚薄,太软的刮刀会使焊膏凹陷。

(6) 切入量。为了控制印刷中刮刀尖端部对网板开口部的切入量,在调整合适压力的同时,应保证刮刀的移动平面与基板面的共面性。当共面性不大好的情况下,如采取如图4-46所示的浮动式刮刀机构,调整压力并不能获得好的印刷状况。为此,在进行切入量设定时,可不必考虑由浮动式刮刀机构来实行印刷压力的调整控制。

(7) 脱板速度。印制板与模板的脱离速度也会对印刷效果产生影响,理想的脱离速度见表4-16推荐。

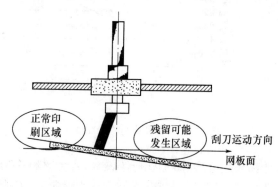

图4-46　切入量调整机构的问题点

表4-16　推荐的脱板速度

引脚间距	推荐速度
少于0.3mm	0.1mm/s~0.5mm/s
0.4mm~0.5mm	0.3mm/s~1.0mm/s
0.5mm~0.65mm	0.5mm/s~1.0mm/s
超过0.65mm	0.8mm/s~2.0mm/s

(8) 印刷厚度。模板印刷的印刷厚度基本由模板的厚度决定,并与焊膏特性及工艺参数有关。模板厚度与SMD引脚间距密切相关,当脚距为0.3mm时,模板厚度一般取0.1mm,印刷后焊膏厚度约为0.09mm~0.1mm;当脚距为0.5mm时,模板厚度一般取0.15mm,印刷后焊膏厚度约为0.13mm~0.15mm。印刷厚度的微量调整,一般是通过调

节刮刀速度和刮刀压力来实现。

（9）模板清洗。在焊膏印刷过程中一般每印 10 块左右 PCB 板就需对模板底部清洗一次，以清除其底部的附着物，通常采用无水酒精等溶剂作为清洗液。

表 4 - 17 汇总了部分印刷参数的设置方法。

表 4 - 17　焊膏印刷参数的设置

参　数	可考虑的最适化方法
刮刀速度	• 印刷中焊膏与印刷网板不存在转差，或者确定在一个任意的程度，这时速度偏慢的印刷形状就好
刮刀材质、形状	• 布氏硬度为 90 度的平面式聚酯橡胶刮刀性能良好 • 刮刀尖端的线性与锋利性很重要 • 使用合金型刮刀时要注意到印刷网板的磨损程度
刮刀角度	• 角度在 60°～70°时可得到良好的印刷性和转移性 • 角度大的话，由于焊膏量的因素转移力会发生少许变化
焊膏量	• 要求以恒定的焊膏量进行印刷
印刷压力	• 为减少印刷网板上的残留焊膏采用低压力较合理
切入量	• 不必要考虑由浮动刮刀机构实行的印刷压力控制功能
脱板速度	• 在使用含高分子材料的焊料时速度可任意设定 • 焊料中分子量小时使用低速脱板较好

思 考 题 4

（1）胶黏剂涂敷技术主要有哪几种？各有什么主要特点？

（2）简述气压注射点胶的基本原理和优缺点。

（3）焊膏涂敷技术主要有哪几种？各有什么主要特点？

（4）丝网印刷技术和模板漏印技术有什么根本差别？

（5）丝网制作主要有哪些工序？

（6）简述模板印刷技术的基本原理和特点。

（7）焊膏涂敷中易出现的不良现象有哪些？怎么防止？

（8）采用印刷机涂敷焊膏时需调整的主要工艺参数有哪些？

第 5 章　SMC/SMD 贴装工艺技术

5.1　贴装方法与贴装机工艺特性

5.1.1　SMC/SMD 贴装方法

　　SMC/SMD 贴装是 SMT 产品组装生产中的关键工序。SMC/SMD 贴装一般采用贴装机(亦称贴片机)自动进行,也可采用手工借助辅助工具进行。手工贴装只有在非生产线自动组装的单件研制或试验、返修过程中的元器件更换等特殊情况下采用,而且一般也只能适用于元器件引脚类型简单、组装密度不高、同一 PCB 上 SMC/SMD 数量较少等有限场合。

　　随着 SMC/SMD 的不断微型化和引脚细间距化,以及栅格阵列芯片、倒装芯片等焊点不可见芯片的发展,不借助专用设备的 SMC/SMD 手工贴装已很困难。实际上,目前的 SMC/SMD 手工贴装也已演化为借助返修装置等专用设备和工具的半自动化贴装。

　　自动贴装是 SMC/SMD 贴装的主要手段,贴装机是 SMT 产品组装生产线中的必备设备,也是 SMT 的关键设备,是决定 SMT 产品组装的自动化程度、组装精度和生产效率的主要因素。

5.1.2　贴装机的一般组成

1. 贴装机的基本组成

　　SMT 贴装机是计算机控制,并集光、电、气及机械为一体的高精度自动化设备。图 5-1 以转盘式全自动贴装机为例示出贴装机的一般组成。其组成部分主要有机体、元器件供料器、PCB 承载机构、贴装头、器件对中检测装置、驱动系统、计算机控制系统等。

　　机体用来安装和支撑贴装的各种部件,因此,它必须具有足够的刚性才能保证贴装精度。供料器是能容纳各种包装形式的元器件、并将元器件传送到取料部位的一种储料供料部件,元器件以编带、棒式、托盘或散装等包装形式放到相应的供料器上。PCB 贴装承载机构包括承载平台、磁性或真空支撑杆,用于定位和固定 PCB。定位固定方法有定位孔销钉、边沿接触定位杆及软件编程定位等。贴装头用于拾取和贴装 SMC/SMD。器件对中检测装置接触型的有机械夹爪,非接触型的有红外、激光及全视觉对中系统。驱动系统用于驱动贴片机构 $X-Y$ 移动和贴片头的旋转等动作。计算机控制系统对贴装过程进行程序控制。

　　驱动系统对贴装精度和贴装率影响很大,一般采用直流伺服电机驱动,齿形带或滚珠丝杆副传动。有些高速贴装机采用了无磨擦线性马达驱动和空气轴承导轨传动。运动线速度一般为 300mm/s～3000mm/s,加速度为 $10m/s^2$ 左右,定位精度为 $\pm(0.01\sim0.05)$mm。根据贴装精度要求不同,驱动系统可采用开环或闭环两种不同的控制方式。

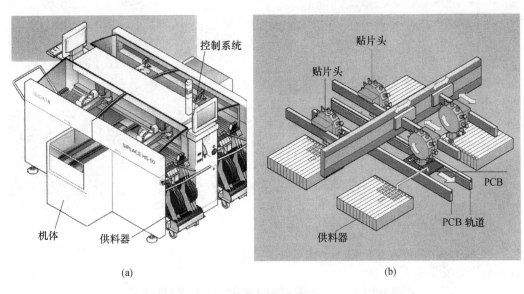

图 5-1　全自动贴装机的组成

(a) 整机组成示意图；(b) 贴片头及驱动机构局部示意图。

2. 贴装头及其组成

贴装头的基本功能是从供料器取料部位拾取 SMC/SMD，并经检查、定心和方位校正后贴放到 PCB 的设定位置上。它安装在贴装区上方，可配置一个或多个 SMD 真空吸嘴或机械夹具，θ 轴转动吸持器件到所需角度，Z 轴可自由上下将器件贴装到 PCB 安装面。贴装头是贴装机上最复杂和最关键的部件，和供料器一起决定着贴装机的贴装能力。它由贴装工具(真空吸嘴)、定心爪、其它任选部件(如胶黏剂分配器)、电器检验夹具和光学 PCB 取像部件(如摄像机)等部分组成。根据定心原理区分，典型的贴装头有 3 种。

(1) 无定心爪式贴装头。这种最简单的贴装头只有一个真空吸嘴(贴装工具)，其优点是结构简单，操作过程对元器件不会有损伤，适用范围广泛。但它自身无法对元器件定心，无法补偿元器件在包装结构中、运送过程中和供料器上产生的元器件中心偏离，所以贴装精度低。这种贴装头在高精度贴装机上常和摄像头组合在一起使用。

(2) 带有机械定心爪的贴装头。这种贴装头有与真空吸嘴同轴的机械定心爪。当真空吸嘴从供料器上拾取元器件后，在运送到贴装位置之前，机械定心爪夹紧元器件体使之定心。在贴装元器件之前，定心爪再张开，确保机械爪不跟焊膏接触。这种形式的贴装头一般由主轴、真空吸嘴、定心爪驱动部件和传感器等部件组成。它有多种结构形式，一定尺寸的机械定心爪对应于一定尺寸范围的元器件。有些贴装机可根据需要自动更换机械定心爪(与贴装工具组合在一起)。定心爪的作用是使元器件中心与吸嘴的中心相重合，建立一个稳定的"贴装中心"，以提高贴装精度。吸嘴施加于 SMC/SMD 上的贴装压力是贴装头的主要参数，应根据元器件大小确定。过大的贴装压力会损伤元器件或使其焊后开裂，一般以 50g～600g 为宜。这种贴装头贴装精度较高，缺点是有可能损伤元器件引线。

(3) 自定心贴装头。这种贴装头较少使用，它也采用真空吸嘴，但采用一对钳形定心机构，给元器件定心，操作面积大。采用这种贴装头时，PCB 的设计要与之相适应。

为提高贴装机的贴装效率,高速贴装机的贴装头往往有多个。多个贴装头组合成的贴装头装置可分成转盘式(活动型)和直线排列式(固定型)两类不同的结构安排形式;转盘式贴装头装置可由程序控制各个贴片头按要求定时旋转到操作位置。转盘式贴装头装置又有绕水平轴(X或Y轴)转动和绕铅垂轴(Z轴)转动两种形式。图5-1所示转盘式全自动贴装机有4个绕水平轴转动的转盘式贴片头组合装置,每个转盘式贴片头组合装置上有多个贴片头,图5-2显示出单个贴片头组合装置的工作状态。直线排列式贴装头装置如图5-3所示,工作时由程序控制各个贴片头按要求顺序工作。

图5-2 转盘式贴片头组合装置

图5-3 直线排列式贴片头组合装置

5.1.3 贴装机的工艺特性

精度、速度和适应性是贴装机的3个最重要的特性。精度决定贴装机能贴装的元器件种类和它能适用的领域,精度低的贴装机只能贴装 SMC 和极少数的 SMD,适用于消费类电子产品领域用的电路组装。而精度高的贴装机,能贴装 SOIC 和 QFP 等多引线细间距器件,适用于产业电子设备和军用电子装备领域的电路组装。速度决定贴装机的生产效率和能力。适应性决定贴装机能贴装的元器件类型和能满足各种不同贴装要求;适应性差的贴装机只能满足单一品种的电路组件的贴装要求,当对多品种电路组件组装时,就须增加专用贴装机才能满足不同的贴装要求。目前的高档贴片机在上述3项性能上都有很高的指标。

1. 精度

精度是贴装机技术规格中的主要数据指标之一,不同的贴装机制造厂家所使用的精度有不同的定义。一般来说,贴片的精度应包含以下3个项目:贴装精度;分辨率;重复精度。

(1)贴装精度。贴装精度标志元器件相对于 PCB 上的标定位置的贴装偏差大小,被定义为贴装元器件端子偏离标定位置最大值的综合位置误差。贴装精度由两种误差组成,如图5-4所示,即平移误差和旋转误差。

平移误差(元器件中心的偏离)主要来自 $X-Y$ 定位系统的不精确性,它包括位移、定标和轴线正交等误差。如果元器件定心机构没有精确地把元器件的中心对准贴装工具

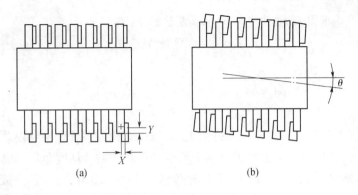

图 5-4　贴装精度的误差

(a) 平移误差；(b) 旋转误差。

的轴线,则元器件定心机构的不准确性也是一个因素。从理论上考虑,平移误差应该规定为在电路板上元器件相对于设计中心标定位置的真实位置半径 T,如图 5-5(a)所示。如果考虑 $X-Y$ 坐标的公差,如图 5-5(b)所示,则 T 可由下面的等式得到:

$$T = \sqrt{X_t^2 + Y_t^2} \tag{5-1}$$

式中:X_t 为沿 X 轴的误差分量,Y_t 为沿 Y 轴的误差分量。

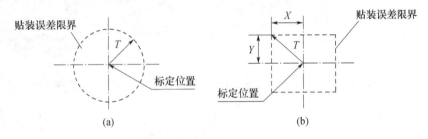

图 5-5　平移误差的定义

(a) 真实位置半径；(b) $X-Y$ 公差。

　　旋转误差来自元器件定心机构的不精确性和贴装工具旋转的角度误差。它被定义为相对于标定贴装取向的角度公差。离开元器件中心最远的端子旋转误差最大。为了简化分析,利用元器件封装角的位移近似表示这种误差,参见图 5-6,可由下列等式求得位移 R:

$$R = 2L\sin(\theta/2) \tag{5-2}$$

式中:R 为由旋转误差引起的真实位置偏移;L 为从元器件中心到封装角的距离;θ 为离开标定取向最大角度偏离。

　　还可沿 X 轴和 Y 轴计算旋转误差的组成。可由下列等式求得其误差成分:

$$X_r = 2L\sin(\theta/2)\sin\varphi$$

$$Y_r = 2L\sin(\theta/2)\cos\varphi$$

式中:X_r 为旋转误差在 X 轴上的误差成分;Y_r 为旋转误差在 Y 轴上的误差成分,φ 为相对于 X 轴从元器件中心到引线的角度。

　　旋转误差和平移误差产生组合累积效果,由这两种成分的矢量相加求得总的误差

TPR。由下列等式求得 X 轴和 Y 轴的总误差分量 T_x 和 T_y:

$$T_x = X_t + Y_r$$
$$T_y = Y_t + Y_r \qquad (5-3)$$

然后由下式求得总误差:

$$TPR = \sqrt{T_x^2 + T_y^2} \qquad (5-4)$$

由于旋转误差的影响取决于元器件的大小,所以必须分别确定平移误差和旋转误差。当选定贴装的元器件类型后,就可由这两个数值计算总的贴装精度。

例如,一台贴装机在 X 轴和 Y 轴上的平移误差为 $\pm 0.02\text{mm}$,它的旋转角误差为 $\pm 0.25°$,84 根引线的 PLCC 在最坏情况时的总的贴装误差是多少? 参照图 5-7,首先由等式(5-2)计算旋转误差。84 根引线的 PLCC,其 $L = 21\text{mm}$,所以旋转误差 R 为

$$R = 2 \times (21)\sin 0.125 = 0.092\text{mm}$$

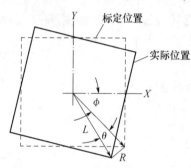

图 5-6 由旋转误差引起的封装角的位移　　　图 5-7 贴装误差组成实例示意图

再计算旋转误差的 X 轴和 Y 轴成分:

$$X_r = 0.092\sin45° = 0.065\text{mm}$$
$$Y_r = 0.092\cos45° = 0.065\text{mm}$$

沿两个轴的误差为

$$T_x = 0.02 + 0.065 = 0.085\text{mm}$$
$$T_y = 0.02 + 0.065 = 0.085\text{mm}$$

所以,贴装总误差为

$$TPR = \sqrt{0.085^2 + 0.085^2} = 0.120\text{mm}$$

(2) 分辨率。分辨率是描述贴装机分辨空间连续点的能力。贴装机的分辨率由定位驱动电机和轴驱动机构上的旋转或线性位置检测装置的分辨率来决定。当坐标轴被编程并运行到特定点时,实际上到达了能被分辨的距目标位置最近的点,这就使贴装机的定位点与实际目标产生量化误差,它应小于贴装机的分辨率,最大可为贴装机分辨率的 $1/2$。分辨率还可以简单地描述为是机器运行的最小增量的一种度量,所以在衡量机器本身的运动精度时,它是重要的性能指标。

(3) 重复精度。重复精度描述贴装工具重复地返回标定点的能力。在给重复精度下定义时,常采用双向重复精度这个概念,一般定义为:在一系列试验中从两个方向接近任何给定点时离开平均值的偏差,如图 5-8 所示。

重复精度、分辨率和贴装精度之间有一定关系,如图 5－9 所示。实际上常把重复精度包含在贴装精度的技术规范中。

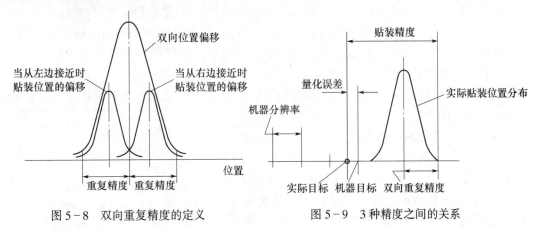

图 5－8　双向重复精度的定义　　　　图 5－9　3 种精度之间的关系

2. 速度

一般在同一 PCB 上要贴装大量的 SMC/SMD,贴装往往是 SMT 工艺中最费时的工序,因此贴装机的速度是整个 SMT 生产线能力的重要制约因素,提高贴装速度也是降低生产成本的重要手段。贴装机的速度受到许多因素的影响,如 PCB 的设计质量、元器件供料器的数量和位置、PCB 尺寸、元器件定心和贴装头或 PCB 定位的复杂程度,以及 PCB 装卸效率等。而这些因素是设备制造者无法控制的。为此,通常贴装机制造厂家在理想条件下测算出的贴装机速度,与使用时的实际贴装速度有一定差距。一般可以采用以下几种定义描述贴装机的贴装速度。

(1) 贴装周期。贴装周期是表示贴装速度的最基本的参数,它指完成一个贴装过程所用的时间。贴装机在排除外部因素之后以一定的贴装速度完成贴装周期。贴装周期包括从拾取元器件、元器件定心、检测、贴放和返回到拾取元器件的位置的全部行程。

(2) 贴装率。贴装率是在贴装机的技术规范中所规定的主要技术参数,它是贴装机制造厂家在理想的条件下测算出的贴装速度,是指在一小时内完成的贴装周期数。在测算贴装率时,一般采用 12 个连续的 8mm 编带供料器,所用的 PCB 上的焊盘图形是专门设计的。测算时,先测出贴装机在 50mm×250mm 的 PCB 上贴装均匀分布的 150 只片式元件的时间,然后计算出贴装一只元件的平均时间,最后计算出一小时贴装的元件数,即贴装率。高速贴片机的贴装率可高达每小时数万片。

(3) 生产量。理论上可以根据贴装率计算每班生产量,然而实际的生产量与计算所得到的值有很大差别,这是因为实际的生产量受到多种因素的影响。影响生产量的主要因素有:PCB 装载/卸载时间;多品种生产时停机更换供料器或重新调整 PCB 位置时间;供料架的末端到贴装位置的行程长度;元器件类型;PCB 设计水平差、元器件不符合技术规范带来的调整和重贴等不可预测性停机时间。

由于上述种种因素使得实际的贴装率和生产量与机器技术规范中所规定的指标存在很大差别。因此,贴装机技术规范中所给的贴装率仅仅是一个可供参考的数据。

3. 适应性

适应性是贴装机适应不同贴装要求的能力。贴装机的适应性包括以下内容:

(1) 能贴装元器件类型。贴装元器件类型广泛的贴装机比仅能贴装 SMC 或少量 SMD 类型的贴装机适应性好。影响贴装机贴装元器件类型的主要因素是贴装精度、贴装工具、定心机构与元器件的相容性,以及贴装机能容纳的供料器的数目和种类。

(2) 贴装机能容纳的供料器数目和类型。有些贴装机只能容纳有限的供料器;而有些贴装机能容纳大多数或全部类型的供料器,并且能容纳的供料器的数目也比较多。显然,后者比前者的适应性好。

贴装机上供料器的容纳量通常用能装到贴装机上的 8mm 编带供料器的最多个数表示。有的贴装机规定了能容纳供料器的空间尺寸,根据供料器的宽度可转换成与 8mm 编带供料器相当的个数。当然,不是所有元器件都能包装在 8mm 编带中。所以,贴装机的实际容量将随元器件类型(规格)而变化。宽带供料器占用空间大,总容纳量减少;棒式(杆式)供料器占用空间小,总容纳量增加。但棒式包装的元器件数量比编带包装的元器件数量少的多,需要经常填装元器件。表 5-1 列出各种供料器的宽度参考值。

表 5-1　几种常见元器件供料器宽度

供料器的类型	供料器的大约宽度
编带供料器	
8mm 带卷	15mm～25mm
12mm 带卷	25mm～30mm
16mm 带卷	25mm～30mm
杆式供料器	
SOIC-	10mm
SOIC-	15mm
PLCC-20	15mm
PLCC-44	30mm
PLCC-84	30mm
振动供料器	
片式元件	30mm
SOT-89	60mm

另外,有些贴装机的供料器只能装在供料器架的固定位置上,相互留 25mm 的间隔,这就限制了供料器的容纳量。而允许供料器紧靠着安装的贴装机,可增加供料器容纳量,有较好的适应性。但为了适应这种结构特征,贴装系统必须能在供料器架的轴线上任何点进行拾取操作。

(3) 贴装机的调整。当贴装机从组装一种类型转换成组装另一种类型的 PCB 时,需要进行贴装机的再编程、供料器的更换、PCB 传送机构和定位工作台的调整、贴装头的调整/更换等调整工作。

贴装机常用人工示教编程和计算机编程两种编程方法。低档贴装机常采用人工示教编程,这种编程方法花费时间长,贴装精度低。较高档的贴装机都采用计算机编程,计算机编程可在控制贴装机用的微机上进行,也可以脱机进行,后者编程不占用贴装机生产时间,对生产量没有影响。目前大多贴装机都可采用软磁盘存储程序,并能接受外部计算机系统编制的程序。在 CAD 系统上设计的 PCB,可直接采用 CAD 数据进行编程。采用示教编程的贴装机贴装效率低,适应性差,适合于小批量生产。采用计算机编程的贴装机适应性好,适应性更好的贴装机能提供几种编程方法供选择。

适应性好的贴装机供料器更换次数少,更换供料器化费的时间也少。为了减少更换供料器所化费的时间,最普通的方法是采用"快释放"供料器。更快的方法是更换供料器架,使每一种 PCB 类型上的元器件的供料器都装到单独的供料器架上,以便于更换。有些高速贴装机采用了双编带供料器架,并行运转,交替更换带卷。另外,为满足日益增长的贴装系统"无人值守化"的要求,贴装机还可以安装与编带供料器平行同步移动的辅助编带供料器,使停止工作中的编带供料器架上的空带卷与辅助编带供料器上的实带卷自动交换,全部交换完毕时,才需操作人员进行干预。如果辅助编带供料器架再与自动送料车相连接,就可实现更换编带操作的全自动化。

当更换的 PCB 尺寸与当前贴装的 PCB 尺寸不同时,需要调整 PCB 定位工作台和输送 PCB 的传送机构的宽度。自动贴装机可在程序控制下自动进行调整,较低档的贴装机可手工调整。采用一种 PCB 夹持装置可适用于不同尺寸的 PCB,虽然成本较高,但可免去前述调整工作。如图 5 – 10 所示,采用一组可以自动地适应 PCB 底面形状,能够自动定位的、独立的浮动针脚,可以减少 PCB 配置时间和设置时间。还有一种方法是使用凝胶——凝胶流到安装在 PCB 底面上的元件四周,从而支撑着电路板。此类工具和方法节省了 PCB 设置时间和更换时间,其作用是很明显的。

图 5 – 10　浮动针脚 PCB 定位装置

当在 PCB 上要贴装的元器件类型超过一个贴装头的贴装范围时,或当更换 PCB 类型时,往往需要更换或调整贴装头。多数贴装机能在程序控制下自动进行更换/调整工序,而低档贴装机用人工进行这种更换和调整操作。

5.1.4　元器件供料系统

可靠地提供元器件是可靠贴装元器件的基本保证。元器件在包装容器中扭曲、反转或有其它故障,则很难从包装容器中取出,容易导致供料器故障,需要人工干预。另外,如果机器漏检或误检,从包装容器中提取出有缺陷元器件并把它贴装到 PCB 上,则将会导致返修。所以在供料操作期间确保包装容器中元器件的完整性是提高贴装可靠性的关键因素之一。

元器件的供料由元器件装运包装容器和机械供料器组成的系统完成。首先,元器件制造厂家必须提供包装合适的元器件,确保元器件既能很容易地从包装容器内取出,又不能在容器内活动,以免导致取向错误和引线扭曲等缺陷。另外,供料器的设计必须使供料动作协调一致,不致损坏元器件。适合于表面组装元器件的供料器有:编带、棒式(杆式)、托盘和散装等形式。

1. 编带供料器

对应于编带包装的供料器叫编带供料器,编带包装适合于大多数表面组装元器件,一个编带能容纳大量元器件,并对每个元器件提供单独的保护。编带供料器操作可靠,应用范围广泛。

为了便于贴装工具拾取元器件,供料器必须能精确地使元器件转位,同时剥离覆盖带,使元器件在拾取位置露出。有些供料器采用“百叶片”覆盖露出来的元器件,当转位停止后,贴装工具准备拾取元器件时,覆盖叶片才缩回。

2. 棒式供料器

相应于棒式包装的供料器叫棒式(杆式)供料器。棒式供料器有两种类型,一种是非振动“雪撬—倾斜”式重力供料器。在独立的平行轨道上能容纳几个单独的包装棒,主要依靠器件自重下滑供料。另一种是振动棒式供料器,它不直接依靠重力供料,而是当器件靠自重从包装棒中下滑到供料器的前部扩大部分时,依靠该部分的机械振动使器件向前移动供料。这种结构确保了元器件的可靠传递,同时当更换包装时也不会中断供料。它的振动幅度必须与所传递的器件相匹配。如果振动不足,器件不能及时移动和可靠传递。常采用"百叶片"覆盖移动中的元器件,防止它掉落。另外,振动应间歇进行,在"百叶片"打开,贴装工具拾取元器件时停止振动。实际应用中大多采用振动式供料。有的棒式供料器还采用传送带系统传送元器件到贴装工具拾取元器件的位置。

3. 散装供料

散装元器件的包装成本比其它任何包装形式都低,但其供料的可靠性差。典型的散装供料器由包括一套挡板的线性振动轨道组成,以确保元器件到达供料器前端时取向正确。随着供料器的振动,元器件在轨道上排队向前移动,取向不正确的元器件跌落到储存器中,以后重新进入轨道再排队,直至最终取向正确。这种供料适合于矩形和圆柱形片式元件和各种小外形半导体器件,而不适用于有极性器件,除非这种器件有明显几何特征表明其极性。

与棒式供料器一样,供料器振动振幅要求非常严格,必须与元器件相匹配。挡板是确保供料可靠性和防止已排队元器件脱离轨道的关键,挡板设计必须允许取向正确的元器件进入排队,而排除取向不正确的元器件。另外,这种供料器对元器件的几何尺寸很敏感,片式元件的尺寸公差很宽,故必须根据元器件的类型设计挡板。而且供料器供料的可靠性在一定程度上取决于同一批元器件尺寸的类似程度。

4. 矩阵盘式供料器

矩阵盘式供料器通常容纳引脚数多的大型集成电路器件和裸芯片,所以它的适用范围有限。这种供料器的供料方式不同于上述几种供料器。它不是把器件送到贴装工具要拾取的相同位置上,而是把要贴装的器件事先放在盘中的栅格里,由贴装头从每个栅格中拾取器件。在手工贴装和半自动贴装时常采用这种供料方式。

5.1.5 贴装机视觉系统

1. 采用视觉系统的原因

随着电子产品对小型、轻型、薄型和高可靠性的需求不断提高,引线中心距≤0.635mm 的多引线细间距表面组装器件得到迅速发展和应用。表面组装的一般规律是贴装精度应比器件引线间距小一个数量级,只有这样才能确保表面组装器件贴装的可靠性。例如,贴装 0.635mm 引线间距器件的系统应具有 ±0.0635mm 的定位精度,若再考虑其它附加因素,实际的贴装精度还应小于 ±0.0635mm。要精确地贴装细间距器件,一般需考虑以下几个影响因素。

(1) PCB 定位误差。一般情况下,PCB 上的电路图形并不总是与 PCB 机械定位的加工孔和 PCB 边缘相对应,这将会导致贴装误差。另外,PCB 上电路图形扭曲不直、PCB 变形和翘曲等缺陷都会引起贴装误差。

(2) 元器件定心误差。元器件本身的中心线并不总是与所有引线的中心线相对应,所以贴装系统利用机械定心爪给元器件定心时,不一定能确保对准元器件所有引线的中心线。另外,在包装容器中,或在定心爪夹持定心时,器件引线有可能出现弯曲、扭曲和搭接等缺陷,即引线失去共面性。这些问题都会导致贴装误差和贴装可靠性下降。表面贴装在器件引线偏离焊盘不超过引线宽度的 25% 时,贴装是成功的,当引线间距窄时,可允许的偏差更小。如果引线中心距为 0.38mm,允许的偏差不超过 0.03mm。在有高可靠性要求的产品中,引线偏离要求更加严格,甚至不允许引线偏离焊盘。

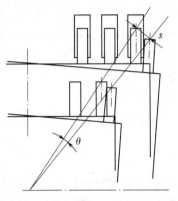

（3）机器本身的运动误差。影响贴装精度的机械因素有:贴装头或 PCB 定位工作台的 $X-Y$ 轴运动精度、元器件定心机构的精度、贴装头的 θ 旋转精度等。其中 θ 精度对多引线细间距的大型器件影响大,如图 5-11 所示。

　　如果影响贴装精度的这些因素累积在一起,就难以实现对细间距器件的精确贴装。单纯地用机械方式对 PCB 定位和对元器件定心很难确保贴装细间距的精度要求。另外,贴装误差和机器本身的运动误差紧密相关,使用普通高精度贴装机有时也难以满足精确地贴装细间距器件的要求。因为尽管视觉系统能精确地测量出偏差,并给出贴装系统的正确贴装坐标,但贴装机必须能接受这些指

图 5-11　θ 精度对贴装误差的影响

令,并使贴装头移动到所指示的精确位置,精度低的贴装系统不可能满足这种要求。所以必须采用高精度贴装机与机器视觉系统结合,才可以获得满意的细间距器件的贴装精度。为此,视觉系统就成了高精度贴装机的重要组成部分。

2. 机器视觉系统的原理

　　机器视觉系统是以计算机为主体的图像观察、识别和分析系统。它主要采用摄像机作为计算机感觉图像的传感部件,或称探测部件。摄像机感觉到在给定视野内目的物的光强度分布,然后将其转换成模拟电信号,模拟电信号通过 A/D 转换器被数字化成离散的数值,这些数值表示视野内给定点的平均光强度,这样得到的数字影像被规则的空间网格覆盖,如图 5-12 所示,每个网格叫做一个像元。显然,在像元阵列中目的物影像占据一定的像元数。计算机对上述包含目的物数字图像的像元阵列进行处理,将所得图像特征与事先输入计算机的参考图像进行比较和分析判断,并根据其结果向执行机构发出指令。

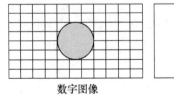

数字图像　　　　　　　　　　视频图像

图 5-12　数字化的影像

　　在机器视觉系统中采用两种分辨率,灰度分辨率和空间分辨率。灰度值法是用图像多级亮度来表示分辨率的方法。灰度值分辨率规定在多大的离散值时机器能分辨给定点的测量光强度,需要处理的光强度越小,灰度值分辨率就越高。但是,光学系统的分辨能力有极限,所以灰度值分辨率超过 256 的系统就将失去意义。灰度值越大,数字化图像与人观察到的视图越接近。有关研究表明,人视力分辨到的灰度级在 50～60 之间,因而 64 灰度足以提供必要的观察信息。所以,许多机器视觉系统采用 64 灰度值。采用 2 级灰度

值的系统仅能区别黑色和白色,这种系统称为双态视觉系统。机器视觉系统可用的灰度值分辨率一般都在 2 和 256 之间。目前有不少视觉系统采用 256 级灰度值,这类系统具有很强的区别目标特征的能力。但是,处理的信息量大,计算机处理时间较长。

空间分辨率规定覆盖原始影像的栅网的大小;栅网越细,即网点和像元数越高,尺寸测量就越精确。在网格尺寸相同时,具有 512×512 网格的系统比具有 128×128 网格的系统测量精度高。在一个光学测量系统中,灰度值分辨率和空间分辨率要相匹配。在视觉系统设计中,所有单元分辨率要能相匹配,因为整个系统的分辨率是视野尺寸和该系统不同单元分辨率的函数。

3. 机器视觉系统的构成

机器视觉系统由视觉硬件和视觉软件两大部分组成。机器视觉系统的硬件如图 5-13 所示,一般由影像探测、影像存储和处理以及影像显示 3 部分组成。摄像机是视觉系统影像的传感部件,视觉系统常用的摄像机有标准光导摄像机、固态电视摄像机和行扫摄像机。用于贴装机的视觉系统一般采用固态摄像机。固态摄像机的主要部分是一块集成电路,集成电路芯片上制作有许多细小精密光敏元件组成的 CCD 阵列。每个光敏探测元件输出的电信号与被观察目标上相应位置反射光强度成正比,这一电信号即作为这一像元的灰度值被记录下来。像元坐标决定了该点在图像中的位置。每个像元产生的模拟电信号经过模数转换变成 $0 \sim 255$ 之间的某一数值,并传送给计算机。固态摄像机具有体积小、重量轻、灵敏度高、频谱和动态范围宽等优点。标准固态摄像机像元阵列为 512×512,当视场为 25.4mm 时,分辨率为 ± 0.05mm。

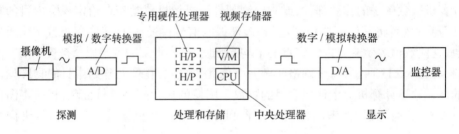

图 5-13　机器视觉系统的组成方框图

摄像机获取的大量信息由微处理机处理,处理结果由显示器显示。摄像机与微处理机,微处理机与执行机构及显示器之间由通信电缆连接,一般采用 RS232 接口。

4. 视觉系统的精度

影响视觉系统精度的因素主要是摄像机的像元数和光学放大倍数。摄像机的像元数越多,精度就越高;图像的光学放大倍数越大,精度就越高。因为图像的光学放大倍数越大,对应于给定面积的像元数就越多,所以精度就越高。但是,放大倍数大时,找到对应图形就更加困难,因而会降低贴装系统的贴装率,所以要根据实际需要确定合适的摄像机光学放大倍数。

5. 视觉系统在贴装机中的作用

有些早期的通用型贴装机也有视觉系统。但是,这种视觉系统只是用来实现精密示教式编程功能的,称为被动式视觉系统。为了解决细间距器件的精确贴装,在高精度贴装机中广泛采用的机器视觉系统,其主要作用如下:

(1) PCB 的精确定位。PCB 的精确定位是视觉系统最普通的作用。视觉系统的摄像机装在贴装头上,向下观察 PCB。为了便于摄像机观察和识别,在 PCB 上必须设置电路图形标记——基准标记,一般有 3 个基准标记(实心圆圈)和电路图形一起制作在 PCB 上。它们不但能反映电路图形的准确位置,而且当 PCB 伸缩变形时,基准标记相对于电路图形成比例偏移。在贴装周期开始之前,首先用手工方法将摄像机依次对准基准标记,系统识别 3 个基准的位置、大小和形状,读取标记的中心位置。这样,在对同一类型的 PCB 定位时,摄像机就依次围绕每个标记中心在一定范围内进行搜索。如未发现标记,就扩大范围搜索。发现标记后,摄像机读取其坐标位置,并送到贴装系统微处理机进行分析。如发现 PCB 位置颠倒,就发出警报。如果对准有误差,经分析后,计算机发出校正指令,由贴装系统控制执行部件移动,从而使 PCB 精确定位。

(2) 器件定心和对准。由于器件中心和器件引线的中心不重合和定心机构的误差,贴装工具很难严格地对准器件中心或器件引线的中心,一般都有一定偏离。这就导致器件引线和 PCB 上焊盘图形的对准误差。对于细间距器件,由于对这种偏差要求严格,所以必须借助于视觉系统对器件定心和对准。视觉系统对器件定心和对准有 3 种方法。

第一种方法是在定心台上对器件定心。即贴装工具拾取器件后先置于叫做 TLC 器件处理器的真空夹持器上,然后由视觉系统检查器件,其功能包括数引线数、检查引线位置和测量引线长度。所得信息与系统中存储的标准器件的技术规范进行比较和分析,贴装头根据系统指令再从器件处理器上拾取器件进行贴装。经过这样定心的器件可准确地贴装到以视觉定位的 PCB 的焊盘图形上,从而实现了细间距器件的精确贴装。

第二种方法是在 PCB 电路的焊盘图形上设置 3 个部位基准标记,如图 5-14 所示。借助于装在贴装头上的摄像机,采用与 PCB 定位时识别 PCB 基准标记相同的方法用程序识别焊盘图形上的 3 个部位基准标记,再利用顶装摄像机检测器件引线和计算机引线的中心坐标,将二者进行比较后产生较正信号,由贴装系统指令贴装头进行贴装操作。另外,由于 PCB 的尺寸变化可能是非线性的,所以部位基准标记允许视觉系统检测布线的局部变化,然后通过贴装头的 $X-Y$ 调整或 θ 旋转实现器件的精确贴装。如果布线的局部变化超过允许范围,系统将发出告警信号,要求更换 PCB。

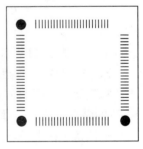

图 5-14　PCB 上的
部位基准标记

第三种方法。视觉系统借助于安装在贴装头上的摄像机,向下观察 PCB 上的基准标记和焊盘图形,再借助于安装在机器上的顶装摄像机检测贴装工具所拾取的器件引线,系统将 PCB 上的焊盘图形和器件引线的实际几何图形进行比较,如果器件引线在所有坐标上的数据都在容限范围内,系统将计算引线图形的中心,并进行 X、Y 和 θ 补偿,最后指令贴装头进行精确贴装。

以上 3 种视觉定心和对准方法,应根据贴装的具体对象和实际精度要求综合考虑,选择其中一种或两种。

(3) 器件检测。细间距器件引线的变形是导致贴装误差和贴装可靠性下降的重要原因。视觉系统在上述器件定心和对准工序中,同时对引线进行检测,检测引线有无弯曲和搭接等缺陷,以及检测引线的共面性。引线的共面性是指器件的所有引线与焊盘接触的部分应在允许公差的平面内。否则将出现有些引线与焊膏接触不良,导致焊接缺陷和焊接可靠性下降。系统进行上述检测时,将被检测器件的引线的各项特征与系统中存储的标准器件特征进行分析比较,如发现有缺陷的器件,系统就指令贴装头将该器件返回供料器或送至废料盒。

综上所述,视觉系统现在已经成为高精度贴装机的重要组成部分,装备视觉系统的高精度多功能贴装机在 SMT 的推广应用中发挥了独特的作用。

5.2　影响准确贴装的主要因素

5.2.1　SMD 贴装准确度分析

SMD 在 PCB 上的贴装准确度取决于许多因素。包括 PCB 设计加工、SMD 的封装形式、贴片机传动系统定位偏差等多种因素,前两者涉及器件入口检验和 PCB 设计制造的质量控制,后者显然与贴片机的性能相关。

1. 引脚与焊盘图形的匹配性

SMD 引脚需与 PCB 焊盘尺寸匹配,如果器件引脚与焊盘的偏差超出技术标准允许范围,即会造成电路组件焊接缺陷或故障。如图 5-15 所示,允许的最大器件贴装偏差 E 由以下公式计算:

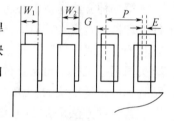

图 5-15　引脚与焊盘位置

$$E = P - G - (W_1 + W_2)/2$$

式中:P 为 QFP 引脚中心线间距(mm);W_1 为引脚宽度(mm);W_2 为 PCB 焊盘宽度(mm);G 为引脚与相邻焊盘间距。

2. 贴装吸嘴与焊盘的对称性

贴装吸嘴从喂料器吸持器件后移到贴装区,在 PCB 二维平面上方对准焊盘完成 SMD 的贴装。器件的对准定位有 X、Y、θ 3 个自由度。X 轴坐标位置——PCB 装载在贴片机传送机构上,器件中心与 PCB 焊盘中心线自左向右的相对坐标位置。Y 轴坐标位置——与 X 轴正交,器件中心线与 PCB 焊盘中心线上、下的相对坐标位置。θ 角——器件与 PCB 焊盘的相对角度位置。ΔX、ΔY、$\Delta \theta$ 是器件与 PCB 焊盘各相对值的差,这些差值表示器件与 PCB 平面贴装位置的偏差。ΔX、ΔY、$\Delta \theta$ 为 0,则器件完美贴装在 PCB 上,如果器件引脚弯曲或印制板在制造过程中由于光学掩膜失真造成焊盘图形收缩变形等不良因素都会对器件贴装位置造成很大偏差。

在贴片机选型时,应注意到一台 X、Y 轴精度高而 θ 角精度较差的贴片机,与一台 X、Y 轴贴装精度较差而 θ 角精度优良的贴片机相比,在贴装大尺寸封装的器件时,前一台贴片机会造成很大的引脚与焊盘的贴装偏差,而后一台则有较好的贴装质量。因此,必须按产品所用器件的封装规格全面考虑贴片机的各传动轴的精度要求。

3. 贴装偏差测量数据的分析

影响贴装的非随机因素,如装载或运输不当造成器件引脚变形的器件因素,PCB 图形加工过程中图形的不均匀引申,贴片机传动机构缺陷,操作人员的临时变动等。这些非随机因素造成的 SMD 贴装偏差处于非受控状态,排除这些偏差需 SMT 线上工程师的共同努力。许多 SMT 生产线使用统计过程控制工具,如直方图、多边图或鱼翅图分析产生贴装焊接缺陷的原因。

影响贴装偏差的随机因素是可预测的,在贴装过程中可使其处于受控状态。其分析方法举例如下:在 PCB 标准测试焊盘图形上重复贴装 100 个 0805 样本器件,沿 X 轴向测贴装位置的偏差,发现 SMD 每次不能完全精确贴装在 X 轴的同一位置,对 X 轴线的测量值进行统计分析,从数据中找出最大、最小偏差(max300.0μm,min200.0μm),将 100 个数据分为 10 个组,组距为 10μm。数据整理后归纳,建立频次分布表见表 5-2。

表 5-2　100 个器件样本贴装偏差频次分布

组号	上下界限 X/μm	区组中值 X/μm	频次数 N	组号	上下界限 X/μm	区组中值 X/μm	频次数 N
1	200~210	205	1	7	260~270	265	15
2	210~220	215	1	8	270~280	275	9
3	220~230	225	7	9	280~290	285	1
4	230~240	235	14	10	290~300	295	1
5	240~250	245	24	总计			100
6	250~260	255	27				

从表 5-2 中可清楚看出偏差测量值集聚程度和离散程度,为更好了解数据分布规律,直观表示器件贴装偏差分布状态常用的方法是直方图和多边图。将表 5-2 的数据用图表达,则为图 5-16 中呈钟罩型的正态分布曲线。正态分布曲线的峰值或中位值是全部测量数据的算术平均值称之为平均偏差,用 μ 表示。分布曲线的宽度或离散性称之为标准偏差,用符号 σ 表示,σ 可由下面公式计算得到:

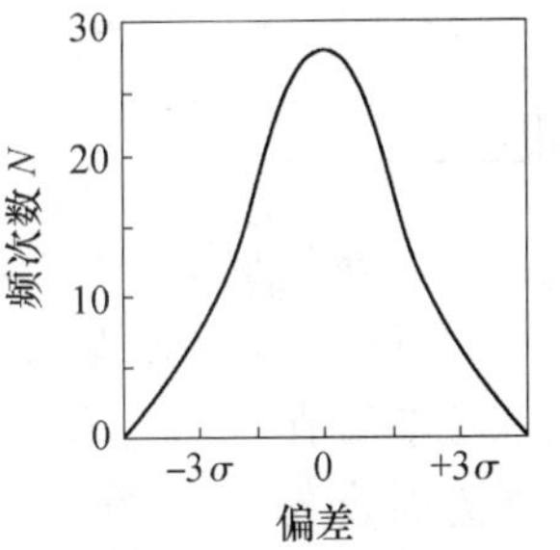

图 5-16　贴装偏差分布

$$\sigma = \sqrt{\frac{1}{n}\sum_{i=1}^{n}(X_i - \mu)^2}$$

式中:$X_i[=1,2,3,\cdots,n]$ 表示第 i 个偏差测量数据,n 是测量数据个数。由表 5-2 的测量结果计算出 $\mu=250.8$,$\sigma=15.57$,表 5-3 列出随机变量在正态分布状态的不同置信度范围内器件贴装的合格率。

日本常用的置信度为 3σ,美、德等国常用的置信度为 4σ。十分明显,即使标明相同的贴装精度,由表 5-3 可知不同置信度的不合格率是数量级的差别。

4. 定位精度与重复精度

贴装精确度,是指 SMD 器件贴装在 PCB 焊盘上与设计规定位置的关系,这是一个由 PCB 焊盘、SMD、胶黏剂点、焊膏图形及贴片机等多种因素构成的综合系统,就贴片机而言,主要是贴片机坐标传动机构的机械定位精度和重复精度。

贴片机的定位精度和重复精度的测量可按前面测量分析数据偏差的方法进行,如器件贴装偏差是正态分布的,X、Y、θ 对应轴的贴装偏差中位值或平均值位于对应轴的偏差分布曲线的顶峰,且曲线呈钟罩状下降。中位值或平均值代表贴片机贴装的定位精度,包括贴片机定位精度以及 PCB 的基准标志或机械定位孔的定位精度等。贴片机选型时,如贴装精度已满足要求,对其定位精度可不必过多要求。在可能的条件下,贴装5块以上的PCB,进行贴片机运行检测、测量,计算每个器件贴装位置的X、Y、θ的平均值,然后调节贴片程序,补偿器件的位置偏差。

衡量贴片机是否满足SMT贴装要求,可通过下式推算:

$$C_{pk} = Z_{min}/3\sigma$$

式中:C_{pk}为能力因数;σ为标准偏差;Z_{min}为最大偏差减平均偏差或平均偏差减最小偏差。

图5-17示意为分布曲线中心(中位值)偏移(设计中位值)的情况,它反映了该曲线代表的某坐标轴定位精度不理想。实际操作中,可通过程序补偿修正。

表5-3　不同置信度器件贴装合格率

置信度	合格率/%	不合格率/%
1σ	68.26	31.74
2σ	95.44	4.56
3σ	99.74	0.26
4σ	99.99	0.01
5σ	99.994	0.006
6σ	99.998	0.002

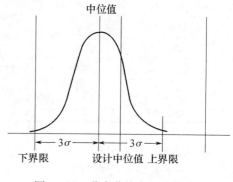

图5-17　分布曲线中心的偏移

当分布曲线中心上、下界限为设计规定平均值的$\pm 3\sigma$时,贴装能力因素等于1。此时,超过上、下偏差界限贴装不合格器件数约占总数的0.1%左右。当平均偏差偏离设计规定平均值时,Z_{min}将小于3σ,这时C_{pk}小于1,贴装不合格器件数大于0.1%。在选择与能力因数直接相关的参数ΔX、ΔY、$\Delta\theta$时,必须保持C_{pk}大于1,一般C_{pk}值选择为1.33。表5-4是SMC/SMD贴装能力因数C_{pk}判断参照表。

表5-4　贴装能力因数C_{pk}判断参照表

C_{pk}界限	等级	判断	处置
$1.33 < C_{pk} \leqslant 2$	1	能力因素充足	如确认设备能力过剩,可放宽对贴片机的要求,或者根据产品的发展,修订标准,保证更高级的质量水平
$1 \leqslant C_{pk} \leqslant 1.33$	2	能力因素充足	确认贴片机能力充足,排除工艺及人员等外来影响,完善SMT工序的质量管理,保证产品的质量水平
$1 > C_{pk}$	3	能力因素欠缺	使用管理图分层调查各种因素的影响,确定贴片机原因,必须采取措施,包括维修,更换设备等

5.2.2　贴装机的影响因素

1. 贴片机XY轴传动系统的结构

与贴片机贴装有关的机构除了PCB定位承载装置外,器件贴装X、Y、Z及θ轴向传

动系统是关键的基础部件,常见传动结构形式有 3 种:

(1) PCB 承载平台 XY 轴坐标平移传动。PCB 承载平台的传动导轨 XY 轴向互为正交平面移动,将 PCB 焊盘位置对准其上方的真空贴装吸嘴,吸嘴转动变位到所需的喂料器上吸持器件进行测量或对中/定向旋转,最终将吸持器件对准 PCB 贴装位置,吸嘴 Z 轴下降进行贴装,贴装头必须保证真空吸嘴 Z 轴上下升降及 θ 轴运动准确自如,如图 5-18 所示。

(2) 贴装头/PCB 承载平台 XY 轴平移联动。PCB 承载平台沿某传动轴作平面移动,贴装头正交 PCB 平台移动方向,在 PCB 上方平行某传动轴移动,如图 5-19 所示。

(3) 贴装头 XY 轴正交平移传动。在器件贴装时 PCB 保持固定不动,贴装头垂直安装在 PCB 承载平台的 PCB 安装面上方,平行作 XY 轴向正交移动,如图 5-20 所示。

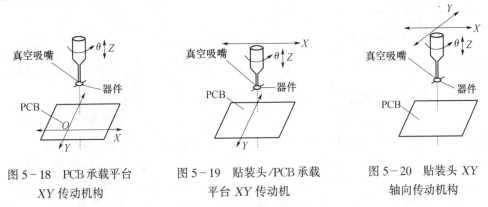

图 5-18　PCB 承载平台　　　图 5-19　贴装头/PCB 承载　　　图 5-20　贴装头 XY
　　XY 传动机构　　　　　　平台 XY 传动机　　　　　　　轴向传动机构

传动形式影响贴装系统的性能。如当所有运动都集中在贴装头上时,一般可以获得最高的贴装精度,因为这种情况下只有两个传送机构影响 X-Y 定位误差。而当贴装头和 PCB 都运动时,贴装头和 PCB 工作台机构的运动误差相重叠,导致总误差增加,贴装精度下降。

采用 PCB 工作台移动的贴装机,为了实现高的贴装率,PCB 工作台必须快速移动,其加速度可以达到 $10\mathrm{m/s^2} \sim 30\mathrm{m/s^2}$。这种情况下,由于大型元器件的惯性,会使已贴好的大型器件移位,导致故障。所以在贴装这类器件时,应降低 PCB 工件台的运动速度和加速度。为此,精度和速度的选择经常需要考虑折中的方案。

2. XY 坐标轴向平移传动误差

坐标导轨的定位精度主要有 3 个部分:步距精度;导轨移动的直线性;XY 轴导轨移动的垂直度。但在实际设备检测时,通常采用沿某轴方向的定位精度和重复精度,即步距精度。实现贴装头/PCB 承载平台线性运动常见方法是将贴装头或 PCB 承载平台安装在一对精密钢质导轨的线性轴承上,直接与线性电机连接或通过皮带、齿形带、丝杆,齿轮齿条传动机构与同步伺服电机连接,这样使得在贴装头/PCB 承载平台平面上任何点的运动轨迹近似于直线。非线性误差主要有以下 3 个原因:导轨的非线性;两导轨的非平行性;驱动机构与线性电机的非线性。

通常开环状态下驱动电机产生一个精确进度量,在贴装头/PCB 承载平台上的任何一个点的运动将随之有 6 个自由度的误差:X、Y、Z 轴向运动及绕 X 轴、Y 轴、Z 轴的转动。假定一个驱动电机给予传动 X 轴向的运动,不难发现测试点不仅在 X 轴向运动存在误差,而且在其它 5 个轴向同样存在误差。这些误差的幅度取决于上述的 3 个因素的大小和测试点到电机驱动点的距离。为弄清这些问题,在两条导轨上安装一块测试平台,其驱动点(丝杆)的位置选择在两条线性导轨中间,如图 5-21 所示。由导轨、导向轴套、驱动电机及测试平台构成一个简单的 XY 轴向平面传动机构。测试平台平面测试点的运动轨迹如图 5-22 所示。如果导轨在 Z 轴方向变形弯曲如图 5-23 所示,则因电机驱动的非线性造成测试点 Y 轴向的运动轨迹失真,且由于曲线运动造成的镜像效应进一步扩大这种失真,即测试点在 XZ 轴向及绕 XY 轴向发生运动或转动。

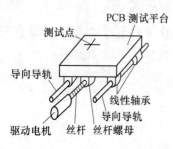

图 5-21 XY 轴平移传动机构

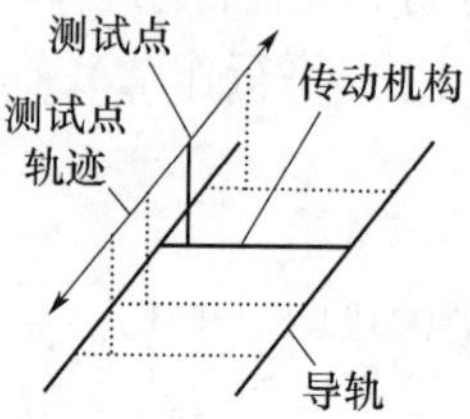

图 5-22 测试点运动轨迹

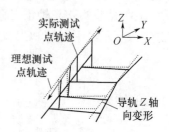

图 5-23 导轨 Z 轴轴向
变形测试点运动轨迹

如一对导轨在同一面弯曲,此时测试点 Y 轴运动轨迹误差由 X 轴向及环 Z 轴的运动或转动复合而成,如图 5-24 所示。如一对导轨相互不在同一平面发生弯曲,此时 Y 轴运动轨迹误差由 X 轴向及环 Y 轴的运动或转动复合而成,如图 5-25 所示。测试点在平台上选择不同的位置,其运动轨迹的误差幅度是不同的。

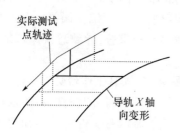

图 5-24 双导轨同一平面变形
弯曲测试点的运动轨迹

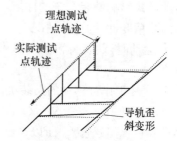

图 5-25 双导轨不同平面变形
弯曲测试点的运动轨迹

在实际传动系统中,Y 轴运动轨迹的非线性度是由许多原因造成的,包括:丝杆间距的变动、齿距的变化、旋转编码器的非线性度及线性同步电机的非线性度等。由于传动系统结构的设计安装无法做到精美无缺,要实现单一轴向的运动是极为困难的,大多数贴装机制造厂在极尽全力将这些多轴向因素造成传动系统的运动误差对贴装机的贴装精度的影响降到最小程度。

3. XY 位移检测装置

贴装机 XY 位移检测装置及时将传动部件的位移量检测出来并反馈给控制系统,高精度贴装机的定位精度很大程度取决于它。为此,一般贴片机上使用的检测装置应工作可靠,抗干扰性强,满足定位精度及贴装精度要求,使用维护方便,适合贴装机的工作环境等。

XY 位移检测装置基本工作过程为:测量贴装头/PCB 承载平台 XY 平移运动的位置,由位移传感器将采集到的 XY 轴向位置运动误差数据输入传动伺服系统,经与程序设定数据比较得到差值信号放大,调整驱动电机动量消零误差。贴装机上使用的位移传感器主要有:旋转编码器、磁性尺、光栅尺。

旋转编码器(编码盘)是一种通过直接编码将被测线性位移量的编码转换成便于应用的二进制表达方式的数字测量装置。编码器有接触式、电磁式及光电式等类型,其优点是结构简单,抗干扰性强,测量精度 1%～5%,在通用型贴装机中最为常用。

磁性尺(磁栅尺)是一种利用电磁特性和录磁原理对位移进行测量的装置。由磁性标尺、拾磁头及检测电路组成。磁性标尺是在非导磁标尺基体上采用化学涂覆或电镀工艺沉积—层磁性膜($10\mu m$～$20\mu m$),在磁性膜上录制代表长度具有一定波长的方波或正弦波的磁迹信号。拾磁头读取后转为电信号输入检测电路,实现位移的检测。磁性尺的优点是复制简单,安装调整方便,高稳定性,量程范围大,测量精度 $1\mu m$～$5\mu m$。

光栅尺是一种新型数字式位移检测装置。由光栅标尺、光栅读数头、检测电路组成。光栅标尺是在透明玻璃或金属镜面上真空沉积镀膜、光刻制作均匀密集条纹,条纹平行。光栅读数头由指示光栅、光源、透镜及光敏器件等组成,指示光栅刻有相同密度条纹,光栅尺根据莫尔条纹形成原理进行位移测量。测量精度达 $0.1\mu m$～$1\mu m$。

磁性尺和光栅玻璃尺在测量精度等方面优于旋转编码器,因此在许多先进的多功能高精密中速贴片机中得到应用,如美国 Quad、德国 Simens 等。上述所有的测量方法只能对单轴向运动位置的偏差进行检测,而对由于导轨的变形、弯曲等因素造成的正交或旋转误差是无能为力的。

4. 真空吸嘴 Z 轴运动对器件贴装偏差的影响

真空吸嘴上下升降运动,完成供料器窗口内器件的吸持操作,然后将器件贴装到 PCB 的指定位置。但往往由于供料器仓位中存放的器件位置未能准确定义,又加上器件几何尺寸的不一致,使得吸嘴吸持器件后,器件中心与真空吸嘴轴线偏离,所以若不进行对中校准,势必会对器件贴装准确度造成损害。大多数贴装机采用如下一种或多种器件对中方案,它们分别是:

(1) 机械夹爪将真空吸嘴顶端吸持的器件准确对中,在这个过程中,通过修正器件在吸嘴顶端的位置偏差,消除器件的旋转偏差。机械夹爪可以固定在贴装头上随器件一起运动,也可以固定在基座上作为一个独立机构,供贴装头对中测量。

(2) 在贴装头机架上安装光学定位检测摄像机,如红外、激光或 CCD 摄像机。当贴装头从供料器吸持器件到贴装的运行过程中,扫描测量吸嘴顶端的器件位置,由测量系统提供的数据补偿贴片机 X、Y、θ 传动系统的偏差值。

(3) 在贴装机基座上安装红外或激光扫描器,当贴装头从供料器吸持器件运行到光束扫描器上方时,扫描测量吸嘴顶端的器件位置,测量系统提供的数据传递给贴片机 X、Y、θ 传动伺服系统。

(4) 在贴装机基座上固定安装光学检测摄像机,当贴装头从供料器吸持器件运行到 CCD 摄像机上方,对吸嘴顶端器件光学成像,同时将器件相对位置及取向测量记录数据提供给 X、Y、θ 传动伺服系统。

通常,中速高精度贴装机采用几种方法组合、与贴装头成一体的机械及红外/激光光束扫描对中测量系统。例如:机械对中适用于片式阻容器件,红外激光扫描及光学成像适用于 QFP 等多引脚的器件的对中检测。优点是速度快,器件的对中检测在吸持到贴装的运行过程中进行,器件的贴装运作无须停顿。机械夹爪的缺点是可能因器件受力不均造成损坏,而且必须配备相应器件封装规格的夹爪,以及承担经常更换所增加的费用。现有一种全视觉光学对中检测系统与贴装头合成一体,实现贴装头在运行过程中,对全范围封装规格 SMD(包括 QFP、BGA、CSP)进行对中检测,具有更高的灵活性与精确性。

贴装头机械结构的设计局限性使得真空吸嘴在 Z 轴方向的运动一般都不完善,运动冲程的轻微倾斜或转动,造成吸嘴顶端不能完全垂直于印制板的安装面。有些型号贴装机采用在基座上安装独立的对中检测装置,在器件对中检测时,吸嘴 Z 轴下降,其顶端接近印制板的贴装位置表面,这样可避免因 Z 轴冲程的误差造成的贴装偏差。对与贴装头一体化的机械或光学对中检测系统,因贴装头在已贴装器件的印制板安装面上方运行,被吸持器件必须高于贴装高度,所以 Z 轴冲程的误差可能对器件的贴装误差造成很大的影响,此时必须精确校准 Z 轴冲程的误差,对 X、Y、θ 轴传动伺服系统进行修正。

供料器仓内的器件排列取向往往并不是贴装时所需的方向,因此在器件吸持后,真空吸嘴随带器件有一个旋转动作,器件中心与吸嘴旋转轴的中心重合是随机的。当吸嘴旋转时,器件的 XY 坐标会改变。要将贴装偏差降到最小值,必须在器件贴装高度位置和正确的取向条件下,测量器件的 X、Y、θ 轴与吸嘴旋转轴中心的偏差值,或精确校准吸嘴旋转轴与 PCB 安装面交切点,这样保证对器件的贴装位置/排列方向参数进行修正。对大尺寸多引脚的 QFP 器件贴装时,为得到良好的贴装精度,贴装机的 Z 轴转角误差一定要小,如 QSX、APS-1Z 轴圆光栅尺全闭环伺服控制技术,θ 角的转角分辨率为 0.0035°,重复精度为 ±0.01°。

大多数贴装机的贴装头真空吸嘴设计成可装卸式的,这样可以按照器件封装的不同选择适用的吸嘴规格。吸嘴的安装不当也会影响贴装准确度,如吸嘴套轴不能紧紧抓住吸嘴,使得吸嘴顶端器件吸持位置在对中测量及贴装时会发生变化,造成器件贴装时不可控制的偏差非正态分布。另外如吸嘴吸不牢器件,造成器件在对中测量/贴装时,器件在吸嘴顶端滑移,同样也会造成不可控制误差,所以许多贴装机的贴装头在吸持贴装大尺寸器件时,采用减速或不加速以降低贴装偏差。

5．贴装区平面的精度

贴装机的贴装区范围内,器件贴装的准确度应一致。为获得这种一致性,有些贴装机制造厂采用测绘贴装区台面的传动坐标精度偏差分布,统计每个网格交点定义器件样本的数量,测量其相对于网格的坐标位置,在贴装机的最大贴装区建偏差表并采取补偿措施的方法。这种方法可减少由于机械零部件的缺陷对 PCB 承载平台、贴装头传动精度的分布影响。但并不能减少随机的机械变动或伺服系统不稳定性及数码转化的量值误差。

另一种较有效的方法是使用激光干涉仪测量每个传动轴的坐标运动位置,伺服系统驱动各传动轴平移到网格的每个测试点,测量时应尽可能接近 PCB 安装面的贴装位置。这样才能达到最大的测量精度。激光干涉仪具有亚微米的分辨率,在器件贴装时,对每个传动轴的偏差补偿,其定位精度偏差可小于 $10\mu m$。

6. 贴装机的结构可靠性

贴装机具有优良的结构可靠性及传动系统的高稳定性和高分辨率,抗振动性能是不容轻视的问题。贴装机的传动机构在高速运转时,由于各种原因造成力的不平衡,都会引起振动,使得定位精度降低,加快机械传动机构的磨损,缩短使用寿命。一台抗振性强的贴装机与其结构的刚度密切相关。除此以外,贴装机安装条件也是一个重要因素,因为地基代表贴装机末端条件(边界条件),其刚度或阻尼的任何变化或多或少地影响到贴装机发生振动的趋势。贴装机安装在橡皮垫上,系统的共振频率最小,而振幅最大;安装在水泥地基上时情况较好,这是由于地基的阻尼和刚度不同。对于同样的安装基础,地脚螺钉的配置和紧固状态也会影响贴装机的动态刚度,因此贴装机与地基之间的连接刚度改善,贴装机的动态刚度将随之提高,抗振性能也就越好。

7. 贴装速度对贴装准确度的影响

贴装机制造厂及用户都采用一些直接的方法来判断 PCB 器件贴装准确度与重复性的要求。精细间距引脚大尺寸器件(QFP,BGA)的要求较严格,通常可用来评估贴片机的定位精度及贴装准确度。高的贴装速度会损失贴装准确度,大尺寸器件贴装时,大多数贴片机会降低贴装速度进行贴装,以保证贴装的准确性。片式器件要求的准确度相对较低可以在高速条件下进行贴装。片式器件贴装偏差的增加往往是由于贴片机贴装速度和视觉检测误差复合的原因。高速贴装片式器件,可将器件贴装过程的机械动作交叉配合,例如贴装头吸持器件贴装到 PCB 焊盘上的 X 轴运动,器件定位取向的 X、Y、θ 轴运动。在满足器件贴装准确度的前提下,调整传动机构运作时间到最小值。

如在贴装前使用视觉系统定位片式器件,对片式器件位置的附加误差超过多引脚器件,因后者视觉测量系统采用多引脚数据的平均值。大多数贴片机容许在不影响产额的条件下,采用不同速度进行 SMD 贴装,高速运转时贴装片式器件,低速运转时贴装 QFP 等多引脚器件。

5.2.3　坐标读数的影响

自动贴装机按照程序把元器件贴放在 PCB 的目标位置上。为了确保这些位置精确地与 PCB 焊盘图形的位置相对应,PCB 焊盘图形和元器件(包括引线)的有关信息必须寄存在机器的坐标系统中。

1. PCB 对准标志

表面贴装要求元器件必须对准实际的焊盘图形,因此用作参考特征的加工孔或其它标志必须精确地表示印制板的影像(电路图形和焊盘图形)。为了进行精确定位,根据不同的精度要求,采用几种不同的方法把 PCB 的位置特征寄存在贴装机的坐标系统中。一般采用的方法有:

(1)寄存 PCB 边缘。最简单的方法是把 PCB 边缘作为参考值寄存在贴装机的坐标系统中。具体方法是将 PCB 边缘与工作台上的挡板接触,以确定贴装机坐标的起点和取向。这种方法的精度取决于 PCB 边缘对准 PCB 电路图形的影像精度。PCB 边缘和电路图形影像的典型定位精度是 ±0.25mm。冲切边缘的定位精度为 ±0.18mm,剪切边缘的定位精度为 ±0.5mm。

(2)寄存加工孔。印制板角落设置的加工孔作为参考特征,可以获得较高的精度。

钻孔与电路图形影像的定位误差约为 ±0.1mm；采用精冲孔，其定位误差可优于 ±0.025mm。当采用加工孔作对准标记时，要考虑表 5-5 所列的几个附加因素，这导致总的对准精度约为 ±0.17mm。

(3) PCB 级视觉对准。当贴装多引线细间距器件时，通常不适于采用机械参考特征，而必须以 PCB 的实际影像作参考特征进行对准。当采用这种方法时，加工孔或 PCB 边缘可用于粗对准。再在 PCB 原图上角落附近设计 3 个基准标志，利用这 3 个基准标志，贴装系统根据设定的基准位置和 PCB 的实际位置之间的差别计算 PCB 精确定位补偿值，在系统控制下完成全部操作，不需要人工干预。采用这 3 个基准标志，贴装系统能对 X 轴和 Y 轴的线性平移、正交、定标和旋转等误差进行补偿。如果把视觉系统的传感部件安装在贴装头上，就可以消除贴装头运动机构的不精确性引起的误差，最终可使 PCB 的对准精度达到 0.025mm。表 5-6 列出各种不同的对准技术的近似精度。

表 5-5 加工孔精度因素

因　　素	典型公差/mm
加工孔位置	
钻孔	±0.1
精冲孔	±0.025
加工孔直径	±0.05
加工针位置	±0.01
加工针直径	±0.01

表 5-6 各种不同对准技术的近似精度

对准方法	对准精度/mm
印板边缘	
剪切	±0.25
冲切	±0.18
加工孔	
钻孔	±0.17
精冲孔	±0.10
PCB 级视觉	±0.25
元器件级视觉	±0.01

2. 元器件定心

仅据供料器提供的元器件大致取向定心对于精确定位是不够的，所以贴装工具拾取元器件之后必须进行元器件定心。可以根据贴装精度的实际要求选择采用机械定心爪、定心工件台或光学对准系统进行元器件定心。

(1) 机械定心爪。这种方法一般采用与贴装工具同轴安装的镊子型机械定心爪。通常采用两对定心爪，对应同一条轴线。在贴装工具拾取元器件后，定心爪靠紧元器件使之定心，在贴装工具贴放元器件前定心爪放开。采用这种定心爪，通常有两种定心方法。最普通采用的是同时定心，即两对定心爪同时靠紧元器件，这种方法精度高，但特定的定心爪只能适用于一定尺寸范围的元器件。另一种是顺序定心，即在操作时，先启动一对定心爪，紧跟着再启动第二对定爪，这在一定范围内取消了对元器件尺寸的限制，但其明显的缺点是第二对定心爪引起的元器件的任何移动将不能消除，所以定心精度差，但价格便宜。机械定心爪也可以不与贴装工具同轴安装，而安装在接近供料器的固定位置上。在贴装操作时，贴装头从供料器上拾取元器件，传送并放在定心爪上定心，然后再从定心爪上拾取元器件贴放在 PCB 上。这种贴装头结构简单，成本低。但是由于增加了辅助工序，使贴装率下降。总的来说，采用机械定心爪价格便宜，定心时能获得一定精度，且不降低贴装率。但由于是对准元器件本体定心，相对于元器件引线来说，定心精度受到限制；另外，定心爪对元器件施加一定机械力，有时会损坏元器件及其引线，所以应用受到限制。

（2）定心台。采用定心台对元器件定心可以克服采用机械定心爪的许多问题。如图5-26所示,定心台由一套适合于器件引线的梳子组成。在贴装时,贴装头从供料器取元器件,并放到定心台上,由于重力作用元器件引线落到 V 形梳子的齿上,使之与定心台中心对准。然后再由贴装头从定心台上拾取元器件并贴放到 PCB 上。由于定心台应使贴装工具精确地对准元器件引线的中心,所以要求它的对准精度高,且对引线不施加力,以适用于易

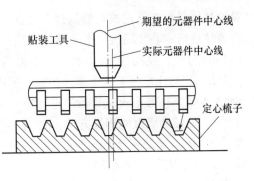

图 5-26　元器件定心台的操作

损元器件定心,如细间距芯片载体,当然也适用于无引线的片式元件。定心台的主要缺点是由于加入了额外工序引起贴装率下降,另外不同类型引线数的器件要求使用相应的定心台。

（3）光学定心。光学定心是采用视觉系统观测器件引线进行定心。视觉系统的摄像机安装在机架上,向上观察器件引线的实际情况和视觉系统中存储的相应标准之间的差别,由计算机系统进行分析处理,确定贴装纠正因素,由贴装系统控制贴装头精确地进行贴装。这种方法可获得很高的贴装精度,已广泛应用于高精度贴装机。

5.2.4　准确贴装的检测

1．元器件检测

贴装机以高度自动化的方式在 PCB 上快速贴装大量 SMC/SMD。为了确保 SMA 的可靠性,不容许有缺陷的元器件贴装到 PCB 上。所以在贴装时要求贴装机自动地对贴装的元器件进行检测并纠正可能有的缺陷。元器件检测主要有 3 项基本内容:元器件有/无;机械检测;电气检测。

首先贴装机应检测元器件是否已被贴装头成功地从供料器上拾取,拾取的元器件取向是否正确,元器件的电气技术规格是否符合要求。完成这些检测项目要求贴装机有复杂的检测系统。并且,发现有缺陷的元件,贴装机必须进行适当的纠正动作。在通用贴装机上通常是放弃有缺陷的元器件,并另取一个代替。而在高速贴装机上则不可能马上执行纠正动作,它将丢弃有缺陷元器件并继续按程序贴装,直到全部程序完成后,再进行替换有缺陷元器件的补贴工序。

（1）元器件有/无。这是检验元器件的最简单形式,几乎所有贴装机都有这种功能。一般都采用真空检测器感受元器件是否已被拾取。当贴装工具拾取元器件后,堵塞空气流,在贴装工具内形成真空,真空检测器感觉到这个真空后显示元器件已成功地被拾取。

（2）机械检验。一般的贴装机很难对元器件的外形,特别是器件引线的情况进行实地检验。高精度贴装机采用视觉系统可完成该检验,发现引线有缺陷的器件,执行纠正动作,避免贴装故障。

（3）电气检测。对于片式元件,可以通过设置在定心爪上的电气触点进行电气检测。所以电气检测触点成了定心爪的结构组成部分,把定心爪上的触点连接到外部仪器上即可完成片式元件的综合电气检测。复杂的器件必须在专门的检测台上进行检测,贴装工

具拾取器件后先把它放在测试台上进行电气性能检测,然后再由贴装工具从测试台上拾取器件进行定心和贴放。由于增加了额外的工序,所以贴装率下降。SMA 组装厂对元器件和 PCB 进行在线检测,是确保组件可靠性的重要工序,但是在线电气检测是一项十分困难的工作,现在由于从元器件制造厂家出厂的元器件已经进行了可靠的电气检测,所以 SMA 组装厂一般不再对元器件进行在线检测。

2.贴装准确度的测量方法

对 SMD 印制板装联厂来讲,贴装机的贴装准确度与重复精度的测量方法是需要的,大尺寸多引脚器件贴装准确度要求高,尤其精细间距引脚 QFP 器件至关紧要的是贴装机必须具有最高的精度。因此贴装机的技术文件应该对这类器件有明确的指标,还应该使用独立的测量系统及可靠的测量方法来保证数据的可信性。对贴装准确度高的器件,大多数情况是采用模拟实际器件的贴装过程,但这有两个缺点,即器件与 PCB 的随机误差及器件与标准贴装位置偏差的正确测量困难。可以使用玻璃仿真器件及 PCB 样板进行测量,可达到良好的测试效果。

1)多引脚器件贴装准确度的测量

玻璃仿真器件样本外形尺寸略微大于正式器件标称值,在其背面采用真空薄膜工艺沉积金属层,光刻制作器件引脚轮廓投影,采用这种工艺制作的器件样本外形尺寸精度可达到亚微米。同样在玻璃板平面制作基准标志与贴装焊盘位置的轮廓投影图形,精度在 $1\mu m \sim 5\mu m$。在贴装焊盘上喷涂胶黏剂或粘贴双面胶带(厚度 $5\mu m \sim 10\mu m$),应尽可能避免视差对测量数据产生不利影响。

玻璃板测试样本送进贴装机,采用承载板使玻璃板平放在贴装机最大贴装区的任意位置。器件样本装载在华夫盘上,贴装机以正常的操作规程进行。测量玻璃板样本上器件贴装偏差的方法很多,最简单的是使用光学工具显微镜,其精度可满足测试样本的要求。每个样本器件进行 4 次测量:样本器件顶面引脚图形与玻璃板焊盘图形的相对偏差;样本器件底面引脚图形与玻璃板焊盘图形的相对偏差;样本器件左侧引脚图形与玻璃板焊盘图形的相对偏差;样本器件右侧引脚图形与玻璃板焊盘图形的相对偏差。

顶面/底面偏差平均值——X 轴向偏差;

左侧/右侧偏差平均值——Y 轴向偏差;

顶面与底面偏差的差值——样本与焊盘图形的相对转动角偏差。

一台高质量贴片机的传动系统应该没有传动缺陷,在整个贴装区范围,显示极小的偏差波动。测试时,测量采样次数的确定必须能按照实际制造的技术要求正确取得,反映贴片机所能达到的精度指标。在贴装区内,选择几个测试点,每个点以 0°,90°,180°,270°不同角度的组合,每组至少 5 个测量数据提供统计分析。在理想条件下,排除了器件、印制板等因素,采用精密的样本器件及贴装样板能够正确客观表征贴装机真实性能。

2)片式器件贴装准确度的测量

贴装如 0805、1206 等片式器件,贴装准确度的测量最常用的方法是采用实际器件直接在印有坐标栅格的基板表面进行贴装测量,删格交点的坐标值由基板的基准标志确定。这种测量方法的缺点是实用器件一般为长方形,外形尺寸随机变化,测量器件的中心定位很困难,但没有光学比较仪或其它测量工具测量时麻烦费时。加工尺寸精度高的金属或塑料的样本器件时,其测量误差可小于 $25\mu m$,大多数贴装机片式器件的贴装准确度为

0.15mm。因此测量精度高于贴装准确度 5 倍～6 倍。

另有一种简便的测量方法是在 PCB 片式器件贴装后，不从贴装机内取出，由内置的下视摄像机测量器件贴装偏差。如采用视像对中，因测量时使用同一个光学检测系统，该系统的误差会引入测量数据，这些重复误差都包含在内，因此这种方法的测量精度较低，只能用作比较参考。

5.2.5　计算机控制

计算机控制系统是贴装机的"大脑"，所有贴装操作的指挥中心。计算机可安装在贴装机中，也可设置单独的控制台。它由控制硬件和程序两部分组成。更加复杂的全自动贴装系统还可以和中央过程控制计算机接口，以协调整个生产线的全部操作，如图 5－27所示。

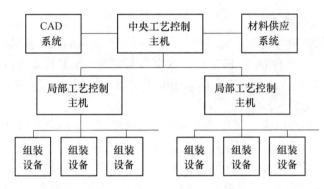

图 5－27　采用中央计算机控制的贴装系统

1．控制硬件

贴装机控制器一般由专用微机组成，并利用终端设备实现人机对话，控制全部贴装操作。有的贴装机与工艺控制计算机接口，由主机控制全部贴装操作。二级工艺控制主机可以选用不同的计算机，最普通的是选用 PC 机，它适应性强，成本低，容易普及。更加高级的全自动化 SMT 工厂采用高级微型机作主机，以满足更加复杂的过程控制的需要。

2．编程方式

低成本的贴装机常采用示教方式编程，优点是不需要编程用计算机，所以成本低。另外，操作人员能补偿 PCB 实际位置和设计位置之间的误差，这在无设计数据备用情况下显得特别有意义。缺点是：贴装头的定位完全取决于操作人员的技巧，因此精度低；编程操作慢，编程时贴装机不能进行贴装操作。

较高档的贴装机广泛采用计算机编程，有联机编程和脱机编程。联机编程时贴装机要停止贴装操作，但节省了脱机编程用计算机的投资。在生产中，大多数贴装机采用脱机编程，这种编程避免了示教式编程出现的问题，并可直接使用设计数据，可获得更高的贴装精度，它对生产无任何影响。如果采用 CAD 数据，可完全避免人工干预，大大减少了产生误差的机会。但脱机编程要求附加资本投入和对操作人员进行专门培训。

3．数据存储介质

早期的数控贴装机采用穿孔纸带存储数据，后来采用磁带存储介质。现在的贴装机已经普遍采用软磁盘和硬盘存储器作存储介质。硬盘提供了高的存储容量和快的存取时间,比软盘有更高的可靠性。

5.3 高精度视觉贴装机的贴装技术

随着细间距器件的发展和普及,高精度视觉贴装机已成为贴装发展的主流方向。高精度视觉贴装机的组装工艺设计比普通贴装机复杂得多。它要能完成高密度 PCB 线路的贴片,即使在 PCB 焊盘变形扭曲或 PCB 翘曲和采用细间距器件情况下,也能可靠地精确贴片。高精度贴装机组装工艺设计主要是计算机控制系统的程序设计和元器件数据的建立。

5.3.1 高精度贴装机特点和计算机控制系统

1. 高精度贴装机特点

采用高精度贴装机与视觉系统相结合,能获得满意的细间距器件的贴片精度,一般能贴 0.3mm 间距的 QFP、BGA 和 FPT 等。典型高精度视觉贴装特点为:

(1) $X-Y-Z$ 结构。$X-Y$ 坐标采用电子尺闭环控制驱动,Z 高度和贴片力可控,θ 分辨率一般为 $0.015° \sim 0.0035°$。

(2) PCB 定位和送料器。PCB 定位采用视觉标号定位,送料器采用电子送料器。

(3) 元器件对中技术。采用无接触激光对中和视觉对中。有的采用先进的水平视觉对中技术,贴片速度很快。

(4) 计算机控制系统。能示教/CAD 编程,自动化编程,具有在线自诊断功能等。

2. 高精度贴装机计算机控制系统

高精度贴装机一般采用二级计算机控制系统,硬件系统结构如图 5-28 所示,主要由中央控制计算机,视觉处理计算机系统和贴装现场控制计算机系统组成。

(1) 中央控制计算机系统。中央控制计算机是整个系统的指挥中心,主要运行和存储中央控制软件和自动编程软件,编程、输入数据、数据计算、存储和传输,控制贴装现场的控制计算机运行。视觉处理计算机系统必须通过中央计算机传递信息和数据,使现场计算机按指令工作。中央控制计算机系统一般采用 80486、80586 等微机。中央控制软件存储于硬盘中。自动编程软件(Auto Program)可存储于硬盘任何地址中,也可存储于另外一台 PC 机中,而不存储于主控计算机中离线编程,自动编程结束后,可复制程序文件进入主控计算机中。操作系统可采用 DOS 或 Windows,如美国 Quad 公司 Q 系列贴装机的操作采用 Windows 界面,真正实现在线人机窗口操作,功能强大,并实现了在线自诊断贴片机出问题的准确位置和远程通信。

(2) 贴装头控制系统(Head Controller)。贴装头控制系统是贴装机各个机构驱动控制的以控制计算机为主体的逻辑控制电路。贴装头控制系统从主控计算机接收命令,根据主控计算机传来(Download)的拾放程序控制贴装机运动,并将运行结果上传(Upload)到主控计算机。贴装机控制计算机具有编程和视觉示教编程功能。一般贴装机可配置 1 个到 6 个贴装头,一个贴装头控制系统可同时控制多个贴装头。

(3) 视觉处理系统。视觉处理系统由 PCB 定位下视系统和元器件对中上视系统组成,详见 5.1.5 节。

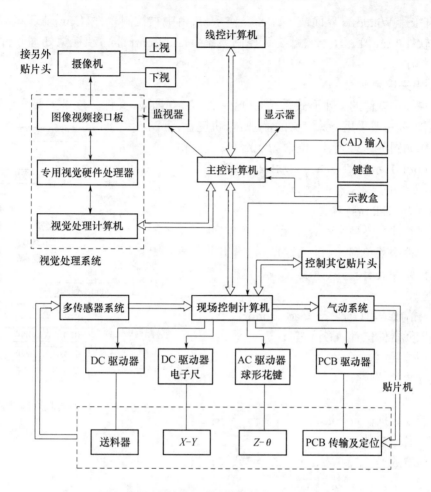

图 5－28　高精度视觉贴装机计算机控制系统

5.3.2　贴装机软件系统

高精度贴装机软件系统如图 5－29 所示,为二级计算机控制系统,一般采用 DOS 界

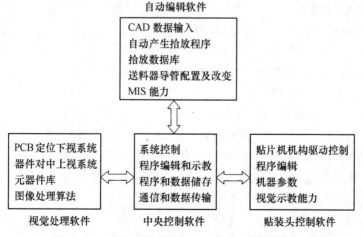

图 5－29　高精度视觉贴装机计算机控制软件系统

面,也有采用 Windows 界面或 UNIX 操作系统,由中央控制软件(Central Controller)、自动编程软件(Auto Program)、贴装头控制系统(Head Controller)和视觉处理软件(Vision System)组成。

1. 中央控制软件

中央控制软件的文件形式采用 DOS 文件或 Windows 文件。这里主要介绍 DOS 文件,数据输入一般采用特殊定义的普通 PC 机键盘,数据结构如图 5 - 30 所示,位数为 10 位。主要由编辑(Editors),示教(Teach),运动(Run),参数设置(Utilities)和执行(Exit)5 个模块组成。

1) 编辑(Editors)

编辑软件主要是编程拾放元器件数据库、文件结构等。根据菜单显示,键入数据,编辑出贴装程序。编辑软件具有打印、重复、复制、消除、显示等功能。

(1) 拾放编辑(Pick & Place Editor):

拾取元器件位置,贴片位置;

吸嘴位置;

重复拾片,贴片;

拾放顺序;

点胶及数据位数扩展;

PCB 传输参数;

送料器数据,散装 WAFFLE 送料器数据;

激光对中,十字滑块对中;

丝网印刷焊盘数据。

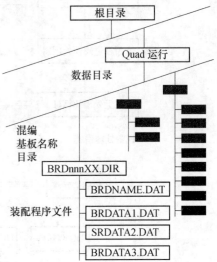

图 5 - 30　中央控制软件数据结构

(2) 元器件编辑(Component Editor):键入所要贴装的元器件的型号、尺寸、送料器、编码 MOD 等,包括器件描述文件和引脚群描述文件,供视觉系统贴片用。

① 器件描述文件。

FEEDER:送料器数。

COMP.NAME:元器件名称,如 QFP82。

SIZE:元器件尺寸 $X - Y - Z$,方向要一致。

MODE:决定视觉系统扫描方法。

- O - NONE　引脚无定义。
- 1 - Outer　从器件外部扫描到内部。
- 2/3 - Center　A/B 从引脚中心到外部,适合 LCC。
- 4 - INNER　从器件内部扫描到外部,适合 PLCC。

EXEL - MODE:包括特殊功能,如:

- Comp Align　标准对中程序,检查引脚端。
- Small Comp Align　检查无引元件。
- Return to Pick　将贴片失败的元器件放到送料器中。

- Vision Report　引脚视觉检查报告。
- Average Corrected　引脚平均测试法。
- Worst Case Corrected　坏引脚校正法。
- Coplane Insp　共面性检查。

REJ－LDC:确定锡除器件的放置位置。

REJ－DATA:确定坏元器件的标准、测量元件上/下、左/右最外两个引脚距离及公差。

② 引脚群描述文件。

SIDE:引脚群在器件那一边。

YX－OFFS:器件中心到引脚群中心点距离。

♯－LEADS:引脚群的数目。

L－LEN/WID/PITCH:引脚长度/宽度/间距。

MIN/MAX－PIT:最小/最大间距。

PAD－WID:焊盘宽度。

PCT－COV:引脚占焊盘的比例。

SEQUENCE STEP:在拾取元件过程中进行器件对中。

元器件库的建立描述是视觉贴装机研制和使用难关之一,对于间距 0.65mm 以下细间距器件必须建引脚群描述数据库,图 5－31 是器件描述图,键入器件数据库要写各种器件描述表格。

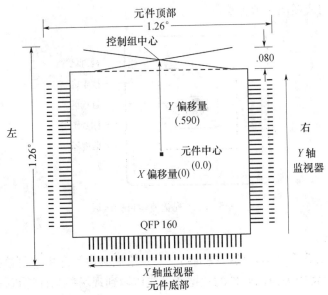

图 5-31　细间距器件描述

(3) 系统文件结构的编辑(Configuration File Editor):系统文件结构是主控计算机要输入贴片头控制计算机程序的文件结构,在出厂时已调好,键入 PASSWORD 才能修正。系统文件结构是根据贴装机具体配置而设定,不可轻易修改。例如:

DEVICE:贴装头数,贴装机类型,摄像机类型、点胶等。

DC & Polarty Test:元器件电参数和极性测试。

2) 示教(Teach)

示教软件控制摄像机 Vu 3 实际测出 PCB 标准板标号坐标(Real Model),再利用视觉系统进行要贴装的 PCB 板定位和器件方向定位。标准板标号有 3 种,如图 5-32 所示。

Global:PCB 板标号,确定整个 PCB 板位置。

Image:PCB 拼板图形的标号,便于重复贴片。

Local:器件两角上标号,决定器件位置及方向。

标号作用主要是坐标补偿。当板子弯曲时,计算机示教两个标号和 Vu 3 实测标号坐标距离比,得到一个比例数,以标号"1"为参考点,计算所有贴片位置与参考点的距离,再乘上这一比例数,得到校正后的实际坐标。

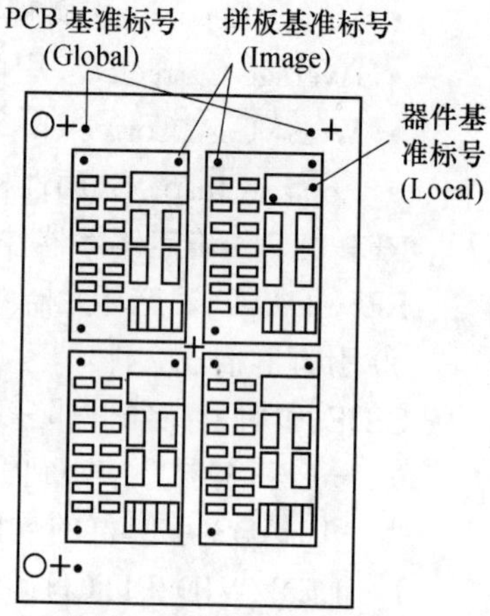

示教方法是设置 3 个区域,如图 5-33 所示。

Field of View:Vu 3 的视野区。

Search Area:搜索区,接近标号。

Target Window:目标区,找到标号。

在设定区域前,须设置最佳白黑对比的亮度和使标号前后分成 255 个灰度值(MVS 视觉系统不需设置灰度值)。按 Global,Image,Local 顺序依次示教,还要设置 Image 图形的方向,采用纵向或横向调节方法。

图 5-32　PCB 基准标号

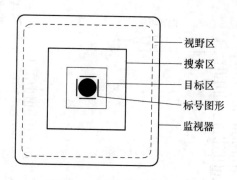

图 5-33　视觉搜索目标区域

3) 运行(Run)

运行软件是设置系统运行的一些准则。设置拾放顺序程序中重复拾片和交替贴片位置是否清零,是否将中央控制软件的数据变换或传输到现场控制计算机,确认送料器是否设置好等。

4) 参数设置(Utilities)

Utilities 软件设定资源利用和特殊功能:

(1) 主控计算机与现场控制计算机通信初始化。

(2) 数据库利用。

· 选择、复制、重新命名,消除 PCB 程序;

· 生成调整多段程序;

- 主控计算机与现场计算机数据相互传输;
- 将 PCB 程序输出到自动编程软件。

（3）视觉系统调节。主要用于确定小型元器件和尺寸小 PCB 标号位置,获得精确定位。调节上视/下视摄像机焦距,将元器件描述数据传输到视觉系统中,修改和清除视觉报告文件等。

（4）改变 PASSWORD。

（5）运行统计过程控制。

（6）多贴片编程重复,减小时间。

5）执行(EXIT)

YES:进入 DOS 环境。

NO:返回主菜单。

2. 自动编程软件

自动编程软件是自动产生拾放程序的软件,常采用 Windows 界面,可脱机编程,减小编程时间,最有效地利用贴装机资源。自动编程软件模块如图 5-34 所示。

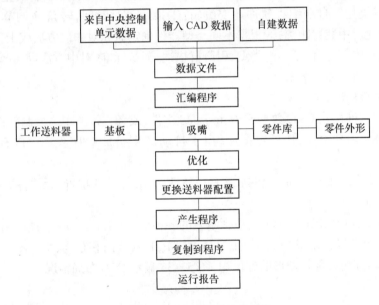

图 5-34　自动编程软件模块

1）自动编程软件的特点

（1）接收以 ASCII 形式的 CAD 数据,也可以接收中央控制软件编辑的数据,也可用 Auto Build 功能生成 ASCII 数据文件(可编辑和修改已有数据库)。

（2）自动产生程序包括 PCB 标号(Globle,Image,Local,Reject)和细间距器件数据,支持视觉系统运行。

（3）自动产生拾放程序,比键盘输入编程或示教节约时间,可处理上万次贴片的程序。

（4）用示教盒在现场控制计算机中存储的数据,可通过中央控制软件传输到自动编程软件,自动产生程序也可通过中央控制软件传到现场计算机。

(5) 中央控制软件中元器件电参数测试的参数也可传到自动编程软件中。

(6) 最佳配置送料器,并报告最佳送料器更换。

(7) 增加中央控制软件中贴装机运行报告内容。

(8) 具有所有 Windows 功能。

2) 贴片机结构文件(ASSEMBLER CONFL GURTION)

自动编程软件可同时编多个贴装头(典型为 6 个)的贴装程序。首先选择贴装头,再确定贴装头 X-Y-θ 轴极限位置,伺服驱动参数,吸嘴更换位置,上视/下视系统,送料器,点胶等。

3) 建立 SMD 类型数据库

建立贴装机结构数据文件后,即用 ASCII 码将 CAD 数据输入到自动编程软件中建立器件类型数据库,同时输入多块 PCB 板,可采用自动编程软件中的 Auto Build 输入数据。只要是 ASCII 码数据,Auto Build 均可输入到自动编程软件中保证可以与其它类型贴装机的联机使用。

器件 SMD 类型数据文件主要包括元器件尺寸,引脚数,引脚和引脚群坐标,引脚间距和相应吸嘴类型。自动编程软件还要编辑:①拾片延时时间,转角 θ 调节;②真空吸力,吸嘴与激光对中装置距离;③根据不同类型器件确定激光对中的方法或十字滑块对中方法;④视觉对中信息,包括引脚类型,引脚群描述,测试标准,对中方法等;⑤散装振动料斗参数;⑥PCB 板序号和名称。

4) PCB 板料数据库

自动编程软件接收 CAD 数据或 Auto Build 文件,或者直接从中央控制软件中接收已存 PCB 数据后,须建立 PCB 板数据库,用于自动产生拾放顺序程序。PCB 板数据库包括:

(1) 贴装数据(Placements):包括 PCB 板特性、元器件贴片位置(元器件数据)和元器件重复贴片数据。

(2) 视觉目标(Vision Targets):包括示教的各种标号(Global,Image,Local,Reject)。

(3) PCB 板布局(Board Layort):主要是设置 PCB 板方向和布局,拼板图形(Image)的方向(采用转动方法),重复图形的方位等,图 5-35 显示 PCB 布局情况。

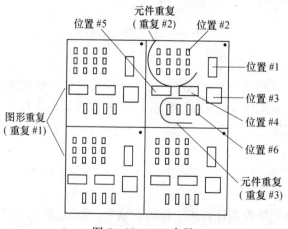

图 5-35   PCB 布局

5）元器件数据库

元器件数据库可由 Auto Build 直接产生,也可由自动编程软件输入,与中央控制软件器件数据库相同。

6）最佳配置送料器

送料器数据库包括元件拾取位置,测试电参数不良的元器件去除的位置和送料器位置。自动编程软件用 PCB 板 CAD 数据最佳设置送料器位置和每个送料器所装元器件类型,还包括不同 PCB 送料器变换和重复使用,重复贴片时送料器布置、振动送料器布置等。

7）自动生成拾放程序

自动编程软件利用上面设置的贴片结构参数和建立的各种数据库,自动生成拾放程序,典型系统可产生 50 个分段程序,每个分段程序可进行 511 步或 255 次贴片,总计可贴片 12750 次。自动生成程序前,须设置每段最大步数和贴片次数,确定数据传输变换,吸嘴是否自动更换,器件的电参数是否测试,是否点胶,是否将程序分几个部分用于不同贴装机的主控计算机等。

8）复制、显示和报告

自动编程软件可显示和报告各种文件。若自动编程软件与中央控制软件不共存一台 PC 机,则必须复制程序到软盘中,再输入到主控计算机中。

3.贴装头控制系统

通过示教盒(HHT)可直接由现场控制计算机进行拾放程序编程,也可通过主控计算机与示教盒共同编程,并具有视觉示教编程功能。现场控制软件的另一主要功能是驱动数字逻辑电路,控制贴片机各机构的运动,是一典型的闭环控制系统。

5.3.3　高精度贴装机视觉系统

1.视觉系统的构成

高精度视觉贴装机采用二级计算机控制系统(图 5－27)。主控计算机是整个系统的指挥中心,主要运行和存储中央控制软件和自动拾放程序编程软件,以及存储示教编程视觉系统 PCB 基准标号坐标数据和 CAD 输入/键盘输入/复制视觉系统所要检测辨识的细间距器件数据库。贴装机现场控制计算机系统主要控制贴装机运动和示教,可控制多个贴装头,具有视觉系统所需的示教编程功能。

该类贴装机有 2 种视觉处理计算机,一般由 4 块独立 PC 板构成。另一种是由一块 68020 CPU 为主体的 MVS 计算机系统,一般采用 MVS 系统。例如 Quad 视觉系统由 PCB 定位下视系统 Vu 3 和元器件对中上视系统 Vu 4/6 组成,可同时处理 4 台摄像机的图像信息,系统构成为:

(1) 微计算机。以 68020 CPU 为主体,EPROM 40MB,RAM 8MB,含有 RS－232 通信接口,控制系统所有运行,并与主控计算机进行数据传输,接受主控计算机传输 PCB 基准标号数据和细间距器件数据库数据,并将专用视觉硬件处理器计算的结果传输给主控机。

(2) 视觉专用硬件处理器。要进行实时图像处理,采用软件计算速度较慢,一般采用专用硬件处理器,完成实时高速图像计算和数据压缩、存储与传输。图像数据处理一般采用数据压缩技术,硬件处理器首先将数字图像数据(如 Vu 3 处理图像需计算 2000 万 bit

的数据)进行压缩,分成可连接的数据段,再进行计算,此乃视觉系统最关键的问题。

(3)视频储存器。将摄像机探测的模拟图像,经 A/D 转换成数字图像,传送到视觉专用硬件处理器进行分析计算,并将图像用 DTK 技术(Display Timing Kid)输出到监视器。

(4)图像接口板。每个接口板可连接 4 台摄像机。

(5)固态摄像机。固态摄像机的主要部分是一块集成电路,集成电路芯片上制作有许多细小精密光敏元件组成的 CCD 阵列。每个光敏探测元件输出的电信号即作为这一像元的灰度值被记录下来,像元坐标决定了该点在图像中的位置,每个像元产生的模拟电荷值经数模转换成 0~255 之间的某一数值,并传送到计算机。

视觉系统由 PCB 定位下视摄像机 Vu 3 和元器件对中上视摄像机 Vu 4 或 Vu 6 组成。

	Vu 3	Vu 4	Vu 6
分 辨 率	0.00026 英寸	0.0005 英寸	0.01 英寸
放大倍数	1.5:1	2.7:1	6:1
视野深度	0.2 英寸	0.25 英寸	0.5 英寸
视野大小	0.38、0.51 英寸	0.63、0.83 英寸	1.33、1.68 英寸
处理时间	150ms	250ms	250ms

2. 贴装机视觉系统参数设置

视觉系统通过 RS-232 与主控计算机连接,必须由中央控制软件中结构编辑文件(CC,Configuration File)设置视觉系统参数。

DEVICE:设置所选视觉系统种类,贴片头数等。

U/D CAMERA:确定所选摄像机种类,可选多个下视摄像机。

SFUA-MAXSZ:确定所测试器件最大尺寸。

TVRETRY:确定测试数量。

CAMERA:设置摄像机数目,标号尺寸与视区范围,摄像机 $X-Y$ 坐标,上视摄像机聚焦的 Z 高度,下视摄像机置零。

TICK:在 DOS 环境下,设置时间,1 tick = 1/8s。

MANUAL:当视觉系统失误时,是否可手动调节。

FIDMAP:ON 表示用 MIOK 示教和放置时可调节灰度值,MVS 下需调节灰度值。

L1-DISPLAY:仅用 MIOK 引脚检测显示。

LIGHT:设置每个贴片头 4 个光束通道的亮度 1~256。

CAM-LGT:设置摄像机与贴片机和光束通道的关系。

ALIGN MENT-Z:设置 Z 轴下降高度,用于摄像机聚焦。

3. PCB 板定位下视系统

首先将自动编程软件生成的视觉标号数据,通过中央控制软件传输到视觉处理计算机中,或者用示教盒(HHT)通过中央控制软件示教标号,使视觉系统识别各种基准标号(Real Model)。这样在同类 PCB 定位时,摄像机在 3 个区域内搜索标号,由视觉系统分析计算实测标号坐标与参考基准标号坐标的误差,并发出校正补偿信息,保证 PCB 精确定位。

1) 标号与识别区域

标号有 3 种,参见图 5-31 和相关说明。

视觉系统辨识方法或示教方法,是设置 3 个区域,若自动编程软件编辑文件中无标号数据,则由示教盒通过中央控制软件设置。

示教方法参见图 5-32 和相关说明。

2) 示教基准标号

由自动编程软件或中央控制软件产生 PCB 所有拾放坐标后,用中央控制软件和示教 2 个同类标号(Global 或 Image 或 Local)和不良标号(Reject)。

(1) 设置区域:用示教盒使 Vu 3 接近目标 1,设置目标窗口和搜索区域。同样设置标号 2。

(2) 设置亮度:亮度设置必须在设置目标窗口之前进行。

① 照度设置:根据 PCB 板图形和材料,可通过中央控制软件独立调节标号的照度和元器件基体的照度。高反射的材料所需光量少一些。视觉系统用广角垂直光束 WAVI 保证光亮度,调节 2 个卤素灯源,使光照在标号或器件引脚周围,得到最佳亮度。

② 灰度值调节:用中央控制软件,在标号前后黑点之间和灰度值初始点之间确定 3 个部分,以提高对比度。用扫描方法,确定标号前影灰度值后,调节如背影灰度值,确定 2 个黑点之间灰度值成线性梯度关系。灰度值调节,如 MIOK 和 MVS 均可用于标号较正,MIOK 还用于器件对中,MVS 不用器件对中。如果图像呈白色,增加背影(Back Ground)亮度,如果图形呈黑色或图形中有黑点,减少前影的亮度(Foreground),使标号和 PCB 板有明显和白/黑对比度。如果标号不同,在图形内延伸前影和背影的灰度值,以减少标号差别便于视觉处理。

3) 视觉处理算法

下视系统主要用于 PCB 板定位,拼板图形定位、器件的定位和不良标号去掉等。要准确地确定目标位置, 视觉系统要辨识 3 个坐标值 $X-Y-\theta$。要达到实时高速处理,视觉系统中专用硬件处理器采用了数据压缩技术, 将原始图像分割成相关的可传输的几个部分, 每部分均包括可压缩和可再组织的信息。视频储存器 (Frame Grabger) 定义相关部分,并储存数据,将压缩的数据送至专用的视觉处理器 (Vision Processor) 进行高速计算。

当 PCB 弯曲时,视觉系统计算实测标号坐标与示教标号之间距离比例,得到一个比例数,再以 PCB 板标号 1 为参考点,计算所有贴片位置与参考点的距离,再乘上这一比例数,得到较正后的实际贴片位置坐标。再通过主控计算机将数据传输到现场控制计算机,驱动执行机构运动,保证高精度的贴片。

器件标号(Local)作用是当 PCB 翘曲时减少误贴片。如果器件上只有一个标号,则由器件标号(Local)确定 $X-Y$ 坐标,由 Image 或 Global 标号确定元器件 θ 坐标。如果器件对角线上两角有 2 个标号时,则 $X-Y-\theta$ 坐标只由 Local 确定。

4. 细间距器件对中上视系统

由中央控制软件编辑元器件库或由自动编程软件软件用 CAD 描述元器件库,并输入到视觉处理计算机中,元器件库的建立不同于下视系统用示教方法辨识实际模型(Real Model)。视觉系统实时探测辨识器件 $X-Y-\theta$ 坐标和引脚坐标,并与元器件库中器件坐标比较,得校正坐标数据,传输到现场控制计算机中驱动执行机构运动,保证细间距器件高精度贴片。

(1)元器件数据库。元器件数据库包括器件描述数据库和引脚描述数据库,对于间距0.78mm以下的器件必须建立引脚数据库,0.78mm以上间距的器件对中一般由激光对中系统来完成。

(2)视觉处理算法。上视系统一般采用小区域摄像机,根据器件单边或多边引脚,检查尺寸大的器件,Vu 4依次移动到器件4个角,直接检查1/4英寸直径范围内的器件,增加实时处理速度。有2种算法软件,一种是尺寸小的器件对中算法,如CHIP,MELF和SOT等,器件相对于中心是对称的;另一种是细间距器件对中算法,是以引脚位置为基础进行对中的。细间距器件对中算法分4步进行。

第1步:器件预对中。将CCD移至器件四边引脚的任一边,根据设置区域(Window)的大小和搜索方法(INNER,CENTER,OUTER),判定引脚是否在区域内。

第2步:精确对中。再将CCD移动到所检查某一边引脚的相邻边的引脚位置,采用匹配法或高精度引脚检查法(ACE)确定每个引脚的位置。

第3步:引脚检查。将引脚描述数据库的引脚数据与实测数据比较,计算出引脚位置较正坐标。对于间距0.3mm的细间距器件还要进行共面性检查。

第4步:确定器件位置。采用两种算法,一是平均法,器件位置是所有引脚位置的平均值;另一是校错法,在不影响其它引脚前提下,校正不良引脚尽量与焊盘靠近,器件的位置仍是所有引脚位置的平均值。

(3)元器件激光对中系统(Laser)。采用激光光束和阴影对引脚间距在0.78mm以上元器件对中,比视觉系统对中速度快得多。在编程中确定所要检查元器件的长宽高尺寸和公差,根据有引脚元器件和无引脚元器件,按高速、中速和低速3种方式在拾放元器件过程中对中。

5.3.4 高精度视觉贴装机拾放程序设计编程

上面介绍了以DOS界面为基础的高精度贴装机软件系统和视觉系统,目的在于最佳地进行拾放程序设计编程,这仍是贴装机组装工艺设计的主要任务。一般贴装机可采用3种方法进行编辑如表5-7所列。示教编程通过贴装头现场控制机,主要应用于已有电子组件样品、无细间距器件的场合,是初入型的方法。键盘输入编程(通过中央控制软件)主要应用于已知PCB图形和元器件数据,而无CAD数据场合。CAD输入编程(通过自动编程软件)在SMT线路设计阶段产生CAD数据(ASCII码)直接输入到主控计算机中自动编辑,为最简单的编程方法。一般可采用键盘输入与CAD输入共同编程方法。

进行编程工作前期或者执行不同PCB板程序时,必须设定贴片机机械结构、计算机控制系统和视觉系统参数设置,包括:

(1)贴片机结构参数。包括贴片数、$X-Y-Z-\theta$轴极限位置、伺服驱动参数、送料器、点胶、摄像机类型、元器件参数测试和极性测试。结构参数在设备出厂前已经调好,不能轻易修改。可由中央控制软件中的结构编辑软件和示教盒中MOD的指令进行参数修正。

表 5-7　编程方法和编程步骤

序号	编程步骤	现场控制软件 示教盒(HHT)	主控软件 键盘输入	自动编程软件	
				键盘输入	CAD 输入
1	系统参数设置	○	○	○	
2	视觉系统参数设置		○		
3	PCB 板号	○	○	○	○
4	PCB 传输与定位	○	○		
5	PCB 标号示教	○	△	△	
6	元器件数据库		○	○	○
7	引脚数据库		○	○	○
8	视觉对中方法	○	○		○
9	激光对中方法	○	○		○
10	可编程滑块对中方法	○	○		
11	元器件电性能测试		○	○	
12	极性测试		○	○	
13	共面性测试		○	○	
14	吸嘴类型与吸力	○	○	○	○
15	吸嘴位置	○	○	○	○
16	送料器类型	○	○	○	
17	拾取元件位置	○	○	○	
18	送料器更换信息			○	○
19	散装送料器位置	○	○	○	
20	贴片元件数量	○	○	○	○
21	贴片位置	○	○	○	○
22	重复贴片	○	○	○	○
23	PCB 布局	○	○	○	○
24	点胶位置	○	○	○	△
25	点胶数据扩展	○	○	○	△
26	拾放顺序	○	○	○	○
27	自动产生拾放程序			○	
28	显示报告	○	○	○	○

注:○—可以;△—与主控软件或现象控制软件一起用

(2) PCB定位与传输。设置定位针的运动和PCB自动传输控制参数,可用示教盒(HHT)来完成。

(3) 送料器安装。主要是电子送料器的布置及位置,振动送料器安装和散装盘的布置。可用示教盒设置,也可用中央控制软件键盘设置或自动编程软件自动设置最佳布局。

(4) 视觉系统参数设置。由中央控制软件中结构编程文件根据器件和PCB情况设置,主要设定CCD摄像机数目,所测器件最大尺寸、视区范围、CCD $X-Y$ 坐标,上视摄像机聚焦的 Z 高度,设置亮度0~256等。

1. 示教编程

示教编程是最简单的初入型编程方法,一般中速普通贴装机均采用这种方法,借助于示教盒控制现场控制计算机系统驱动贴装头(和CCD)运动到指定位置,并记录指定位置的坐标值,输入其贴件数据,一步一步,一点一点地进行编程。示教编程步骤如图5-36所示。

1) 拾片示教

用示教盒使贴片头运动到送料器上方,下降并拾取元件,贴装头控制计算机系统会自动储存拾片的 $X-Y-Z-\theta$ 坐标位置,根据PCB上元器件布局安排拾片示教顺序。

(1) 示教吸嘴的位置,确定所要拾取元件的吸些类型。

(2) 示教拾片位置(送料器) $X-Y-Z$ 坐标, Z 轴根据不同元器件的高度确定。

(3) 据元器件在PCB板布局及方向,输入长度和高度尺寸,并确定转角 θ,如图5-37所示。

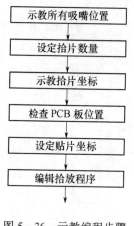

图5-36 示教编程步骤

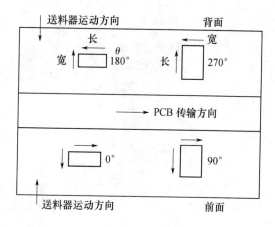

图5-37 示教转角 θ

(4) 确定对中方法(激光)。共有9种方法:

① 不对中;

② 慢速引脚元件对中;

③ 中速引脚元件对中;

④ 快速引脚元件对中;

⑤ 慢速无引脚元件对中;

⑥ 中速无引脚元件对中;

⑦ 快速无引脚元件对中(0462~0805);

⑧ 中速小元件对中;

⑨ 快速小元件对中。

(5) 检查、显示拾片示教数据,并可用 FUNCTIONII 指令修改。

(6) 示教交替拾片。2 个以上送料器装同一元件,但一个送料器元件用完后,另一个送料器开始工件,避免停机换送料器。

(7) 散装送料器(WAFFLE TRAY)重复拾片示教。散装盘一般整齐重复排列尺寸大的元器件,如 PLCC、QFP 等,先示教散装盘元器件两个角的坐标(用 CCD 摄像头),再示教元器件中央坐标,并示教高度,如图 5-37 所示。对于尺寸小的器件则用示教器件中点坐标方法。重复拾片示教方法是示教与贴片机基准靠近的器件,设定元器件数量、行数和列数,并示教 Z 高度。

(8) 检查 PCB 板位置后,再示教贴片。

2) 贴片示教

每一个拾片示教均对应于一个贴片示教,贴片示教是确定元器件在 PCB 板上的位置。

(1) 贴片示教。已示教好拾片面,用示教盒使贴片头拾取元件,运动到要贴片位置上方,从拾片到贴片过程中,完成对元器件对中和转动 θ 角的拾片示教,下降到 PCB 板上按 ENTER、储存 $X-Y-Z$ 坐标。并可进行贴片检查和显示,用功能键 FUII 进行修正。

(2) 两点贴片示教。如器件尺寸很大,采用拾片示教方法,先后示教器件两角的坐标,后将吸嘴放在器件中央下降记录 $X-Y-Z$ 坐标。并可进行拾片与贴片检查。

(3) 重复贴片。如图 5-38 所示,首先输入元器件数量,X 方向和 Y 方向数值,再示教靠近机器原点的器件位置和远离点的位置。

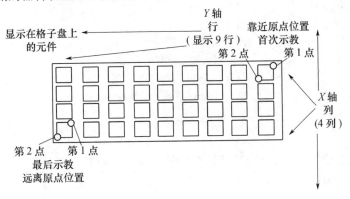

图 5-38　重复拾片示教

(4) 拼板图形重复贴片。如图 5-35 所示,首先键入拼板图形数量,X 方向和 Y 方向数值,再示教靠近机器原点的拼板标号坐标和远离原点的拼板标号坐标。

3) 拾放顺序示教

完成 PCB 自动传输、送料器和吸嘴设置、吸嘴类型和位置示教,拾片示教和贴片示教后,即可进行拾入顺序编程与示教。拾放顺序编程可以通过示教盒,建议最好将现场控制计算机系统中示教数据传输到中央控制软件,由中央控制软件来完成,也可由自动编程软件自动生成。

图 5-35 所示 PCB 组件的拾放程序为：

序号	指令		功能描述
1	TEP	HOLD	PCB 传输停止
2	NOZZLE	1	拾片吸嘴 1
3	REPEAT	1	打开拼板图形重复贴片 1
4	REPEAT	3	打开元件重复贴片 3
5	PICKUP	1	首先拾取元件重复贴片 3 的元件为贴片 6 拾取元件 1
6	PLALE	6	元件重复贴片 3 中贴片 6
7	REPEAT	0	关闭元件重复贴片 3
8	REPEAT	2	打开元件重复贴片 2
9	PICKUP	6	首先拾取元件重复贴片 3 的元件为贴片 2 拾取元件 6
10	PLACE	2	元件重复贴片 2 中贴片 2
11	REPEAT	0	关闭元件重复贴片 2
12	REPEAT	0	关闭拼板图形重复贴片 1
13	NOZZLE	2	更换吸嘴为 2
14	REPEAT	1	打开拼板图形重复贴片 1
15	PICKUP	2	单个元件拾片 2
16	PLACE	1	单个元件贴片 1
17	PICKUP	2	单个元件拾片 2
18	PLACE	4	单个元件贴片 4
19	PICKUP	2	拾片 2
20	PLACE	5	贴片 5
21	REPEAT	0	关闭拼板图形重复贴片 1
22	NOZZLE	3	更换吸嘴为 3
23	REPEAT	1	打开拼板图形重复贴片 1
24	PICKUP	7	拾片 7
25	PLACE	3	贴片 3
26	REPEAT	0	关闭拼板图形重复贴片 1
27	TEP	PASS	放开 PCB 板,下一个板进板
28	GOTO	1	返回步骤 1,重新开始执行

4) 程序执行

键入程序

<SEQUENCE><O><ENTEK><RUN><ENTER>

开始运行 <RUN>

停止运行 <STOP>

5) MOD 和 FUNCTION 指令

用 MOD 和 FUNCTION 指令,利用示教盒可以修正贴片机运行参数,使其适应各种情况。

6) 高级编程方法

高级编程方法是在上述基本编程方法基础上增加了许多功能,主要有确定元器件尺寸及公差,调 Z 高度(用 FUN31 或 32)对于不同元器件调节真空吸力(MOD9),拾片延时和贴片延时(避免气体对元器件对中影响)和元器件对中方法调节等。

2．中央控制软件编程(键盘输入)

中央控制软件采用菜单式编程方法,通过键盘选择菜单,并输入数据。前面已详细介绍了中央控制软件结构内容,需要用键盘一步一步地输入数据,难点仍是建立元器件库。编程步骤如图 5-39 所示,适用于有线路设计数据,无 CAD 数据,而有细间距器件均可。输入数据后,可用自动编程软件(Auto Program)自动编拾放顺序程序。

中央控制软件编程较灵活,一般先采用示教方法将非细间距器件编程到贴装头控制计算机中,采用 Utilities 传输到中央控制软件中,再建立细间距器件数据库,并进行拾放编程和基准标号示教最后输出到自动编程软件中自动生成拾放程序。

3．自动编程软件(Auto Program)

自动编程软件编程步骤如图 5-40 所示。复制贴装头现场计算机中已存软件、CAD 设计输入数据和 ASCII 码 Auto Build 输入数据。数据主要有三大类:元器件描述数据、元器件类型数据和 PCB 板数据。输入自动编程软件后再进行编辑,自动生成拾放程序。

1）系统建立

首先进行结构编辑,见前述,主要是确定吸嘴位置、送料器位置、视觉系统参数、点胶等。

2）建立 SMD 类型库

系统建立后需建立 SMD 类型数据库,并存于 Part Profile 数据文件中。将 CAD Auto Build 输入原始数据进行编辑修正。

(1) SMD 类型:包括

- 引脚数
- 引脚位置
- 第一脚位置
- 长、宽
- 间距

(2) 定义 SMD 类型:例 1005、1608。

(3) 选择吸嘴:01-XF,02-XG,03-XH,04-XI,05-AA,06-BA,07-CB,08-VISION,USER Define。

(4) 确定元件尺寸:长、宽、高及公差。

(5) θ 角调节参数:如果 CAD 数据与贴片机结构不符则需调整(见表 5-8)。

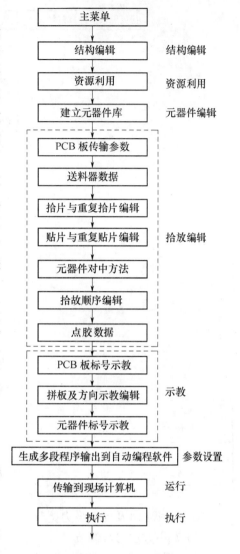

图 5-39　中央控制软件编程步骤

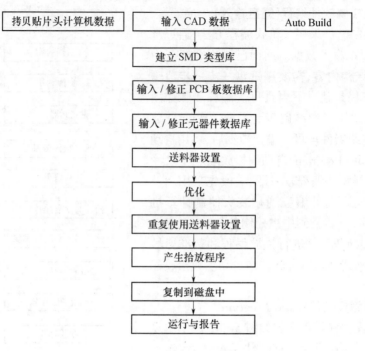

图 5-40 自动编程软件编程步骤

表 5-8 θ 角调节参数

送料器在贴片机上位置	拾 片 角 度/(°)		送料器在贴片机上位置	拾 片 角 度/(°)	
	带 式	振动送料器		带 式	振动送料器
前面	0	90	后面	180	270
左面	90	180	右面	270	0

(6) 拾片延时及真空吸力调节。

(7) 对中方法参数调节。

① 水平滑块对中:编程确定滑块运动。

先 X 后 Y	先 X 后 Y,复位	先 X 后 Y,停止
先 Y 后 X	先 Y 后 X,复位	先 Y 后 X,停止
仅 X 动	X 动,复位	X 动,停止
仅 Y 动	Y 动,复位	Y 动,停止
X,Y,后 X	X,Y 后 X,复位	X,Y 后 X,停止
Y,X 后 Y	Y,X 后 Y,复位	Y,X 后 Y,停止

② 激光对中:采用激光对中要调节吸嘴与镜头的偏置,对无引脚元件,吸嘴在元件高度 1/2~3/4 处,对有引脚元件,吸嘴在元件底部引脚处。

采用激光对中方法,必须确定元器件尺寸公差,一般在 10%,再确定对中类型:有引脚,无引脚,小型元件 3 种类型;高、中、低速 3 种对中速度。

③ 视觉对中:视觉对中窗口显示下列参数,键入数据:引脚类型;对中方法;检测标准;引脚损除;引脚群数据;定义引脚群;其它参数。

(8) 定义送料器。主要是定义振动送料器的槽数、宽度及公差。

(9) 确定 PCB 板号名称,一个板号对应一套拾放顺序程序。

3) 数据输入

(1) CAD 输入。首先定义 CAD 输入数据存放地址——硬盘、软盘和网络。输入 CAD 数据,窗口显示以下内容,有二例,一例是原始输入数据,一例是编辑数据。有:参考设计;X 坐标;Y 坐标;θ 坐标;元器件标号 1X 坐标;元器件标号 1Y 坐标;元器件标号 2X;元器件标号 2Y。

(2) ASCII 文件形式。如果采用特殊 ASCII 文件形式,需用特殊命令修正数据,如表 5-9 所列。

表 5-9　ASCII 文件形式

Part Number Cols 1-24	Reference Designator Cols 25-34	X Coordinate Cols 35-42	Y Coordinate Cols 43-50	T Coordinate Cols 51-58	Local Fiducial 1 X-Axls Cols 59-66	Local Fiducial 1 Y-Axls Cols 67-74	Local Fiducial 2 X-Axls Cols 75-82	Local Fiducial 2 Y-Axls Cols 83-96
OKT473JBAT	C101	5646	5996	900				
OKT473JBAT	C201	7656	5996	900				
OKC100VHCT	C302	8390	6420	2700				
V75ACC6240	IC101	6938	5996	2700				
V75ACC6240	IC201	8404	6100	2700	8108	5873	8754	6382
	·P1	1.987	3.915					
	·P2	13.945	15.738					
	·R1	4.974	2.853					
	·11	.1500	.325					
	·12	8.500	6.575					
	(XY)							
	(FA)	1000						
	(AX)	-1	-1					
100(TICKS)	(ADHESIVE)	0.500	0.016	0.100				
000	(ARAILSET)	14.500						
000	(AXISDIR)	-1	-1					
000	(COLROW)	2.000	3.000					
000	(HEIGHT)	0.735						
000	(HEIGHTZ)	0.764						
00	(OFFSET)	11.256	3.765					
000	(OFFSETZ)	11.359	3.692					
000	(REPEAT)	4.250	15.750					
000	(TESTOFF)							
000	(THETADIR)	2	270					
000	(WIDTH)	7.325	1					

（3）Auto Build 输入。同时输入 2 个以上 PCB 板号数据,需用 Auto Build 输入,只要是 ASCII 码文件均可输入,自动编程软件将数据存在 5 个数据库中,例如:

- 元器件数据库 XPART.ASC
- 元器件类型数据库 XPROFILE.ASC(表 5-10)
- 元器件类型引脚数据库 XLEADGRP.ASC
- 送料器数据库 XFEEDERS.ASC
- 吸嘴数据库 XCHUCKS.ASC
- PCB 板号数据库 XBRDLIST.ASC
- PCB 文件名数据库 FILENAME.XXX

表 5-10 元器件类型数据库

Field Name	Type of Data	Size (Characters)	Quad Columns	Required Data	Optional Data	Ref Component TYPE
PROFILE	TEXT	10	1—10	×		
CHUCK	TEXT	10	11—20	X		
HEIGHT	NUMBER	6	39—44	X		
XCEN2CEN	NUMBER	6	109—114	X		
XCEN2CEN	NUMBER	6	115—120	X		
LEADTYPE	NUMBER	1	136		X	
PINONE	TEXT	1	137		X	
EIGHTPT	TEXT	1	138		X	
DOREJCRIT	TEXT	1	139		X	
TOPROWDIST	NUMBER	6	140—145		X	
BOPROWDIST	NUMBER	6	146—151		X	
LFTROWDIST	NUMBER	6	152—157		X	
RTROWDIST	NUMBER	6	158—163		X	
TOPROWTOL	NUMBER	5	164—168		X	
BOTROWTOL	NUMBER	5	169—173		X	
LFTROWTOL	NUMBER	5	174—178		X	
RTROWTOL	NUMBER	5	179—183		X	
RETURNPART	TEXT	1	189		X	
DISPLAYOFF	TEXT	1	190		X	
LEADINSP	TEXT	1	191		X	
LIVISRPTRT	TEXT	1	192		X	
PICKDELAY	NUMBER	3	193—195		X	
VACVERIFY	NUMBER	4	196—199		X	
RESERVED	NUMBER	4	200—203		X	
CENTERSEO	NUMBER	2	204—205	X for lllc	X	
THETAADJ	NUMBER	3	206—208	X		

（续）

Field Name	Type of Data	Size (Characters)	Quad Columns	Required Data	Optional Data	Ref Component TYPE
XTOL	NUMBER	2	209—210	X		
YTOL	NUMBER	2	211—212	X		
NZL2LASER	NUMBER	5	213—217	X		
LATYPE	NUMBER	2	218—219	X		
LINEARTOL	NUMBER	5	220—224	X		
COPLANTOL	NUMBER	5	225—229	X		
LAXWIDTH	NUMBER	6	230—235	X		
LAYLENGTH	NUMBER	6	236—241	X		
LANOZZLE	NUMBER	10	242—251	X		

4）输入/编辑 PCB 数据库

在系统建立和输入 CAD 数据后，编辑 PCB 数据库，主要有贴片、视觉标号和 PCB 布局三大部分。

（1）贴片数据。自动编程软件将 CAD 输入或 Auto Build 文件输入数据或中央控制软件中数据存储 PCB 数据库，用于产生拾放顺序程序，贴片数据库主要包括：参考设计号、元器件类型、贴片坐标（CAD X. Y. θ 坐标），如表 5－11 所列。

表 5－11 贴片数据

Ref. Designator	Part Number	CAD-X	CAD-Y	CAD-θ
02	SOT23	1.4330	3.2900	90°
03	SOT23	1.2150	3.0130	0
04	SOT23	1.9930	3.2150	270°
R1	0805	2.3700	7.0250	0
R10	0805	2.8400	6.9100	0
R11	0805	3.0750	6.9000	0
R21	0805	3.7800	6.7150	0

（2）元件信息。在元件信息菜单上编辑元器件，可增加新元件，消除旧元件，搜寻元件。

（3）元器件重复贴片。

（4）视觉标号示教。视觉标号有板（Global）、拼板（Image）、元件（Local）和不良（Reject）4 种标号。

（5）PCB 板布局。PCB 板布局是确定拼板方向和位置，自动编程软件可以旋转 Image 图形，Board 板图形，与示教方法相似。

5）元器件数据库

可用 Auto Build 将数据输入到元器件数据库中，它是描述元器件的一些特殊数据，与元器件类型数据库相对应。

（1）元件类型，如 0402R，0805C 等。

（2）送料器类型，与元件类型相对应，如 12mm，8mm 等。

(3) 元器件描述,有选择确定视觉对中,转角,焊膏涂布量、元件性能检测,视觉灰度值。

6) 送料器设置数据库和拾片数据库

送料器数据库包括拾片坐标,元件去除放置坐标,视觉元器件对中数据等,送料器设置和优化流程如图 5-41 所示。

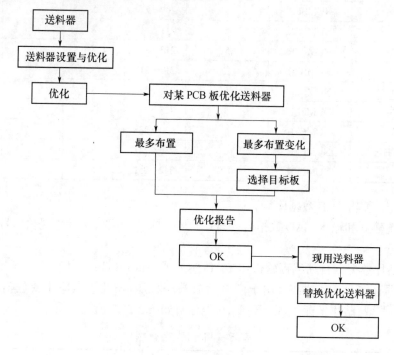

图 5-41 送料器设置及优化

(1) 送料器设置及优化,优化器根据 PCB-CAD 数据(主要有贴片机类型、PCB 布局、元器件类型、吸嘴类型和送料器类型)进行优化,决定送料器数量和类型、元器件类型、送料器和位置。初步安装上送料器,用示教盒(HHT)或原来优化数据,确定所用送料器设置,并通过中央控制软件传送到自动编程软件中进行优化,尤其注意是振动送料器的布置优化。

(2) 拾片数据编辑。拾片数据在确定送料器位置后即确定下来,在 Board 窗口中修正数据,见表 5-12。重复拾片可在编辑中窗口上进行(行数及坐标,散装送料器重复等)。

表 5-12 拾片数据

Head	Pickup	Part Number	Pickup X	Pickup Y	Pickup Z	Pickup θ
1	1	1503 1241	481.000	400.000	10.000	180°
1	2	1005 1233	523.000	400.000	10.000	180°
1	3	1005 5400	67.100	122.300	2.200	0
1	4	1005 0240	572.500	111.200	1.820	0
1	5	1608 1741	614.810	111.200	1.820	0

注:Head—所有贴片头号,Pick up—拾片顺序

（3）检测元件不良栅除坐标。主要有视觉检查不良元件栅除位置,电性能检测不良元件栅除位置。

（4）板号选择。

7）自动拾放编程

自动编程软件可自动产生 50 个分段程序,每段可进行 511 步或 255 次贴片。拾放程序存储于 Board Pick&Place 文件中,而送料器和吸嘴数据自动存储于相应数据库文件中。

（1）编程前选项设置:

- 每段程序最多步数:可用示教盒插入 MOD 和 FUNCTION 码。
- 每段程序最多贴片数。
- 是否自动传输 PCB 板。
- 吸嘴是否更换:某一 PCB 最后元件贴片是否更换吸嘴。
- 电性能测试:是否所有板均测试。
- 点胶参数:时间、高度、焊膏厚度。
- 将程序分段,分别传输到不同的中央控制软件中,控制不同的贴片机。

（2）复制程序。自动编程软件可不与中央控制软件同存储于一台 PC 机中,可以脱机编程。

① 复制到磁盘中。若自动编程软件在独立 PC 机上脱机编程,则先复制到主控计算机中,传输给中央控制软件,再传输到贴片头控制计算机中执行。

② 从贴片头控制机中复制数据。贴片头控制机中数据先传输到中央控制软件中,用 Utilities 菜单将数据传输到自动编程软件中。

③ DOS 程序转换成 ASCII 程序。

5.3.5　采用 Windows 的贴装机计算机控制系统

随着计算机技术的发展,贴装机控制系统发展更新很快。目前计算机图像处理技术、计算机网络技术、工控计算机技术等均在贴装机中得到了广泛应用。自 20 世纪 90 年代起,贴装机机械机构及其控制原理和方法的变化不大,而计算机控制系统性能提高很快,采用具有 Windows 操作系统及其优良的用户界面和通信联网等功能的控制系统,已经成为贴装机计算机控制系统的主流。

1. 计算机系统构成

一般贴装机控制系统采用一级专用计算机控制系统或二级主从式计算机控制系统。图 5-42 所示为具有 90 年代世界先进水平的美国 Quad 公司"Q"系列贴装机的计算机控制系统构成,它采用 Windows 系统和共享存储器的分布式计算机系统。该系列贴装机具有能在贴装头水平方位识别元器件位置的水平视觉系统,θ 分辨率高达 0.0035°,有很高的 IC 和 QFP 贴片速度,其上、下位计算机的主要控制功能如下:

（1）上位机:采用 486DX2-66 主机,DOS 6.2 和 Windows 3.1 操作系统,主要用于编程和显示等。因采用 Windows 界面,可去掉现场显示器,直接在窗口中显示整个贴装机构架和运行情况,并可以远程与协作厂家直接通信。

（2）下位机:采用 486 工控机,DOS 6.2 操作系统,将机械机构运动驱动系统、视觉对中处理系统和传感系统做到一个计算机构架中。与采用数字电路或单板机构成现场控制

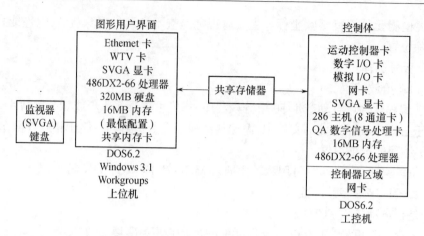

图 5-42 采用 Windows 的计算机控制系统构成

系统的贴装机相比,快速控制等性能有了显著提高。

近十年,计算机硬件和操作系统的升级换代速度很快,贴装机计算机控制系统的性能有了进一步提高,但其计算机系统构成的基本原理和形式并没有明显变化。

2. 采用 Windows 界面计算机软件系统

采用 Windows 界面的贴片机的计算机软件系统与 5.3.2 节所述内容类似,不同之处是系统模块不一样,而且采用更便于人机对话的 Windows 界面后,可以增加诸如在线自诊断机器故障、在线检查元器件贴装状况等功能,并能方便地通过 Windows 界面进行各种编程设计和现场控制对话。

图 5-43 所示为采用 Windows 界面计算机软件系统的某型号贴装机控制界面图,它具有功能强、直观、操作简便等诸多优点。利用该界面可以方便地进行各类系统数据的设置与修改(见图 5-44),元器件位置和角度定义、PCB 转换设置等内容的输入与确定(见图 5-45),以及进行视觉系统标定及各种检测数据的设计和检测图像的直观显示。随着计算机硬软件技术的不断发展,采用 Windows 界面贴装机的计算机软件系统,各种控制功能越来越齐全,而且至今仍然在进步中,它使得当代先进的贴装机已经发展到高度的控

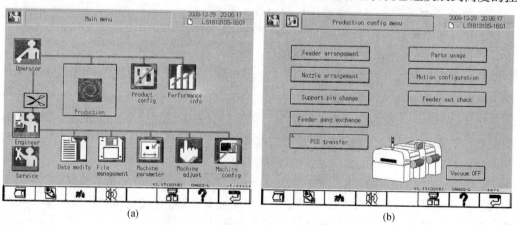

(a) (b)

图 5-43 采用 Windows 贴装机控制界面
(a) 主界面;(b) 主菜单。

制自动化、操作简便化、编程设置和修改快速化、功能全面化的水平,成为代表当代集光机电和计算机控制为一体的高新技术设备的典型代表。

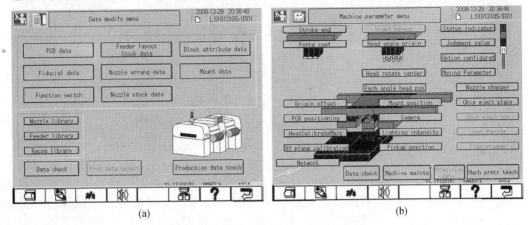

图 5-44 贴装机控制中的系统数据设置

(a) 数据设置和修改主菜单;(b) 机器数据设置菜单。

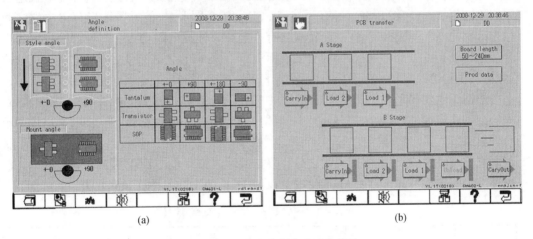

图 5-45 贴装机控制中的功能设定

(a) 元器件角度定义;(b) PCB 转换设置。

思 考 题 5

(1) 贴装方法有哪几种? 各应用于什么场合?

(2) 为什么说贴装机是 SMT 产品组装的关键设备?

(3) 利用贴装机进行自动贴装过程中的工艺操作有哪些主要内容?

(4) 影响贴装功能的主要因素有哪些?

(5) 影响贴装精度的主要因素有哪些?

(6) 视觉系统在高精度贴装机中主要起哪些作用?

(7) 高精度贴装机的主要功能和控制形式?

第6章 SMT 焊接工艺技术

6.1 SMT 焊接方法与特点

6.1.1 SMT 焊接方法

焊接是表面组装技术中的主要工艺技术。在一块 SMA 上少则有几十个,多则有成千上万个焊点,一个焊点不良就会导致整个 SMA 或 SMT 产品失效。所以焊接质量是 SMA 可靠性的关键,它直接影响电子装备的性能可靠性和经济效益。焊接质量决定于所用的焊接方法、焊接材料、焊接工艺技术和焊接设备。

焊接是使焊料合金和要结合的金属表面之间形成合金层的一种连接技术。表面组装采用软钎焊技术,它将 SMC/SMD 焊接到 PCB 的焊盘图形上,使元器件与 PCB 电路之间建立可靠的电气和机械连接,从而实现具有一定可靠性的电路功能。这种焊接技术的主要工艺特征是:用焊剂将要焊接的金属表面洗净(去除氧化物等),使之对焊料具有良好的润湿性;供给熔融焊料润湿金属表面;在焊料和被焊金属间形成金属间化合物。

根据熔融焊料的供给方式,在 SMT 中采用的软钎焊技术主要有波峰焊(Wave Soldering)和再流焊(Reflow Soldering)。一般情况下,波峰焊用于混合组装方式,再流焊用于全表面组装方式。波峰焊是通孔插装技术中使用的传统焊接工艺技术,根据波峰的形状不同有单波峰焊、双波峰焊等形式之分。根据提供热源的方式不同,再流焊有传导、对流、红外、激光、气相等方式。表 6-1 比较了在 SMT 中使用的各种软钎焊方法。

表 6-1 SMT 焊接方法及其特性

焊接方法		初始投资	操作费用	生产量	温度稳定性	适 应 性				
						温度曲线	双面装配	工装适应性	温度敏感元件	焊接误差率
再流焊接	传导	低	低	中高	好	极好	不能	差	影响小	很低
	对流	高	高	高	好	缓慢	不能	好	有损坏危险	很低
	红外	低	低	中	联决于吸收	尚可	能	好	要求屏蔽	低
	激光	高	中	低	要求精确控制	要求试验	能	很好	极好	低(a)
	气相	中—高	高	中高	极好	(b)	能	很好	有损坏危险	中等
波峰焊接		高	高	高	好	难建立	(c)	不好	有损坏危险	高
注:(a) 适当固定和夹紧;(b) 改变停顿时间容易,改变温度困难;(c) 一面插装普通元件,SMC 装在另一面										

波峰焊与再流焊之间的基本区别在于热源与钎料的供给方式不同。在波峰焊中,钎料波峰有两个作用:一是供热,二是提供钎料。在再流焊中,热是由再流焊炉自身的加热机理决定的,焊膏首先是由专用的设备以确定的量涂覆的。波峰焊技术与再流焊技术是印制电路板上进行大批量焊接元器件的主要方式。就目前而言,再流焊技术与装备是 SMT 组装厂商组装 SMD/SMC 的主选技术与设备,但波峰焊仍不失为一种高效自动化、高产量、可在生产线上串联的焊接技术。因此,在今后相当长的一段时间内,波峰焊技术与再流焊技术仍然是电子组装的首选焊接技术。

6.1.2　SMT 焊接特点

由于 SMC/SMD 的微型化和 SMA 的高密度化,SMA 上元器件之间和元器件与 PCB 之间的间隔很小,因此,表面组装元器件的焊接与传统引线插装元器件的焊接相比,主要有以下几个特点:

(1) 元器件本身受热冲击大。

(2) 要求形成微细化的焊接连接。

(3) 由于表面组装元器件的电极或引线的形状、结构和材料种类繁多,因此要求能对各种类型的电极或引线都能进行焊接。

(4) 要求表面组装元器件与 PCB 上焊盘图形的接合强度和可靠性高。

所以,SMT 与 THT 相比,对焊接技术提出了更高的要求。然而,这并不是说获得高可靠性的 SMA 是困难的,事实上,只要对 SMA 进行正确设计和执行严格的组装工艺,其中包括严格的焊接工艺,SMA 的可靠性甚至会比通孔插装组件的可靠性高。关键在于根据不同情况正确选择焊接技术、方法和设备,严格控制焊接工艺。

除了波峰焊接和再流焊接技术之外,为了确保 SMA 的可靠性,对于一些热敏感性强的 SMD 常采用局部加热方式进行焊接。

6.2　波峰焊接工艺技术

6.2.1　波峰焊的基本原理与分类

波峰焊是利用波峰焊机内的机械泵或电磁泵,将熔融钎料压向波峰喷嘴,形成一股平稳的钎料波峰,并源源不断地从喷嘴中溢出。装有元器件的印制电路板以直线平面运动的方式通过钎料波峰面而完成焊接的一种成组焊接工艺技术,如图 6-1 所示。

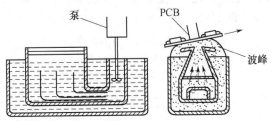

图 6-1　波峰焊工作原理

波峰焊技术是由早期的热浸焊接(Hot Dip Soldering)技术发展而来。几十年来,各国学者与工程人员对波峰动力学进行了大量的实验与研究,波峰焊机的波峰型式从单波峰发展到双波峰,双波峰的波型又可分为 λ、T、Ω 和"O"旋转波 4 种波型。按波型个数又可分成单波峰、双波峰、三波峰和复合波峰 4 种。

1. 热浸焊

热浸焊接是把整块插好电子元器件的 PCB 与钎料面平行地浸入熔融钎料缸中,使元器件引线、PCB 铜箔进行焊接的流动焊接方法之一。如图 6-2 所示,PCB 组件按传送方向浸入熔融钎料中,停留一定时间,然后再离开钎料缸,进行适当冷却。有时钎料缸还作上下运动。热浸焊接时,高温钎料大面积暴露在空气中,容易发生氧化。每焊接一次,必须刮去表面的氧化物与焊剂残留物,因而钎料消耗量大。热浸焊接必须正确把握 PCB 浸入钎料中的深度。过深时,钎料漫溢至 PCB 上面,会造成报废;深度不足时,则会发生大量漏焊接。

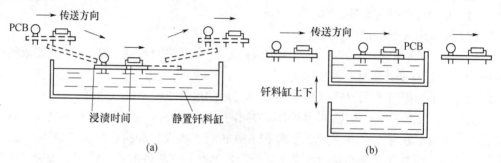

图 6-2 浸焊的两种形式

(a) 钎料缸不动,PCB 浸下；(b) 钎料缸上下运动,热浸 PCB。

另外,PCB 翘曲不平,也易造成局部漏焊。PCB 热浸焊接后,须用快速旋转的专用刀片(称为平头机或切脚机)剪切去元器件引线的余长,只要留下 2mm~8mm 长度以检查焊接头的质量,然后进行第二次焊接。第一次焊接与切余长后,焊接质量难以保证,必须以第二次焊接来补充完善。一般第二次焊接采用波峰焊。早期的国产电视机、收录机等一些家用电子产品 PCB 的焊接,大多采用如上的两次焊接法。

2. 单波峰焊

单波峰焊是借助钎料泵把熔融状钎料不断垂直向上地朝狭长出口涌出,形成 20mm~40mm 高的波峰。这样可使钎料以一定的速度与压力作用于 PCB 上,充分渗透入待焊接的元器件引线与电路板之间,使之完全湿润并进行焊接,如图 6-3 所示。它与热浸焊接相比,可明显减少漏焊的比率。由于钎料波峰的柔性,即使 PCB 不够平整,只要翘曲度在 3% 以下,仍可得到良好的焊接质量。单波峰焊的缺点是钎料波峰垂直向上的力,会给一些较轻的元器件带来冲击,造成浮动或空焊接。

3. 双波峰焊

由于 SMC/SMD 没有 THD 那样的安装插孔,钎剂受热后挥发出的气体无处散逸,如图 6-4(a)所示。另外,SMD 有一定的高度和宽度,又是高密度贴装(一般 5 件/cm²~8 件/cm²),而钎料表面有其张力作用,因而钎料很难及时湿润并渗透到待贴装的每个角落,容易产生"阴屏效应",如图 6-4(b)所示。所以,如果采用一般的单波峰与热浸焊接

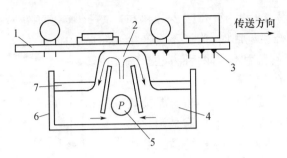

图 6-3　单波峰焊系统
1—PCB 组件；2—波峰；3—钎接好的接头；4—熔融钎料；
5—钎料泵；6—钎料缸；7—防氧化油层。

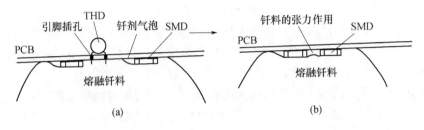

图 6-4　SMC/SMD 不适合采用浸焊与单波峰焊示意图

方法，会产生大量漏焊接或桥连。为了解决这些问题，必须采用一种新型的波峰焊——双波峰焊。

如图 6-5 所示，双波峰焊接有前后两个波峰，前一波峰较窄，波高与波阔之比大于 1，峰端有 2 排～3 排交错排列的小峰头，在这样多头的、上下左右不断快速流动的湍流波作用下，钎剂气体都被排除掉，表面张力作用也被削弱，从而获得良好的焊接效果。后一波峰为双方向宽平波，钎料流动平坦而缓慢，可以去除多余钎料，消除毛刺、桥连等不良现象。根据前一波峰产生的波形不同，双波峰焊系统有窄幅度对称湍流波（如图 6-5 所示）、穿孔摆动湍流波（用可调节穿孔喷嘴产生摆动湍流波）、穿孔固定湍流波（穿孔喷嘴固定）之分。

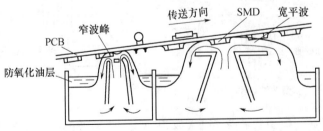

图 6-5　双波峰焊系统原理

双波峰焊系统是用一个大增压室把熔融钎料压入喷嘴，从而形成双向波峰，所形成的钎料波透过喷嘴凸缘而上升形成钎料波峰。喷嘴外形控制钎料波峰的形状，因此也控制波峰动力学的作用。在喷嘴里放置缓冲网，可保证形成层流和波峰的光滑，但清理工作困难。若一旦有锡渣部分堵塞缓冲网时，会产生波峰不稳，忽高忽低和波峰达不到正常高度等现象。为了减少锡渣的生成,要减少钎料与空气的接触面积,在钎料返回时,为了不会产生过大的紊流,通常用闸门和斜面两种方法。喷嘴截面如图 6-6 所示。

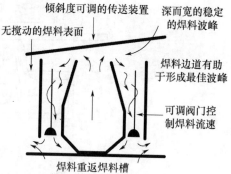

图 6-6 波峰的喷嘴截面

双波峰焊对 SMD 可以获得良好的焊接效果,已在插贴混装方式的 PCB 上普遍采用。双波峰软焊接的缺点是 PCB 两次经过波峰,受热量较大,一些耐热性较差的 PCB 易变形翘曲。

为了适应各类 SMC/SMD 以及高密度组装的需要,在以上双波峰的基础上,进行了各种各样的改进,实际采用的双波峰类型主要有以下几类。

(1) λ 型波。λ 型波是由一个平坦的主波峰区和一个曲率的副波峰组成。其特点是:印制板是在高速点开始与波峰接触,因此钎料的擦洗作用最佳。由于在喷嘴前挡板控制波峰形状,从而控制波峰的速度,这样在喷嘴前形成了很大一部分相对速度为零的区域。因此,采用倾角可调范围较大的传送装置在喷嘴的波峰上,相对速度为零的那一点上钎焊印制板。当印制板从波峰上离去之后紧靠热焊附近产生的后热作用,有助于减小焊点拉尖,如图 6-7 所示。

(2) T 型波。T 型波是在 λ 型波峰上把主峰缩短,副波延伸演变而成。其特点是把波峰变得很宽。印制板在通过 T 型波时钎料已浸润了印制板的表面并从波峰中推出,形成薄层。由于波峰很宽,这样表面张力有充分的时间把多余的钎料拖回至波峰,减少桥接。

(3) Ω 型波。在双波峰焊系统中,SMA 两次经过熔融钎料波峰,热冲击很大,PCB 易产生变形。为了解决该问题,研究开发出 Ω 型波。它是 λ 型波的演变,在喷嘴出口处设置了水平方向微幅振动的垂直板,如图 6-8 所示,能使波峰产生垂直向上的扰动,从而获得双波峰的效果。

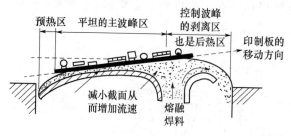

图 6-7 λ 型波波峰装置

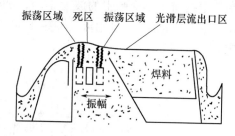

图 6-8 Ω 型波波峰装置

(4) O 型旋转波。O 型旋转波是在 λ 波、T 型波、Ω 型波的基础上发展而来的。它是在喷嘴中排有一组 S 型螺旋桨的旋转或运动,即能控制波峰的方向与速度,又能解决"阴屏效应"之死角,是为 SMC/SMD 焊接设计的新型波峰。该波峰由意大利的 IEMME 公司发明。

有的焊接设备在如上双波峰的后面,再加用热风刀以强劲的炽热空气流来消除桥连。这种热风刀明显改善了高密度 SMD 的焊接质量。热风刀的气流速度、流量及温度诸因素,都与消除桥连效果有密切关系。必须结合焊接对象进行调节,才能达到最佳状态。

4. 喷射空心波焊

喷射空心波焊所用的钎料喷射动力泵与其它波峰泵不一样,是特制电磁泵。电磁泵利用外磁场与熔融钎料中流动电流的双重作用,迫使钎料按左手定则确定的方向流动。调节磁场与电流的量值,可方便地调节泵的压差和流量,从而达到控制空心波高度的目的。图 6-9 表示喷射空心波焊接原理。

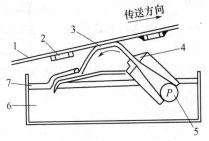

喷射波为空心波,厚度 1mm～2mm,与 PCB 成倾角 45°角逆向喷射,喷射速度高达 100cm/s。依照流体力学原理,可使钎料充分润湿 PCB 组件,实现牢固焊接。在高速运动的钎料流作用的同时,还会产生向下拉力,有利于贴插混装 PCB 的引线一次焊接。空心波与 PCB 接触长度仅 10mm～20mm,接触时间仅上 1s～2s,因而可减少热冲击。

图 6-9　喷射空心波焊接示意图
1—PCB; 2—SMC/SMD; 3—空心波;
4—喷射口; 5—喷射电磁泵;
6—熔融钎料; 7—防氧化油层。

当完成一块 PCB 的焊接后,自动停止喷射,钎料全被防氧化油层覆盖,减少了与空气接触而被氧化。喷射空心波焊接的钎料槽一般都较小,最大容量只有几十公斤,钎料耗用最少。

喷射空心波焊接对 SMC/SMD 适应性较好。但对 THD 效果稍差,接头钎料量欠足,外观不丰满。它最适宜于 SMC/SMD 比率高的混装 PCB 焊接。

6.2.2　波峰焊机的基本组成与功能

传统插装元件的波峰焊工艺基本流程如图 6-10 所示,包括准备、元器件插装、波峰焊、清洗等工序。

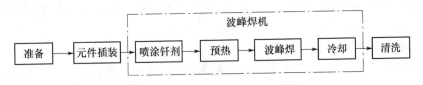

图 6-10　波峰焊基本工艺流程

波峰焊机通常由波峰发生器、印制电路板传输系统、钎剂喷涂系统、印制电路板预热、冷却系统与电气控制系统等基本组成部分。其它可添加部分包括风刀(Airknife)、油搅拌(Oil Intermix)和惰性气体氮等。图 6-11 所示为 SOLTEC 波峰焊机的结构组成图。

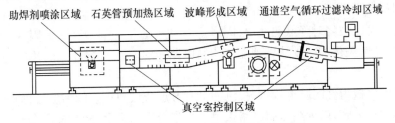

图 6-11　SOLTEC 波峰焊机结构示意图

1. 钎剂喷涂装置

在波峰焊以前将钎剂施加至印制电路板组件的底部,可以考虑选择下面一些方式来实现:泡沫、波峰、刷子、鼓轮喷雾和喷嘴喷射。

(1)泡沫。泡沫施加钎剂包括将气流从一块多孔的石料中喷射出,该石料浸没在钎剂液体之中。在管道内的泡沫被强迫上升至印制电路板水平面上,钎剂通过泡沫喷头附着在印制电路板的底面上。通过使用较高纯度的钎剂(>10%),泡沫施加钎剂的方式可以获得良好的效果。然而,这种方式会形成较高的溶剂挥发现象,这样就会给所施加的钎剂总量控制带来问题。

(2)波峰。波峰施加钎剂的方式包括通过一个烟囱状输送管道,进行钎剂的泵送,以形成液态钎剂波峰(类似于钎料波峰的形成)。印制电路板的底部悬浮在波峰上面,使钎剂附着到印制电路板的表面上。由于考虑钎剂蒸发和特殊的万有引力作用,波峰施加钎剂的方式往往比需要控制的量涂覆更多的钎剂。

(3)刷子。在用刷子涂刷钎剂的过程中,细密的硬毛刷在钎剂容器里进行旋转。涂覆钎剂的硬毛与称为"吊环"的棒材相接触,形成向后弯曲。当刷子连续不断地旋转时,在硬毛上的钎剂被抛向印制电路板的底部。尽管这种方式简单并且很便宜,但是这种方式要求经常对钎剂监测,在钎剂难以触及的区域,这种方式很难奏效。

(4)鼓轮喷雾。鼓轮喷雾钎剂方式通过采用一个旋转的网状鼓轮,从鼓轮底部的槽液中汲取钎剂。随着鼓轮的旋转,向上旋转面上的空气射流将钎剂从网状物内以细小的雾滴吹至印制电路板上,鼓轮的旋转速度控制着所涂覆的钎剂量。对钎剂特殊的重力作用需要进行监测和控制,钎剂进入密集区域时会受到其穿透力的限制。

(5)喷嘴喷射。喷嘴喷射钎剂的方式是一种较新的钎剂涂覆方式,它适合于新型的钎剂类型,例如免清洗和免 VOC(易挥发有机化合物)配方。在喷射钎剂的过程中,钎剂被安置在一个密封的容器内,免除了对具体重力的监测需求。钎剂被喷射时呈现出雾状,并被向上喷射至印制电路板组件的底部。喷射钎剂的这种方式,允许精确地控制整个施加的钎剂量。

在施加钎剂的过程中也可以通过超声波作为一种辅助方式,超声波的振子端连接至钎剂施加安置处使钎剂雾化,于是可以形成钎剂烟雾。空气直接作用在雾气上,一股气流推动着来自于烟雾发生器的钎剂雾气,直接冲向印制电路板,使得钎剂释放在印制电路板上。

波峰焊设备涂覆钎剂装置有时候采用一把热风刀,它可以将钎剂铺展开,以确保钎剂渗透入凹陷部位。

2. 预热系统

波峰焊设备采用预热系统以升高印制电路板组件和钎剂的温度,这样做有助于在印制电路板进入钎料波峰时降低热冲击,同时也有助于活化钎剂。这两大因素在实施大批量焊接时,是非常关键的。预热处理能使印制电路板材料和元器件上的热应力作用降低至最小的程度。

当印制电路板组件的质量较重时,例如具有 8 层或层数更多的多层板,通常情况下要求采用顶部加热措施,以求给印制电路板组件带来合适的温度,同时又不会产生底部过热的现象。

有 3 种普遍采用的预热处理形式:

(1) 强迫对流。强迫热空气对流是一种有效的和高度均匀的预热方式,它尤其适合于水基钎剂。这是因为它能够提供所要求的温度和空气容量,可以将水蒸发掉。

(2) 石英灯。石英灯是一种短波长红外线(IR)加热源,它能够做到快速地实现任何所要求的预热温度设置。

(3) 热棒。加热棒的热量由具有较长波长的红外线热源所提供。它们通常用于实现单一恒定的温度,这是因为它们实现温度变化的速度较为缓慢。这种较长波长的红外线能够很好地渗透入印制电路板材料之中,以满足较快时间的加热。

3. 钎料波峰

涂覆钎剂的印制电路板组件离开了预热阶段,通过传输带穿过钎料波峰。钎料波峰是由来自于容器内的熔化了的钎料上下往复运动而形成的,波形的长度、高度和特定的流体动态特性(例如紊流或层流),可以通过挡板的强迫限定来实施控制。随着涂覆钎剂的印制电路板通过钎料波峰,就可以形成焊接点。

4. 传输系统

传输系统是一条安放在滚轴上的金属传送带,它支撑着印制电路板移动着通过波峰焊区域。在该类传输带上,印制电路板组件通过金属机械手予以支撑。托架能够进行调整,以满足不同尺寸类型的印制电路板需求,或者按特殊规格尺寸进行制造。

机械手传输带是一种相当普及的型式,因为它能够降低劳动强度,并且能够很好地适合于串联式工艺处理,印制电路板组件在出口处自动予以松开。波峰焊设备的传输带控制着组件通过每个工艺处理步骤的速度和位置,为此,传输带必须运行平稳,并维持一个恒定的速度。此外应保持印制电路板水平放置,使之处在一个合适的高度。传输带的速度和角度可以进行控制,当组件底部从钎料波峰中出来时,微小的仰角($4°\sim9°$)对改善钎料的脱离(剥脱)是有益的,这样将使细间距引脚之间的钎料桥接现象降低至最小的程度。

5. 控制系统

随着当代控制技术,微电子技术和计算机技术的迅猛发展,为波峰焊控制技术进入到计算机控制阶段奠定了基础。在波峰焊设备中采用了计算机控制,不仅降低了成本,缩短了研制和更新换代周期,而且还可以通过硬件软化设计技术,简化系统结构,使得整机可靠性大为提高,操作维修简便,人机界面友好。国外如瑞士 epm 公司、美国 Electovert 公司等,近些年来推出的新机型其控制大多都实现了计算机控制。

采用智能化控制也是一种必然趋势,波峰焊系统采用智能化控制后,就可以实现把人的思维判断能力和波峰焊中各工艺要素之间的内在规律性融合在一起,形成一个完整的控制数学模型。再经过模式识别、判断、运算和决策,实现对系统进行最优的实时自适应控制和无疵病钎焊。目前,已出现波峰焊接优化控制器,用于实时优化控制波峰焊接工艺与设备参数,以获得最佳的焊接效果。

6.2.3　波峰发生器

波峰发生器是波峰焊机的核心,是衡量一台波峰焊系统性能优劣的主要判据,而波峰动力学又是波峰发生器技术水平的标志。它融合了流体力学、金属表面理论、冶金学和热工学等学科为一体,随着世界各国对波峰焊的高度重视与研究,钎料波峰动力学逐渐成为一门独立的边缘学科。

钎料波峰发生器分类可归纳如图 6-12 所示。

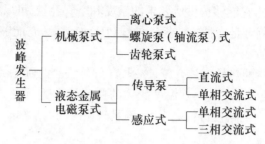

图 6-12　波峰发生器分类示意图

1. 机械泵式

以机械泵作为钎料波峰动力技术的波峰焊接系统历史悠久,它存在着结构复杂、旋转零件多、机件极易磨损、可靠性差、维修困难,由于机械泵的强烈搅拌作用,处于高温熔融状态下的钎料氧化严重等缺陷。而且有钎料槽容积大,浸没在槽内的旋转零件多,钎料受其它金属污染的可能性大,钎料槽中的钎料需定期更换,资源浪费大,使用成本高等不足之处。这一切都是长期困扰其技术完善的障碍。图 6-13、图 6-14 分别示意出离心泵和轴流泵结构图。

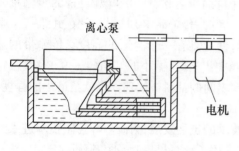

图 6-13　离心泵结构图

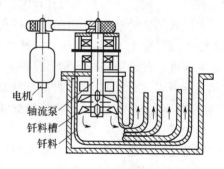

图 6-14　轴流泵结构图

2. 传导式液态金属电磁泵

20 世纪 60 年代末国外有人开始寻求解决机械泵式问题的新途径,1969 年瑞士 R.F.J.Perrin 首先提出了用于泵送液态金属钎料的传导式液态金属电磁泵的新方案,随后陆续有 12 个国家申请了发明专利。70 年代中期,瑞士 KIRSIN 公司在世界上推出了单相交流传导式电磁泵波峰焊机系列产品(6TF 系列)。1982 年法国也有类似的技术获得专利权。瑞士人发明的传导式液态金属电磁泵的物理模型如图 6-15 所示。我国在 90 年代初获得专利权的传导式液态金属电磁泵的物理模式如图 6-16 所示。

传导式液态金属电磁泵钎料动力技术的应用,虽然为 PCB 自动化软钎焊技术设备开创了一个新的领域,它在简化结构、减少磨损、增加寿命、减小钎料槽容积等方面,无疑是独具匠心的。然而在应用中所暴露出的问题表明它也并不是很完美的。在这种结构中,升流变压器系统是必不可少的,特别是电极材料要求特殊,不仅电阻率要小,化学稳定性要好,无磁性,而且要求能长期冲刷而不溶蚀,对高温钎料亲和性要好,接触电阻要小等。

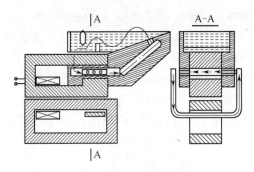

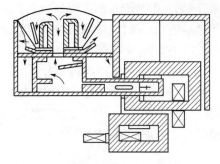

图 6-15　单向交流传导式液态金属电磁泵　　　　图 6-16　国产传导式液态金属电磁泵

3. 感应式液态金属电磁泵

感应式液态金属电磁泵目前主要有三相感应式和单相感应式两种结构形式：

（1）三相感应式液态金属电磁泵。1982 年东京芝浦电气、东京精机等日本企业提出了三相感应式电磁泵波峰动力技术，其基本结构如图 6-17 所示。三相感应式电磁泵波峰动力技术，由于结构复杂、比推力小（泵所产生的推力与泵的质量之比）、热工特性欠佳、隔热和保温都较繁杂、热效率低、制造复杂，因而推广应用特别缓慢。最近日本 Tamura 公司新开发出一种"FLIP"钎料槽（平面线性吸入泵），采用新型喷流泵，不使用轴承、传送带等可动零件，无需定期更换零件。同传统的旋转推动方式钎料槽相比，FLIP 在改善波峰稳定性，缩小体积，提高可靠性等方面都有明显的改善。

（2）单相感应式液态金属电磁泵。此项技术在 20 世纪 90 年代初由我国首先获得国际发明专利权，其基本原理如图 6-18 所示。它与上述技术相比，不仅结构简单、制造容易、永不磨损、寿命几乎是无限的、基本不用维修、比推力大、热工特性好、热效率高、功耗小、节省资源。特别是最近几年多来，我国对此项技术在理论上再次进行了深化研究，建立了能全面描述其数学物理过程的状态方程。根据此理论创立的新的结构形式和设计方法，经工业实物验证，推力有明显增加，波峰的稳定性和抑制氧化能力均有明显的改善，其工况已逼近理论所描述的优化状态。应用新的理论研究成果所设计的新一代智能感应电磁泵波峰焊机即将推向市场。

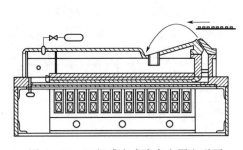
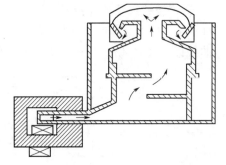

图 6-17　三相感应式液态金属电磁泵　　　　图 6-18　单相感应式液态金属电磁泵

6.2.4　波峰焊工艺特性

1. 波峰焊接工艺

表 6-2 列出 SMT 中采用的波峰焊接工艺。波峰焊接中的 3 个主要因素是：钎剂的

供给、预热和熔融焊料槽。焊剂的供给方式有喷雾式、喷流式和发泡式。熔融焊料槽是波峰焊接系统的心脏,双波峰焊接系统的典型焊料槽设计由两个独立的部分组成。预热对于 SMA 的焊接是非常重要的焊接工序。在预热阶段,焊剂活化,从焊剂中去除挥发物,将 PCB 焊接部位加热到焊料润湿温度,并提高 SMA 的温度,以防止暴露于熔融焊料时受到大的热冲击;一般预热温度(PCB 表面)为 130℃～150℃,预热时间 1min～3min。熔融焊料温度应控制在 240℃～250℃之间,在合理的结构设计前提下,严格的工艺条件控制是确保焊接可靠性的关键。

表 6-2　SMT 中采用的波峰焊接工艺

工　艺	目　的	装　置	主要技术要求
表面组装元器件的贴装	·用胶黏剂将表面组装元器件暂时固定在 PCB 上 ·插入有引线元件,引线打弯	自动贴装机 自动插装机	·元器件与 PCB 接合强度 ·定精度
涂敷焊剂	·将焊剂涂敷到印制电路板上	·喷雾式 ·喷流式 ·发泡式	·整个基板涂敷 ·焊剂比重控制
预热	·焊剂中的溶剂蒸发 ·缓解热冲击	·预热器	·预热条件: 基板表面温度 130℃～150℃,1min～3min
焊接	·连续地成组焊接,元器件和电路导体之间建立可靠的电气机械连接	·喷射式波峰焊机 ·双波峰焊接设备	·焊料温度 240℃～250℃ ·焊料不纯物控制 ·基板与焊料槽浸渍角 6°～11°
清洗	·SMA 清洗	·清洗设备	·清洗剂种类 ·清洗工艺和设备选择 ·超声波频率等

　　前述各种类型的波峰焊系统并不足以克服表面组装元器件波峰焊时存在的漏焊、桥接等焊接缺陷,必须同时很好地控制波峰焊工艺与设备变量。

2. 通用波峰焊系统的变量

　　如图 6-19 所示,波峰焊主要的工艺与设备变量有:印制电路板控制、涂覆钎剂、焊接温度曲线以及波峰几何结构。这些变量必须加以表征和控制,以获得良好的焊接效果。

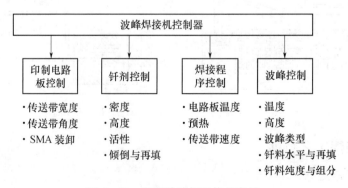

图 6-19　通用波峰焊系统的变量

在印制电路板控制中,必须规定传送系统的容差,以使得在电路板预热和焊接过程中产生的热膨胀不致使电路板翘曲。

在涂覆钎剂时,钎剂密度、活性以及钎剂泡沫与波峰高度之比必须密切监控。为此应安放一个系统来确定钎剂密度、活性以及清除钎剂的时间。带有钎剂密度控制器的机器自动添加或减薄钎剂以及保持钎剂密度处于规定的限度内。

采用人工监控钎剂活性时,可用化学方法或通过在已知良好端点或引线上进行可焊性测试来实现。当钎剂过一定时间之后,已知良好引线的可焊性将会退化,从而应将这种钎剂换掉。如果使用泡沫钎剂器,监控钎剂活性较容易,因为需要的钎剂量小。一般而言,每天更换新钎剂要比确定钎剂活性更经济些。然而,如果使用含有许多加仑钎剂的波峰钎剂器,那么,监控钎剂活性以控制焊接缺陷是必要的。

焊接温度曲线对于良好焊接结果的作用非常重要。一个良好的焊接曲线不仅有助于减少焊接缺陷,而且可以防止表面组装器件的过热冲击而破坏。此外,还应要求预热区与焊接区的温差应尽可能小。这不仅可以防止表面组装器件受热冲击,而且可以减少由未干燥钎剂的释气引起的漏焊。

分两步或三步预热有引线的印制电路板可使热冲击损坏降低到最少,并且改善了电子组件的寿命。通过研究开发一种规定每种类型电路板的预热调节与传送速度的焊接温度曲线,可以获得均匀的预热。图 6 - 20 为典型的波峰焊表面组装元器件的温度曲线。

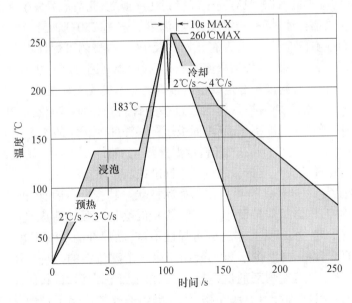

图 6 - 20　典型波峰焊焊接温度曲线

焊接波峰类型是所有变量中最重要的变量。它必须允许有效焊接表面组装元器件与通孔插装元件。焊接波峰类型对于防止通孔插装元件的毛刺和焊桥以及表面组装元器件的释气和漏焊是很重要的。不管选用何种波峰类型,它必须有利于钎料进入窄小的间隙和各个角落。

3. 波峰焊工艺中常见的问题及分析

(1) 润湿不良。润湿不良的表现是钎料无法全面地包覆被焊物表面,而让焊接物表面的金属裸露。润湿不良在焊接作业中是不能被接受的,它严重地降低了焊点的"耐久性"和"延伸性",同时也降低了焊点的"导电性"及"导热性"。其原因有:印制电路板和元器件被外界污染物(油、漆、脂等)污染;PCB 及元件严重氧化;助焊剂可焊性差等。可采用强化清洗工序、避免 PCB 及元器件长期存放;选择合格助焊剂等方法解决。

(2) 钎料球。钎料球大多数发生在 PCB 表面,因为钎料本身内聚力的因素,使这些钎料颗粒的外观呈球状。它们通常随着助焊剂固化的过程附着在 PCB 表面,有时也会埋藏在 PCB 塑胶物表面,如防焊油墨或印刷油墨表面,因为这些油墨焊接时会有一段软化过程,也容易沾钎料球。其原因有:PCB 预热温度不够(预热温度标准为:酚醛线路板一般为 80℃～100℃,环氧线路板为 100℃～120℃),导致线路板的表面助焊剂未干;助焊剂的配方中含水量过高及工厂环境湿度过高等。

(3) 冷焊。冷焊是指焊点表面不平滑,如"破碎玻璃"的表面一般。当冷焊严重时,焊点表面甚至会有微裂或断裂的情况发生。冷焊产生原因有:输送轨道的皮带振动,机械轴承或电机电扇转动不平衡,抽风设备或电扇太强等。PCB 焊接后,保持输送轨道的平稳,让钎料合金在固化的过程中,得到完美的结晶,即能解决冷焊的困扰。当冷焊发生时可用补焊的方式修整,若冷焊严重时,则可考虑重新焊接一次。

(4) 焊点不完整。焊点不完整在电子业流传使用的名称很多,如"吹气孔"、"针孔"、"锡落"、"空洞"等。产生焊点不完整的主要原因有:焊孔钎料不足,焊点周围没有全部被钎料包覆;通孔润湿不良,钎料没有完全焊接到孔壁顶端,此情形只发生在双层或多层板;钎料锅的工艺参数不合理,钎料锅温度过低(温度一般为 250℃±5℃),传送带速度过快等。对于通孔润湿不良,要注意是否有元器件及 PCB 本身的可焊性不良,通孔壁有断裂或有杂物残留,通孔受污染,防焊油墨流入通孔内,助焊剂因过度受热而没有活性,通孔与元件脚的比例不正确,钎料波不稳定或输送带振动等不良现象存在。

(5) 包焊料。包焊料是指焊点周围被过多的钎料包覆而不能断定其是否为标准焊点。其原因有:压钎料的深度不正确(单面板压钎料深度为板厚的 1/3～1/2,双面板压钎料深度为板厚的 2/3～3/4);预热或钎料锅温度不足;助焊剂活性与密度的选择不当;不适合的油脂类混在焊接流程或钎料的成分不标准或已严重污染等。

(6) 冰柱(拉尖)。冰柱是指焊点顶部如冰柱状。其产生原因有:机器设备或使用工具温度输出不均匀,PCB 板焊接设计不合理,焊接时会局部吸热造成热传导不均匀,热沉大的元器件吸热;PCB 板或元件本身的可焊性不良,助焊剂的活性不够,不足以润湿;助焊剂中的固体百分含量太低(少于 20%),由于第 1 个湍流波的擦洗作用和焊剂的蒸发,使 SMA 进入第 2 个波峰时焊剂量不足;PCB 板过钎料太深,钎料波流动不稳定,手动或自动钎料锅的钎料面有钎料渣或浮物;元件脚与通孔的比例不正确,插元件的过孔太大,PCB 表面焊接区域太大时,造成表面熔融钎料凝固慢,流动性大等。

(7) 桥接。桥接是指将相邻的两个焊点连接在一块。其产生原因有:PCB 焊接面没有考虑钎料流的排放,PCB 线路设计太近,元器件脚不规律或元件脚彼此太近等;PCB 或元器件脚有锡或铜等金属杂物残留,PCB 板或元器件脚可焊性不良,助焊剂活性不够,钎料锅受到污染;预热温度不够,钎料波表面冒出污渣,PCB 沾钎料太深等。当发现桥接时,可用手工焊分离。

(8) 焊点短路。将不该连接在一起的两个焊点短路(注:桥接不一定短路,而短路一定桥接),其原因有:露出的线路太靠近焊点顶端,元件或引脚本身互相接触(自动插件机折脚方向不对);钎料波振动太严重等。

6.3　再流焊接技术

6.3.1　再流焊接技术概述

1．再流焊接技术的特点

再流焊(亦称回流焊)是预先在 PCB 焊接部位(焊盘)施放适量和适当形式的焊料,然后贴放表面组装元器件,经固化(在采用焊膏时)后,再利用外部热源使焊料再次流动达到焊接目的的一种成组或逐点焊接工艺。再流焊接技术能完全满足各类表面组装元器件对焊接的要求,因为它能根据不同的加热方法使焊料再流,实现可靠的焊接连接。

与波峰焊接技术相比,再流焊接技术具有以下一些特征:

(1) 它不像波峰焊接那样,要把元器件直接浸渍在熔融的焊料中,所以元器件受到的热冲击小。但由于其加热方法不同,有时会施加给器件较大的热应力。

(2) 仅在需要部位施放焊料;能控制焊料施放量,能避免桥接等缺陷的产生。

(3) 当元器件贴放位置有一定偏离时,由于熔融焊料表面张力的作用,只要焊料施放位置正确,就能自动校正偏离,使元器件固定在正常位置。

(4) 可以采用局部加热热源,从而可在同一基板上,采用不同焊接工艺进行焊接。

(5) 焊料中一般不会混入不纯物。使用焊膏时,能正确地保持焊料的组成。

这些特征是波峰焊接技术所没有的。虽然再流焊接技术不适用于通孔插装元器件的焊接,但是,在电子装联技术领域,随着 PCB 组装密度的提高和 SMT 的推广应用,再流焊接技术已成为电路组装焊接技术的主流。

2．焊料供给方法

在再流焊接中,将焊料施放在焊接部位的主要方法是:

(1) 焊膏法。这是再流焊接中最常用的施放焊料的方法,已在第 4 章中作了介绍。

(2) 预敷焊料法。在元器件和 PCB 上预敷焊料,在某些应用场合可采用电镀焊料法和熔融焊料法将焊料预敷在元器件电极部位或微细引线上,或者是 PCB 的焊盘上。在细间距器件的组装中,采用电镀法预敷焊料是比较合适的方法,但电镀的焊料层不稳定,需在电镀焊料后进行一次熔融,经过这样的稳定化处理后,可获得稳定的焊料层。

(3) 预成形焊料。预成形焊料是将焊料制成各种形状,有片状、棒状和微小球状等预成形焊料,焊料中也可含有焊剂。这种形式的焊料主要用于半导体芯片的键合和部分扁平封装器件的焊接工艺中。

3．再流焊接工艺的加热方法

在 PCB 焊盘图形上和元器件电极或引线上预敷焊料的熔化再流有多种加热方法,如表 6-3 所列,主要有放射性热传递(红外线)、对流性热传递(热风、液体)、热传导方式(热板传导)3 种。这些方法各有其优缺点,在表面组装中应根据实际情况灵活选择使用。红外线、气相(气化潜热)、热风循环和热板等加热方法都属 SMA 的整体加热方式;加热工具(如热棒)、红外光束、激光和热空气等加热方法属局部加热方式。SMA 的整体加热可以使贴装在 PCB 上的元器件同时成组焊接,产量高。但是,PCB 和元器件不需要焊接的部位也被加热,从而有产生热应力的危险,可能使 SMA 出现可靠性问题。局部加热方式只选择必要的部位进行加热,而不焊接的其它元器件和被焊接的元器件的非焊接部位不被加热,避免了产生热应力的危险,但是产量低。

表6-3　再流焊主要加热方法

加热方式	原　理	优　点	缺　点
红外	吸收红外线热辐射加热	• 连续,同时成组焊接 • 加热效果很好,温度可调范围宽 • 减少了焊料飞溅、虚焊及桥焊	• 材料不同,热吸收不同,温度控制困难
气相	利用惰性溶剂的蒸气凝聚时放出的气体潜热加热	• 加热均匀,热冲击小 • 升温快 • 温度控制准确 • 同时成组焊接 • 可在无氧环境下焊接	• 设备和介质费用高 • 容易出现吊桥和芯吸现象
热风	高温加热的空气在炉内循环加热	• 加热均匀 • 温度控制容易	• 易产生氧化 • 强风使元件有移位的危险
激光	利用激光的热能加热	• 集光性很好,适于高精度焊接 • 非接触加热 • 用光纤传送	• CO_2 激光在焊接面上反射率大 • 设备昂贵
热板	利用热板的热传导加热	• 由于基板的热传导可缓解急剧的热冲击 • 设备结构简单、价格便宜	• 受基板的热传导性影响 • 不适合于大型基板、大元器件 • 温度分布不均匀

6.3.2　再流焊接技术的类型与主要特点

再流焊技术主要按照加热方法进行分类,主要包括:气相再流焊、红外再流焊、热风炉再流焊、热板加热再流焊、红外光束再流焊、激光再流焊和工具加热再流焊等类型。

1.热板传导再流焊

利用热板的传导热来加热的再流焊称为热板再流焊,也称热传导再流焊。热板传导加热法是应用最早的再流焊方法,其工作原理如图6-21所示。发热器为块形板,放置在传送带下。传送带由导热性能良好的材料制成。待焊接电路板放在传送带上,热量先传至电路板,再传至焊膏(软钎膏)与 SMC/SMD,软钎膏受热熔化,进行 SMC/SMD 与电路板的焊接。热板传导加热法一般都有预热、再流、冷却3个温区的作业顺序。

该方法的优点为:设备结构简单,价格便宜,初始投资和操作费用低;可以采用惰性气体保护;系统内有预热区;能迅速改变温度和温度曲线;传到元器件上的热量相当小;焊接过程中易于目测检查;产量适中。20世纪80年代初我国一些厚膜电路厂曾引进过此类设备。其缺点是:热板表面温度限制在低于300℃;只适于单面组装,不能用于双面组装,也不能用于底面不平的 PCB 或由易翘曲材料制成的 PCB 组装;温度分布不均匀。

热板传导再流焊适合于高纯度氧化铝基板、陶瓷基板等导热性能良好的电路板的单

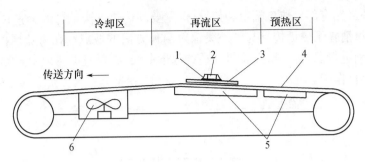

图 6-21 热板传导加热再流焊示意图

1—流动焊膏；2—SMC/SMD；3—PCB；4—传送带；5—加热板；6—风扇。

面贴装形式。普通覆铜箔层的压制板类电路板由于其导热性能较差,焊接效果不佳。

2. 红外线辐射加热再流焊

红外线辐射加热法一般采用隧道加热炉,热源以红外线辐射为主,适用于流水线大批量生产。由于设备成本较低,是较普遍的再流焊方法。红外线有远红外线与近红外线两种。一般前者多用于预热,后者多用于再流加热。整个加热炉分成几段温区分别进行温度控制。再流区温度一般为 230℃～240℃,时间 5s～10s,如图 6-22 所示。

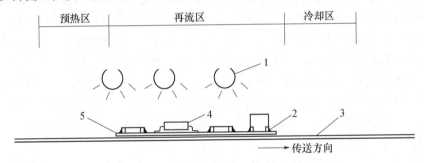

图 6-22 红外辐射加热再流焊示意图

1—红外热源；2—焊膏；3—传送带；4—SMD/C/C；5—PCB。

红外再流焊有以下优点:可采用不同成分或不同熔点的焊膏;波长范围为 1μm～5μm 的红外线能使有机酸以及溶剂中其它活性剂离子化,提高了焊剂的润湿性,显著改进了焊接能力;红外线能量渗透到焊膏内,使溶剂逐渐挥发,不会引起焊料飞溅;与气相再流焊相比,加热温度和速度可调范围宽,且加热速度缓慢,元器件所受热冲击更小;在红外加热条件下,PCB 温度上升比气相加热快,元器件引线和 PCB 温度的上升较气相再流焊更易协调一致,大大减少了虚焊等现象的产生;温度曲线控制方便,变换时间短;红外加热器热效率高、成本低;可采用惰性气体保护焊接。

由于红外再流焊的这些优点,使其成为再流焊的最基本形式,在我国应用很广。但是红外再流焊也存在一些缺点,如元器件的形状和表面颜色不同对红外线吸收系数不同,因荫屏效应和散热效应的产生,会导致被焊件受热不均匀,甚至造成元器件受热损坏。为了克服红外再流焊的缺点,又发展了红外再流焊和热风再流焊结合的方式。

3. 热风对流加热再流焊与红外热风再流焊

如图 6-23 所示,热风对流法是利用加热器与风扇,使炉膛内空气不断加热并进行对流循环。炉中虽然有部分热量辐射和传导,但主要的传热方法是对流。它有加热均匀、温度稳定的特点,消除了热板传导与红外线辐射两种方法的缺点。在再流区内还可分成若干个温区,分别进行温度控制,以获得合适的温度曲线,必要时可向炉中充氮气,以减少焊接过程中的氧化作用。

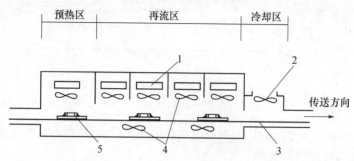

图6-23　热风再流焊示意图

1—加热器;2—冷却风扇;3—传送带;4—对流风扇;5—PCB组件。

热风再流焊是以强制循环流动的热空气或氮气来加热的再流焊方式,因温度不稳定,易产生氧化,一般不单独使用。热风红外再流焊是按一定热量比例和空间分布,同时混合采用红外辐射和热风循环对流来加热的方式,也称为热风对流红外辐射再流焊。

该方式具有更多的优点:焊接温度——时间曲线的可调性大大增强,缩小了设定的温度曲线与实际控制温度之间的差异,使再流焊能有效地按设定的温度曲线进行;温度均匀、稳定,克服吸热差异及荫屏效应等不良现象。基板表面和元器件之间温差小,不同的元器件都可在均匀的温度下进行再流焊;可用于高密度组装;具有很高的生产能力和较低的操作成本。为此,热风红外再流焊是SMT大批量生产中的主要焊接方式。

4. 气相加热再流焊

气相法是利用氟氯烷系溶剂(较典型的牌号为FC-70)饱和蒸气的气化潜热进行加热的一种再流焊。待焊接的PCB放置在充满饱和蒸气的氛围中,蒸气在与SMC/SMD接触时冷凝,并放出气化潜热,这种潜热使软钎膏熔融再流。气相法的特点是整体加热,溶剂蒸气可到达每一个角落,热传导均匀,可形成与产品几何形状无关的高质量焊接。可精确控制温度,不会发生过热现象。加热时间短,热应力小。其原理如图6-24所示。

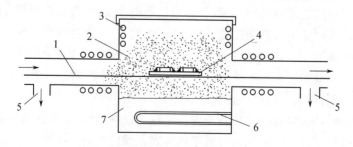

图6-24　气相加热再流焊示意图

1—传送带;2—饱和蒸气;3—冷凝管;4—PCB组件;5—排气口;6—加热管;7—氟溶剂。

气相加热再流焊应用很广,但氟溶剂价格昂贵,生产成本高,而且如操作不当,氟溶剂经热分解会产生有毒的氟化氢和异丁烯气体。近年还发现,氟氯烷对大气环境有破坏作用,因而尽管气相法是一种较理想的再流焊,其应用还是受到了限制。

与其它再流焊方式相比,气相再流焊具有以下优点:焊接温度保持一定,不会发生过热现象;加热均匀,热冲击小;由于热交换介质可变,当选择沸点稍低的含氟惰性液体,即可采用低熔点焊膏,用于热敏元器件的焊接;在无氧的环境中进行焊接,焊前被焊件将不会再被氧化,确保了焊接的可靠性。气相再流焊的最大缺点是设备与介质费用昂贵。

5. 激光加热再流焊

激光法是利用激光束优良的方向性和高功率密度的特点,通过光学系统将激光束聚集在很小的区域和很短的时间内,使被焊处形成一个能量高度集中的局部加热区。常用的有 CO_2 激光和 YAG 激光两种,CO_2 激光发射 $10.6\mu m$ 波长的光束。YAG 激光系统工作波长则为 $1.06\mu m$,仅为 CO_2 激光的 1/10。在吸收特性上也有一些差别,YAG 激光能量可被软钎膏迅速吸收,不易被电路板的陶瓷基板等绝缘材料吸收。激光束的聚焦光点可在 $\phi 0.3mm\sim 0.5mm$ 范围内调节。其原理如图 6-25 所示。

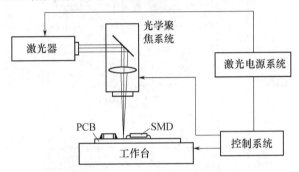

图 6-25　激光光束加热再流焊示意图

由于激光焊接能在很短的时间内把较大能量集中到极小表面,加热过程高度局部化,不产生热应力,热敏感性强的元器件不会受热冲击,同时还能细化焊接接头的结晶晶粒度。激光再流焊适用于热敏元器件、封装组件及贵重基板的焊接。

该方法有显著的优点:局部加热,对 PCB、元器件本身及周边的元器件影响小;焊点形成速度快,能减少金属间化合物,有利于形成高韧性、低脆性的焊点;在多点同时焊接时,可使 PCB 固定而激光束移动进行焊接,易于实现自动化。激光再流焊的缺点是初始投资大,维护成本高,而且生成速度较低。这是一种新发展的再流焊技术,它可以作为其它方法的补充,但不可能取代其它焊接方法。

6.3.3　气相再流焊接技术

气相再流焊接技术又称为凝聚焊接技术。这种焊接方法是 1973 年 Western 电气公司开发的,并于 1975 年取得专利权,主要用于厚膜集成电路,随着 SMT 的开发和推广应用,气相再流焊接技术已在世界范围内被广泛采用,并被认为是一种最有效的热转换加热方法。

1. 气相再流焊接原理

气相再流焊接使用氟惰性液体作热转换介质,加热这种介质,利用它沸腾后产生的饱和蒸气的气化潜热进行加热。液体变为气体时,液体分子要转变成能自由运动的气体分子,必须吸收热量,这种沸腾的液体转变成同温度的蒸气所需要的热量气化热,又叫蒸发热。反之,气体相变成为同温度的液体所放出的热量叫凝聚热,在数值上与气化热相等。因为这种热量不具有提高气体温度的效果,所以被称为气化潜热。氟惰性液体由气态变为液态时就放出气化潜热,利用这种潜热进行热的软焊接方法就叫做气相焊接(VPS)。

图6-26示出气相焊接原理图,典型的气相焊接系统是一个可容纳氟惰性液体的容器,用加热器加热氟惰性液体到沸点温度,使之沸腾蒸发,在其上形成温度等于氟惰性液体沸点的饱和蒸气区。在这个饱和蒸气区内氟惰性蒸气置换了其中的大部分空气,形成无氧的环境,这是高质量地进行表面组装焊接的重要条件,因为焊接的可靠性问题主要是由于在 PCB、元器件和焊膏上集积氧化物引起焊接缺陷。在该容器的顶部,也就是饱和蒸气区的上方是一组冷凝蛇形管,用来减少氟惰性蒸气的损失。

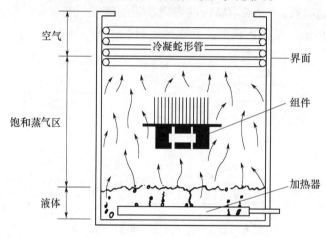

图6-26   气相焊接原理

当相对比较冷的被焊接的 SMA 进入饱和蒸气区时,蒸气凝聚在 SMA 所有暴露的表面上,把气化潜热传给 SMA(PCB、元器件和焊膏)。在 SMA 上凝聚的液体流到容器底部,再次被加热蒸发并再凝聚在 SMA 上。这个过程继续进行并在短时间内使 SMA 与蒸气达到热平衡,SMA 即被加热到氟惰性液体的沸点温度。该温度高于焊料的熔点,所以可获得合适的再流焊接温度。

与其它再流焊接方法相比,气相再流焊接技术有以下特点:

(1) 由于在 SMA 的所有表面上普遍存在凝聚现象,气化潜热的转移对 SMA 的物理结构和几何形状不敏感,所以可使组件均匀地加热到焊接温度。但是,加热过程与 SMA 上的元器件数量、总表面积和元器件数量之比,以及表面材料的热传导率有关。因而,加热大而重的元器比加热小而轻的元器件需要的时间长(约几秒钟)。同样,元器件数量少的 SMA 比元器件数量多的 SMA 达到焊接温度快。

(2) 由于加热均匀,热冲击小,能防止元器件产生内应力。加热不受 SMA 结构影响,复杂和微小部分也能焊接,焊料的"桥接"被控制到最小程度。

(3) 焊接温度保持一定。由于饱和蒸气的温度由氟惰性液体的沸点决定,在这种稳定的饱和蒸气中焊接,可不采用任何温度控制手段,就能精确地保持一定温度不会发生过热。另外,由于可以采用不同沸点氟惰性液体,所以可以采用低熔点焊料,用于热敏感元器件的焊接。

（4）在无氧气的环境中进行焊接。主蒸气区的密度约为空气的 20 倍,构成基本无氧的环境,一旦焊剂清洗了焊接面,在焊接前将不会再被氧化,确保了 SMA 焊接的可靠性。

（5）热转换效率高。由于饱和蒸气与被加热的 SMA 接触,气化潜热直接传给 SMA,所以热转换效率高,加热速度快。另外,氟惰性液体蒸气的导热系数大,为 $675W/m^2 \cdot ℃$,这也有利于加热速度的提高。

2. 热转换介质

气相再流焊接技术的关键是选择合适的热转换介质,它必须满足气相焊接的工艺条件。这种热转换介质必须具有下列特征:必须是具有一定沸点的液体,沸点应高于焊料的熔化温度,但又不能太高,以防焊接温度过高,损坏组件;该液体必须具有热和化学上的稳定性,可以和 SMA 上的所有材料相容,不发生化学作用;不会在 SMA 上留下导电的和腐蚀性的剩余物;比空气重,以便能很容易地将它限制在该系统内;不易燃和低毒性;制备成本低。

能满足上述特征(除成本低之外)的合适液体是全氟化液体,又叫氟惰性液体。

1) 全氟化液体的生成、结构和特性

全氟化液体属于完全氟化的有机化合物族。可以从普通有机化合物中,用氟原子置换全部碳所结合的氢原子而生成稳定的全氟化液体。生成全氟化液体的最普通的方法是采用电化学氟化作用,在液体氟化氢中电解有机化合物,其简化工艺过程是:

（1）生成氟原子。

（2）氟和所选用的碳氢化合物反应。

（3）生成全氟化的碳氟化合物。

当氟化完成后,最稳定的生成物中不含氧,并具有从直链到高分支或环形的碳原子链组成的分子结构。在任何情况下,这种分子结构无极性,并具有低的溶解能力。这就使得全氟化液体具有许多不平常的物理性能,如低的气化热,低的表面张力和与高分子结构相关的低沸点。

2) 全氟化液体的类型

全氟化液体种类繁多,其沸点范围从 −47℃ 直至高达 320℃。但只有少数几种全氟化液体的沸点适合于表面组装焊接应用。

表面组装焊接中用的焊料或焊膏(如共晶成分为 Sn63 − pb37)其熔点为 183℃,因此,所选用的全氟化液体的沸点应高于 183℃,但又不能太高,以使 SMA 任何部位所受热损害最小。焊接经验表明,焊接温度在焊料熔化温度以上 30℃～50℃ 为宜,所以一般选用的全氟化液体的最佳沸点范围为 210℃～215℃。

用于气相焊接工艺的最早的全氟化液体是由杜邦公司制造的 Freon E5,它是氟化的五氧丙烯。这种液体虽然具有气相再流焊接所必须的物理性能,但沸点为 255.6℃,用于再流焊接沸点有些偏高。1975 年美国 3M 公司推出了全氟化液体 FC − 70,叫做全氟三胺,其沸点为 239℃,具有气相再流焊接所必需的全部物理性能,适用于可靠的气相焊接。它不仅含有碳和氟原子,而且含有氮原子。这种液体曾广泛地用于军事和空间的 SMA 焊接技术中,但在焊接实践中发现 FC − 70 在其沸点发生低级分解。在气相焊接系统的二次冷却蛇形管上形成二次液体三氯三氟乙烷(FC − 113)分解形成的金属氯化物,和 FC − 70

分解形成的金属氟化物。这些化合物中的金属成分来源于不锈钢冷却蛇形管。这种沉积物的形成很快,在机器工作几十小时内就出现。当使用功率较大的浸没式加热器或加热器上存在碳的剩余物时,沉积物的形成周期更短。

进一步研究 FC－70,发现它分解时形成全氟化胺、全氟化烷和全氟化烯,并形成氢氟酸。这种情况下 FC－70 分解形成的全氟化烯,实际上是全氟化异丁烯,简称 PFIB,PFIB又和水及乙醇发生附加反应。这些反应的结果形成了腐蚀性的氢氟酸和毒性气体乙醚以及 PFIB。然而,气相再流焊接系统须使用全氟化液体,这就必须改进气相系统的设计,以防止上述生成物对系统本身和 SMA 的损坏,并保护操作人员的安全。

由于 FC－70 的低级分解,就导致美国几家公司开发研究更稳定的全氟化液体,如表 6－4 所列。这些液体有:LS－215、FC－5311 和 APF－215。这些液体在实际操作期间形成的酸和 PFIB 比 FC－70 和类似的液体更加稳定,如表 6－5 所列。

表 6－4　全氟化液体的物理性能

项　目	Galden LS－215①	Galden LS－230	Fluorinert FC－70②	Flutech FC－5311②	Multifluor APF－215③
沸点范围/℃	213～219	228～232	213～224	215～219	215～217
平均分子量	600	650	820	624	630
气化热/(J/kg)	6.28×10^4	6.28×10^4	6.70×10^4	6.70×10^4	6.70×10^4
密度(25℃)	1.8	1.82	1.94	2.03	2.00
表面张力(25℃) /(N/m)	20	20	18	19	21.6
体电阻率(25℃) /Ω·cm	1×10^{15}	1×10^{15}	2.3×10^{15}	$>1 \times 10^{15}$	1×10^{15}
气体压力(25℃) /Pa	—	—	<0.1	<0.1	0.122
绝缘常数(25℃) (1kHz)	2.1	2.1	1.98	<2.00	2.00

注:①Montedison 公司;②3M/ICS 公司;③Air Products and Chemical 公司

表 6－5　全氟化液体蒸发期间酸和 PFIB 的产生

	FC－70	FC－5311	LS/215	APF－215
酸 mg/g(104h)	0.100	0.042	0.045	0.041
PFIB	3×10^{-6}	$<0.5 \times 10^{-9}$	$<0.5 \times 10^{-9}$	$<0.5 \times 10^{-9}$

3. 二次气相液体

早期的气相再流焊接系统中全氟化蒸气损失太大。为了解决这个问题,美国 Western 电气公司开发了一种技术,用二次蒸气再生区(辅助蒸气区)作为昂贵的全氟化蒸气和周围空气的隔离层。对这种二次蒸气的技术要求是:密度必须在全氟化蒸气和空气之间,具有热稳定性和化学稳定性,对全氟化蒸气和 SMA 是惰性的,比全氟化的沸点低,以维持两个分隔的蒸气区所必须的冷凝平面。此外,因它向环境的流失大,故必须成本低。

能满足上述要求的二次蒸气的液体是三氯三氟乙烷(FC-113)。它的沸点为 47.6℃,密度在 25℃时为 1554.3kg/m³,蒸气密度 7.3kg/m³。

FC-113 蒸气在沸点 47.6℃时具有热和化学稳定性,但当它暴露在全氟化液体的蒸气温度(215℃)下和存在有机物(焊剂)的情况下,FC-113 发生分解反应最终生成的盐酸,和水结合凝聚在二次冷却蛇行管上会形成绿色沉积物。

4．气相再流焊接系统

将气相再流焊接技术应用于 SMA 上时,必须采用合适的气相焊接系统。这里仅从设计原则方面概括介绍气相焊接系统。气相再流焊接系统可分为批量式和连续式两种类型。批量式是 1975 年开发成功并被应用的系统,属于第一代气相再流焊接系统。连续式是 20 世纪 70 年代后期开发成功的,属于第二代气相再流焊接系统,现在已应用第三代气相再流焊接系统。批量式 VPS 系统多作为实验和小批量生产用,它小巧、通用性好,十分方便。连续式 VPS 系统适于生产线工作,已成为 VPS 系统的主流。

1) 批量式 VPS 系统

通常应用的有普通式和 Thermal Mass 式两种类型的批量式 VPS 系统。

批量式 VPS 系统一般都由置于一个不锈钢容器内的两个蒸气区组成。主蒸气区位于容器下部,由氟惰性蒸气组成,是 SMA 的再流加热区,主蒸气区上面是辅助蒸气区,是由 FC-113 产生的二次蒸气区,这个蒸气区对于批量式 VPS 系统是很关键,它使批量式系统具有了实用价值和高的效率,以及使主蒸气的损失很小。另外它还给 SMA 提供预热条件,因为这个蒸气区一般稳定在 82℃～107℃之间。

批量式 VPS 系统中压力、温度和蒸气密度的变化情况如图 6-27 所示。从图中可看出:在任何情况下压力不会变化;但当被焊接 SMA 进入系统时,必然导致蒸气区温度和密度的下降。所以,设计系统时必须使其能适应这种变化,并能迅速返回理想的变化曲线,以使 SMA 能进行可靠的焊接。为此,开发了 Thermal Mass VPS 系统,以便在再流焊接周期能产生更多的蒸气。

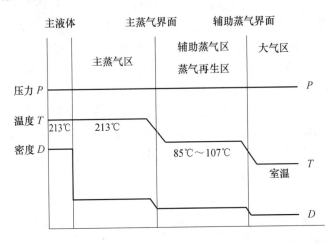

图 6-27　批量式 VPS 系统中压力、温度和蒸气密度的变化

(1) 普通批量式 VPS 系统。普通批量式 VPS 系统横截面如图 6-28 所示,其主要组成部分包括电浸没式加热器,冷凝蛇形管,液体处理系统和液体过滤系统。

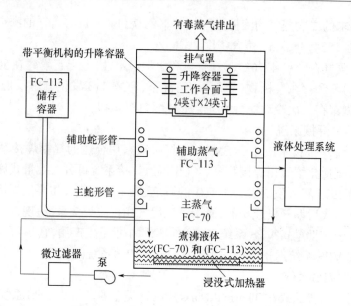

图 6-28 普通批量式 VPS 系统示意图

电浸没式加热器用于煮沸产生气相再流焊接系统的两个蒸气区的两种液体。采用沸点在 212℃～215℃ 之间的液体时,加热器的最大功率与表面积比率为 $3W/cm^2$,增加功率会使加热器表面温度升高,导致氟惰性液体的低级分解。如采用较高沸点的液体时,加热器的功率可适当提高。加热器应完全浸没在液体中,液面至少高出加热器 13mm,以防止加热器故障,导致减少寿命和液体分解产生有害气体。采用浸没式加热器的批量式 VPS 系统应该避免连续作业,因此,这种系统一般能自动控制再流作业的停机。当再流作业时,系统自动增加加热器的功率;一旦再流作业完成,系统就自动降低加热器的功率到全功率的 25%,从而可降低操作成本。

气相冷凝蛇形管的作用是冷凝蒸气。在普通批量式系统中,冷凝蛇形管沿容器垂直边以螺旋形结构设置。通常有两组蛇形管——主蛇形管和辅助蛇形管,它们的位置分别决定主蒸气区和辅助蒸气区的高低,根据实际需要进行设计。主蛇形管的功能是冷凝主蒸气,所以管内流动的水冷却剂必须低于主蒸气温度而又高于辅助蒸气的温度。为此,水的进口温度控制在 38℃～49℃ 之间,出口温度在 71℃～82℃ 之间。冷却剂进出口温度的正确控制使得两个气相区的蒸气和温度发生急剧变化,确保了气相再流焊接系统的正常工作。辅助蛇形管用于冷凝辅助蒸气,管内水冷却剂的温度范围是 7.2℃～15.5℃。在任何情况下,要使蛇形管不低于露点温度,否则会引起水的凝聚和酸的形成。辅助蒸气区的存在能减少昂贵的主蒸气的损失,同时有助于主蒸气流向主蛇形管的顺利流动。

液体处理系统主要用于中和系统运行时形成的酸。如前所述,氟惰性液体的低级分解会形成氢氟酸,而辅助液体会分解形成盐酸,这两种酸都会腐蚀系统本身和 SMA 上的金属。为此,需对液体进行处理,防止该类分解。

典型的液体处理系统由 3 个基本部分组成,如图 6-29 所示。辅助液体凝聚后流进辅助蛇形管下面的漏斗内,经辅助液体入口进入第 1 部分,并向下流动;在同一部分,新鲜水以 $0.0038m^3/h～0.0076m^3/h$ 的流速从底部进入,由于水比辅助液体轻且不互溶,故水形成微滴上升。接触向下流动的辅助液体,萃取其中的酸,上升到顶部;萃取了酸的水连续地从顶部的排出口流出,维持了水的连续流动和连续中和辅助液体中的酸。经第 1 部分处理过的中性化了的辅助液体吸收了少量的水,它从底部进入第 2 部分,以便通过硫酸钙干燥柱或分子筛去除它所吸收的水。干燥柱要经常更换,防止被水饱和。经处理过的辅助液体从第 2 部分溢出流进第 3 部分辅助液体存储器。从这里液体又被连续地送进系统。这种系统同样可用来处理氟惰性液体。

焊剂过滤系统用于过滤液体中积累的焊剂。气相再流焊接普遍采用松香基焊剂,焊接过程中,组件上的焊剂剩余物被凝聚的氟惰性液体溶解并进入该液体中,而且不断增加直至饱和。当系统停机时,液体冷却至室温,焊剂从液体中分离出来会凝聚在电浸没式加热器上。当系统再次启动时,焊剂很快分解并引起液体的热分解,导致贵重的氟惰性液体的损失和释放出有毒气体。另外,凝聚在加热器上的焊剂还有热绝缘作用,导致加热器寿命降低。因此,气相焊接系统必须设置焊剂过滤系统。该系统用泵从容器底部抽出液体,经过滤器之后返回储液槽。过滤器应定期更换。液体流过泵之前必须冷却,以免损坏泵;返回到储液槽之前应适当加热。

(2) Thermal Mass 批量式 VPS 系统。Thermal Mass 批量式气相再流焊接系统的结构与普通系统不同,如图 6-30 所示。主要区别是蒸气凝聚技术和蒸气产生技术。该系统没有采用蛇形管实现主蒸气凝聚,而是采用多级蒸气分离柱凝聚器,因而也需用水。辅助蒸气的凝聚采用了有效的闭环温度控制却冷系统——冷却蛇形管,并且在容器内设置了两个隔离墙壁,其后设置上述冷凝结构,以提高蒸气和温度变化梯度,使蒸气损失减至

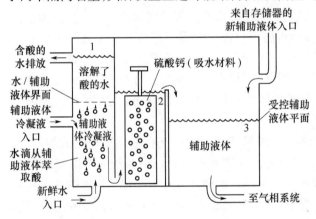

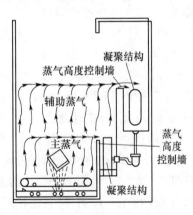

图 6-29　用于普通 VPS 系统液体处理系统　　　图 6-30　Thermal Mass 批量式
　　　　　　　　　　　　　　　　　　　　　　　　　　　气相焊接系统

最少。另一个区别是不用电浸没式加热器;而采用锡—铋熔融金属表面作热源产生蒸气。采用这种加热方法,液体微滴落在熔融金属表面便迅速气化,以维持饱和蒸气区。这种方法的优点是:结构简单,不需要使用大量液体,大大降低了系统的操作成本;再流焊接时溶解在凝聚液体中的焊剂随同液体微滴落在熔融金属表面上,并浮在金属表面,故容易去除;另外,金属表面上没有煮沸的液体存在,所以焊剂也就不会溶解在煮沸的液体中,消除了焊剂在加热器上分解造成的不良影响和连续煮沸液体导致的液体低级分解问题。

2) 连续式 VPS 系统

典型的连续式 VPS 系统示意图如图 6-31 所示,主要由氟惰性液体加热槽、冷却部

分、开口部分、液体处理装置和传送机构等部分组成。

(1)加热槽。连续式VPS系统中采用的加热器有3种类型:浸没式、间接加热式和Therma1 Mass方式。间接加热器放在加热槽下面,采用棒状加热元件,更换方便。这种加热方法避免了液体蒸气与热源直接接触,焊剂等溶于液体的异物不会直接沉积在加热器上引起过热和液体蒸气分解。日本伯东公司的VPS就采用了这种加热器,如图6-32所示。该系统还采用光纤传感器管理液面上限和下限,防止出现空烧状态以及液体分解产主PFIB和HF。加热器本身还带有特殊传感器,以形成防止加热器空烧的双重安全机构。

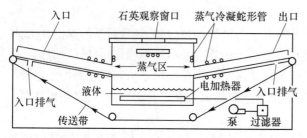

图6-31　典型的连续式VPS系统示意图　　图6-32　伯东VPS系统示意图

(2)冷却部分。连续式气相系统中的液体蒸气损失较为严重,这主要是由于设置SMA出口引起的。在SMA的再流周期,虽然液体的饱和蒸气比空气重15倍以上,但也会流向加热槽的出入口。为了防止蒸气向外流出,在蒸气加热槽的出入口和槽上部设置冷却蛇形管,使向外流动的蒸气凝聚,并安装有使凝聚的液体返回加热槽的机构。为了控制液体损失到最小限度,有的系统还在接近出入口部位设置了带冷却蛇形管的一次和二次液体回收器。图6-33为日本电热计器公司的VPS系统,该系统设置了特殊冷却蛇形管的骤冷机构,控制焊料从熔融到凝固的时间,以提高焊料强度。另外还有一种设计是在连续VPS系统中采用Thermal Mass双蒸气区技术进行蒸气凝聚,可大大减少主液体的损失,但辅助液体损失增加。

(3)液体处理系统。前面介绍的液体处理系统和过滤系统也适用于连续式VPS系统。过滤器应经常更换,以确保过滤效果良好。在图6-33所示的系统中为缩短液体处理时间,节省人力,采用了小型化的液体再生系统。这种液体再生装置是将加热槽内的液体送入再生槽进行加热,使其饱和蒸气经冷却管凝聚液化,蒸馏液化的液体经专用管道进入水分离器,去除水分后流入液体补给器。这种液体再生装置和蒸气加热槽相同,带有密闭机构、液面管理机构、防止空烧传感器和液体有无的动作联锁机构。

(4)液体补给器。它是二次回收器和液体再生装置(包括水分离器)的回收液体的储存罐,也是蒸气加热槽的液体供给器。由于连续式VPS系统与贴装系统联机工作,所以必须由液体补给器向加热槽自动供给液体。为此,液体补给器是必不可少的装置。该装置采用特殊的自动点滴方式供给液体,以防止加热槽内液体温度下降。该装置还装有带温度传感器的管理机构。

(5)SMA传送机构。它也是连续式VPS系统不可少的组成部分。一般有带传送和链传送两种类型。它们各有其优缺点,可根据具体情况选用。带传送采用不锈钢网带和玻璃纤维编织带,SMA载于带上传送。可任意传送各种不同尺寸和形状的基板,但不

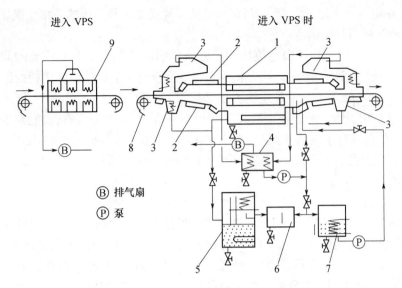

图 6-33　日本电热计器公司的 VPS 系统

1—蒸气加热槽；2—冷却部；3——次回收器；4—二次回收器；5—液体再生装置；

6—水分离器；7—液体补给器；8—传送部；9—顶热器。

便传送双面 SMA，也不便与印刷工序、贴装系统和装卸料机构连接。链传送是在不锈钢条上装上特殊配件，托住 SMA 两端进行传送。所以能传送和焊接双面 SMA，并易于和前后组装设备连成生产线，适合于连续生产运行。但是带出的液体量太多，因链条上有很多金属组合部件，蒸气钻进去液化后被带出，同时链条本身热容量大，也容易将蒸气带出。

（6）预热器。连续式 VPS 系统可在系统前端设置预热器与焊接系统连成线。预热对于再流焊接是至关重要的工序，SMA 若不预热就由 VPS 系统进行再流焊接，由于温度急剧上升，焊膏内溶剂迅速气化，使焊膏破裂形成焊料球。预热会使焊膏所含溶剂有一定程度的蒸发，焊剂易于固着在焊料上，提高了与基板的黏性，能防止元件直立现象的产生，并减少了元器件因受热冲击而损坏的危险。

5．气相再流焊接中需注意的问题

从上述内容可以着出，气相再流焊接技术和设备非常复杂，所以从设备制造和使用两方面都必须对以下的问题给予足够重视，以确保 SMA 焊接的可靠性。

1）预热的作用

如上所述，VPS 是利用氟惰性液体蒸气的气化潜热作热源，与蒸气直接接触的 SMA 急剧地被加热到蒸气凝聚温度附近。如不进行预热，由于温度的急剧上升，焊膏中挥发成分急剧气化，会使焊料破裂，形成焊料球。预热能防止焊料球的形成。预热使 SMA 达到一定温度，能使 SMA 进入焊接温区时减少焊接高温对器件的热冲击和防止塑封器件受热冲击的损坏。凝聚的液体附着在基板和元件上，由于液体的作用，在 VPS 系统中容易发生超小形片式元件的直立现象。贴装有片式元件的 SMA 如不进行预热就直接进行 VPS，有 60% ～ 70% 的片式元件会产生直立现象，但只要在 80℃ ～ 120℃ 预热不少于 1min，就几乎可以避免产生直立现象。这是因为 SMA 经过预热，使焊膏中的溶剂有一定程度的挥发,并使焊剂活化和固着在焊料上,提高了片式元件和基板的黏结性能。

2) 影响液体消耗的因素

VPS系统运行中控制氟惰性液体和辅助液体的消耗是一个非常重要的问题。这不但能降低运行成本,还有利于安全操作。与VPS系统有关的影响液体消耗的因素是:

(1) 开口部的处理。不论是连续式还是批量式VPS系统,在结构上,出入口都应完全密封,但这是相当困难的。在批量式VPS系统中,蒸气槽上面都有盖,能减少二次液体的耗量1/3左右。对于连续式系统,由于SMA连续通过蒸气区,出入口必须经常打开。为了减少蒸气的损失,其开口部必须有恰当的处理,对此,不同的VPS设备制造厂家采取了不同的设计。

(2) 通道是否倾斜。通道的设计有水平式和倾斜式两种形式。在水平式设计中,虽然采用了液体回收装置,但也不可能100%的回收蒸气。一般认为采用倾斜式通道蒸气回收效果好,因其通道的开口部位高于蒸气的上限位置,所以即使不设置回收装置,蒸气损失也很少,如图6-32所示,从蒸气槽溢出的蒸气在通道内液化,自然流回槽内。传送机构也随通道倾斜,SMA上凝聚的液滴会自然下滑,不会将液体带出。

(3) 液体种类不同,稳定性不同、损耗量亦不同。

(4) 传送机构不同,液体消耗量亦不同。

3) 工艺参数的控制

严格控制工艺参数是确保SMA焊接可靠性的关键,控制VPS工艺参数时需考虑以下因素:

(1) 加热槽内液体面必须高于浸没式加热器。采用批量式VPS系统时要定期过滤液体,而连续式VPS系统应设置连续处理装置,使液体保持洁净。这样,不但能延长加热器的寿命,而且能确保液体均匀煮沸,产生稳定的饱和蒸气区,并能防止氟惰性液体的低级分解。

(2) 冷却蛇形管内的冷却剂应始终保持制造厂家推荐的温度范围。并应安装热电偶,以便连续监控蛇形管内水的进出口温度。

(3) 应该连续监控蒸气温度和液体沸点。

(4) SMA在主蒸气区的停留时间取决于SMA的质量。SMA质量越大,停留时间越长。决定停留时间的主要因素是所有元器件都能获得均匀的优良焊接的最短时间。

4) 液体的处理

不论采用哪一种VPS系统,都必须对液体进行定期或连续处理,以确保去掉液体低级分解产生的酸。尽管多数系统设置了液体处理装置,也必须进行监控。

5) 设备的维修

VPS设备应按规定进行以下维修:

(1) 取出电浸没式加热器,刮擦其上沉积的松香焊剂沉积物。

(2) 根据使用频率定期或连续过滤液体。SMA量大和污染严重时,最好用蒸馏技术(液体再生装置)去除污染。

(3) 擦净冷凝蛇形管,使蒸气凝聚均匀和安全,减少蒸气损失。

6) 气相再流焊接缺陷

VPS法是组装QFP和PLCC等器件理想的焊接方法,但是,焊接这些器件时,由于

PCB 和器件本身的热容量比引线的热容量大,所以引线比 PCB 焊盘先达到焊料熔融温度,使焊料上吸,出现芯吸现象。另外,伴随片式元件的微小形化,再流焊接时这些片式元件会出现"直立",即曼哈顿现象,如表 6-6 所列。曼哈顿现象的产生机理如图 6-34 所示,产生这种现象的主要原因如图 6-35 所示。产生曼哈顿现象最直接的原因是片式元件左右两边电极上的焊料熔融时间不同,致使两边的表面张力不平衡;以及全氟化合物饱和蒸气遇到低温的 SMA 之后凝聚成液体对片式元器件产生浮力作用,最终导致片式元件直立。

表 6-6 芯吸和曼哈顿现象

缺 陷	略 图	现 象	原 因
芯吸现象 (上吸附)	SMD	焊料上吸到引线上部,而焊接部位焊料不足的状态	• 再流加热时,元器件引线比 PCB 焊盘先达到焊料熔融温度,使焊料上吸。 • VPS 容易发生
曼哈顿理象 (直立)		元件受一侧焊盘的吸引,垂直立起的状态	左右两边电极上焊料熔融时间不同,表面张力不平衡和 VPS 液体浮力的作用,产生元件直立

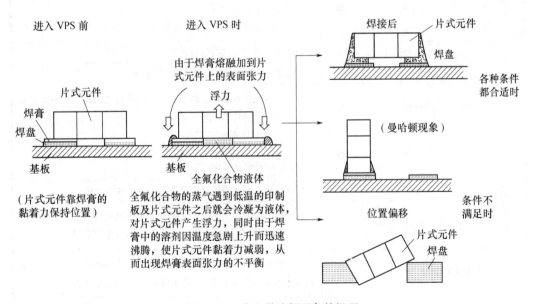

图 6-34 产生曼哈顿现象的机理

这些缺陷与焊盘图形设计、焊膏涂敷工艺、贴装精度、再流焊接工艺以及元器件本身状况(大小、形状和电极可焊性)等因素有关。这些缺陷会导致焊接质量问题和焊接可靠性下降。所以应针对产生这两种缺陷的主要原因,严格控制 SMA 组装的每个工艺环节,使这两种缺陷减少到最低限度,从而充分发挥 VPS 焊接 SMA 的优点,提高 SMA 的焊接可靠性。表 6-7 列出了针对曼哈顿现象应采取的主要措施。

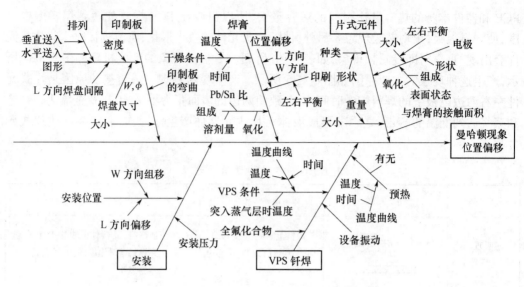

图 6-35 产生曼哈顿现象的主要原因

表 6-7 产生曼哈顿现象的主要原因和推荐组装措施

区分	片状元件直立的主要原因	效果	VPS 推荐组装措施
V P S 条 件 · 元 件	VPS 预热条件	●	加预热效果良好 预热量多者效果良好 (以 150℃预热 2min~3min 为佳)
	VPS 再流加热条件	△	有大型元件时加热时间长者为好
	元件的种类、大小	○	对 1608 型元件应比其它元件更加注意
印 制 电 路 板 、 条 件	元件排列	○	在有效抑制位置偏移的状态下可不必特殊考虑,但对 1608 型元件排列最好与元件长方向垂直
	位置偏移	●	焊膏、包括元件安装,位置偏移相对焊盘中心越小越好 (对于 1608 在 0.2mm 以内较好)
	焊盘宽度	●	同元件宽度相比最好设计得窄一些($W \times 0.7$ 较好)
	焊盘间隔	○	由于间隔过宽易产生位置偏移,所以最好使元件的两个电极和焊盘完全重合(但必须注意,电极的形状不同,发生率不同)
	印制电路板内的位置	△	未发现很大差别,但在因基板弯曲产生凸凹的情况下,凹部将受到液化的全氟化合物的浮力作用的影响,所以应充分注意
焊 膏 条 件	焊膏厚度	●	焊膏越厚熔融时的表面张力就越大,因而最好薄一些,但需研究同黏结强度的关系(一般 100μm 最佳)
	焊膏厂家 (标准产品比较)	○	厂家之间有差别。实际应通过与厂家协商共同制定详细的规格 (虽因条件不同而异,但一般说来 VPS 专用焊膏较好)

注:●佳;○良好;△一般

6.3.4　红外再流焊接技术

利用红外线加热的再流焊接技术,20 世纪 70 年代初期用于焊接混合 IC 组件,70 年代中期用于焊接采用片式元件的薄型计算器和收音机 SMA。现在这种焊接技术已经被广泛采用,并已经逐渐成为 SMT 中的主要焊接技术。

1. 红外再流焊接原理

红外线是一种电磁波,其波长在可见光波长上限$(0.7\mu m \sim 0.8\mu m)$到毫米波之间,如图 6-36 所示。波长从 $0.75\mu m \sim 2.7\mu m$ 之间为近红外线,大于 $2.7\mu m$ 波长的叫远红外线。电子装联焊接加热采用的波长范围为 $1\mu m \sim 5\mu m$。红外幅射能量的大小与热源的绝对温度有关,根据斯忒藩—玻耳兹曼定律、热源的辐射能力与热源绝对温度的四次方成正比。红外发射的波长也与热源温度有关,根据维恩位移定律,热源温度越高,其峰值波长越短,反之亦然。因此温度是决定辐射能量大小和波谱的关键参数。

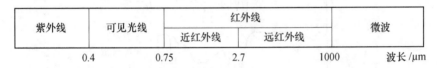

紫外线	可见光线	红外线		微波
		近红外线	远红外线	
0.4	0.75	2.7	1000	波长 /μm

图 6-36　红外线在电磁波中的位置

辐射到物体上的红外能量可以被吸收、反射或透射。被反射和透射的能量在物体上不产生热效应;被吸收的能量将在物体内部产生热效应,热效应的大小取决于热源和受热物体及其热特性。如果能量深入物体内部,就可产生有利的热效应。因为能量可达到物体的一定深度,使受热更均匀,减少受热物体的热应力。辐射到物体上的红外线能量的上述效应的大小和物体的性质、表面状态、温度和红外线的波长有关。图 6-37 示出了涂料颜色对近红外线加热效果的影响,图 6-38 示出涂料树脂的红外线吸收波谱。

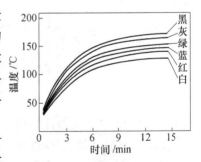

图 6-37　涂料颜色对近红外线加热效果的影响

红外辐射与传导和对流传送方式不同,传导和对流是从物体表面向内传送热量,而红外辐射把能量直接加到物体的内部的一定深度,使物体内部和表面以接近相同的速度加热。

采用红外线加热方式有以下明显的优点,所以在 SMA 的焊接中被广泛采用。

(1) 波长范围 $1\mu m \sim 5\mu m$ 的红外线能使有机酸和焊膏中的氢氧化氨焊剂活化剂离子化,显著改善了焊剂的助焊能力。

(2) 红外线能量渗透到焊膏里,使溶剂排放出来,而不会引起焊膏飞溅或表面剥落。

(3) 允许采用不同成分或不同熔化温度的焊料。

(4) 加热速度比 VPS 缓慢,元器件所受热冲击小。

(5) 在红外加热条件下,PCB 温度上升比气相加热(传导)快。这样,元器件引线和 PCB 温度的上升较之 VPS 更易协调,大大减少了虚焊和焊料芯吸现象的产生。

(6) 与 VPS 相比,加热温度和速度可调整。焊接不能耐热冲击的器件时,可降低加

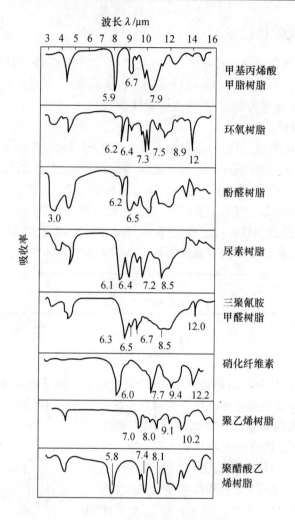

图6-38　涂料树脂的红外线吸收波谱

热速度,减少了这类元器件的损坏。对于要求低温度焊接的器件,采用红外加热,可降低焊接温度,允许采用低熔点焊料。

(7) 可采用惰性气体气氛进行焊接,可适用于焊后免洗工艺。

2. 红外再流焊所用的红外热源

用于红外再流焊的典型热源有面源板式辐射体和灯源辐射体两种类型,分别以 $2.7\mu m \sim 5\mu m$ 和 $1\mu m \sim 2.5\mu m$ 波长产生辐射。表6-8比较了两种辐射波长范围内各种材料的性能。同种材料情况下,面源辐射体产生的辐射大多数被吸收。因此,材料的加热情况比灯源辐射体的好。

表6-8　在面源和灯源红外发射的峰值波长材料的形式

材　料	面源板发射体(波长 $2.7\mu m$)	灯(T-3)发射体(波长 $1.15\mu m$)
玻璃—环氧(FR—4,G—10,F—12)	吸收的	半透明的
聚酰亚胺—玻璃	吸收的	半透明的
焊剂,焊膏	吸收的	半透明的

（续）

材　料	面源板发射体(波长 2.7μm)	灯(T-3)发射体(波长 1.15μm)
阳极化或氧化的金属 (Al, Cu, Ni, Sn, Pb)	吸收的	吸收的
抛光的金属 (Al, Cu, Ni, Sn, Pb, Au)	反射的	反射的
陶瓷(Al₂O₃, SiO₂, BaTiO₃)	半透明至吸收	透明到半透明
黑色塑料元件封装	吸收的	吸收的

1）面源板式辐射体

面源板式辐射体根据辅助原理工作，是用于红外焊接的最普通的辐射体。在这种类型的结构中，一般是将电阻元件嵌进适当的导热陶瓷材料中，并尽量接近辐射平面，陶瓷基材料后面附着热绝缘材料，以确保在一个方向辐射。然后把薄的轻质电绝缘高辐射系数的辐射体材料贴在平板前面。工作时，电阻元件加热该辐射体材料，在整个面上发出均匀的辐射。

另一种类型的面源辐射体，如图 6-39 所示，电阻元件嵌在反射板和辐射板之间。这种结构可以减少辐射体的成本。

电阻元件一般用 Ni-Cr 合金丝做芯子，用氧化镁封在不锈钢外壳内。面源板式辐射体通常具有 800℃ 的峰值温度额定值，典型工作寿命为 4000h～8000h。由于焊剂挥发物在辐射体平面上的凝聚和分解，需要定期清洗。

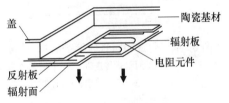

图 6-39　面源板式辐射体

2）灯源辐射体

有两种通用的灯源辐射体，T-3 灯和 Ni-Cr 石英灯。T-3 灯是将旋转绕制的钨灯丝密封在石英管内，灯丝由小钽盘支撑，灯管抽真空后用惰性气体(如氩气)填充，以减少灯丝和密封材料氧化变质。这种灯的峰值温度是 2246℃。Ni-Cr 石英灯结构上与 T-3 灯类似，区别在于石英管内不抽真空，这种灯的峰值温度是 1100℃。图 6-40 示出 T-3 灯的结构示意。

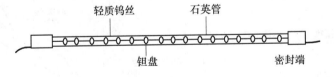

图 6-40　T-3 灯的结构示意图

钨丝是一种电阻材料，通过改变电压控制其温度。钨丝温度改变时，灯的辐射能力随之改变，所以调节电压，改变钨丝温度就可得到不同的峰值波长。而系统热量传递方式取决于波长。当工作电压大于额定电压的 20% 时，以红外辐射为主；而当电压低时，以对流为主，所以灯源系统能在较宽波长范围内工作。用石英材料做灯壳是由于其能耐钨丝工作高温；同时石英透射率高，能使 93% 以上的能量穿透。

3. 红外再流焊接设备

根据所用红外线的种类和热传递方式的特点,可将红外再流焊设备分为:近红外再流焊接设备,远红外焊接设备,空气循环远红外再流焊接设备和远红外特种气氛再流焊接设备。

1) 近红外再流焊接设备

最早采用的红外焊接设备是灯源红外焊接设备,由于这种焊接设备存在诸如阴影、加热温度不均匀等问题,所以就开发了灯源和面源板组合结构的红外再流焊接设备,如图6-41所示。这种设备在预热区使用远红外(面源板)辐射体加热器,再流焊接区使用近红外源辐射体作加热器,所以也叫近红外线再流焊接设备。如果在预热区也采用灯源辐射体,会由于加热速度快引起焊膏暴沸。这种组合结构的红外焊接设备在一定程度上克服了采用单纯灯源辐射体的焊接设备存在的问题。近红外线再流焊接设备典型温度曲线如图6-42所示。

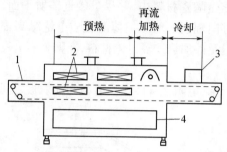

图6-41 灯源和面源组合结构的红外再流焊接设备
1—无网眼式传送带;2—平板式加热器;
3—冷却风扇;4—控制盘。

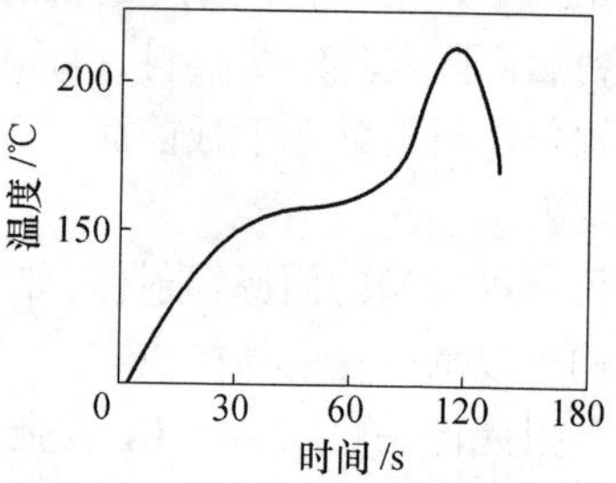

图6-42 近红外再流焊典型温度曲线

2) 远红外再流焊接设备

较为广泛采用的典型远红外再流焊接设备是面源板远红外再流焊接设备,如图6-43所示。该设备分成预热和再流加热两个区,可根据需要分别控制温度。6块面源板加热器分3组,两组用于预热,一组用于再流焊加热,可根据SMA的具体情况增加加热器的数目。远红外再流焊接设备的典型温度曲线如图6-44所示。

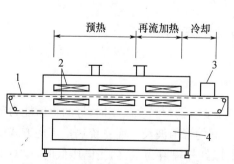

图6-43 面源板远红外再流焊接设备
1—无网眼传送带;2—平板式加热器;
3—冷却风扇;4—控制盘。

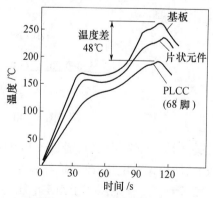

图6-44 远红外再流焊接
设备的典型温度曲线

红外再流焊接设备一般都采用隧道式加热和 PCB 传送机构。传送机构有带式和链式两种,目前链式传送机构已占多数,适用于组成 SMT 生产线,并可用于双面 SMA 的焊接;带式传送机构主要用网状不锈钢带制成,多适用于试生产和多品种小批量生产。

3) 空气循环远红外再流焊接设备

随着 PCB 高密度组装件的出现,特别是用 PLCC 等表面组装器件的 SMA,对红外再流焊接设备提出了更高的要求,所以出现了空气循环远红外再流焊接设备,如图 6-45 所示。这是一种把热风对流和远红外气氛对流组合在一起的红外再流焊接设备,它以远红外辐射加热为基础,通过耐热风扇使炉内热空气循环。采用这种加热方式具有下列特点:

(1) 可使设备内部气氛温度均匀稳定。

(2) 可用于高密度组装的 SMA 的再流焊接。

(3) 即使在同一基板上元器件配置不同,也可在均匀的温度下进行再流焊接。

(4) 基板表面和元器件之间的温差小。

(5) 可对 PLCC 下面贴装有片式元件的 SMA 同时进行再流焊接。

(6) 一般不会产生像 VPS 法因急剧加热而引起的芯吸现象及元件直立现象。

空气循环红外再流焊接设备的典型温度曲线如图 6-46 所示。与图 6-44 比较可以看出,空气不循环时,基板和元器件之间存在明显的温度差。空气循环时,SMA 上温度比较均匀,这是由于空气循环使组件上高温区温度下降,低温区温度上升,达到温度均匀,从而可进行最适宜的再流焊接工艺。

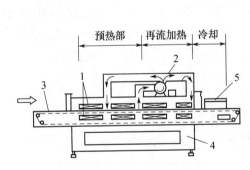

图 6-45 空气循环红外再流焊接设备

1—平板式加热器;2—空气循环装置;

3 无网眼传送带;4—控制盘;5—冷却风扇。

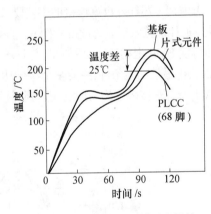

图 6-46 空气循环红外再流焊接
设备的典型温度曲线

4) 远红外特种气氛再流焊接设备

远红外特种气氛再流焊接设备是在上述空气循环远红外焊接设备中通入惰性气氛代替空气而构成的一种红外再流焊接设备,这种再流焊接设备具有以下优点:

(1) 焊料再流时,不会因焊剂劣化而引起润湿不良。

(2) 由于不易发生反复氧化,所以即使反复再流焊接也不会产生润湿不良。

(3) 减少了焊剂碳化,焊后容易清洗。

(4) 与免洗焊膏相结合,采用惰性气氛可进行免洗再流焊接工艺。

4．红外再流焊接工艺问题

红外再流焊接技术与气相再流焊接和波峰焊接技术相比，操作和维修最简单，只需要控制红外辐射体的温度和传送机构的速度两个主要工艺参数。再流焊接期间，随着这两个参数的变化，红外炉内的加热状态也发生变化，从而可以获得 SMA 的不同的加热温度曲线。正确控制加热温度曲线符合特定的要求，就能对 SMA 进行可靠的焊接操作。工作时要注意以下问题。

（1）预热温度和时间。为了获得优良的焊接质量，SMA 进行红外再流焊接时须先进行预热。因此，红外再流焊接设备必须设置预热区；在预热区辐射体必须保持足量的而又不过量的辐射，使温度逐渐上升到150℃，以便焊膏内的挥发物逐渐挥发，而又不会引起焊料飞溅和基板过热。SMA 在预热区应保持足够长的时间(一般 60s～120s)，使其表面的温度不均匀性减到最小。

（2）在预热之后，逐渐提高再流加热温度，使 SMA 达到焊料合金的润湿温度，最后达到峰值，使 SMA 在峰值温度下暴露时间最短，以防元器件劣化。考虑到元器件大小、焊膏量和 PCB 大小等因素，PCB 表面的峰值温度最高 220℃～230℃为宜，在该温度下 SMA 保持约15s，以使 SMA 在峰值温度下受热均匀，焊料均匀再流，且尽可能使元器件内部保持低温。

（3）传送机构的运动速度应满足上述工艺要求。如果速度较快，就不会有满意的焊接结果。如果要增加焊接系统的长度，就需要增加辐射体的数目，所以对于一定的设备必须根据工艺要求调整好传送机构的速度。

考虑到上述红外再流焊接的工艺要求，如果能按照 3 个不同的温度区设计再流焊设备，将会获得最佳焊接效果。为此推荐图 6－47 所示的温度曲线。该曲线示出 3 个明显不同的温度区：1 区使 SMA 上的所有材料的温度上升，并使焊剂中的溶剂开始挥发；在 2 区，焊膏内的焊剂活化，获得最佳润湿条件，并使整个组件达到预热温度；在 3 区，红外辐射体提供充足辐射，使 SMA 上所有焊接部位均匀地迅速达到焊接温度，获得充实的无缺陷的焊接连接。

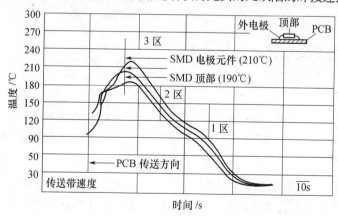

图 6－47　红外线再流焊接温度曲线

6.3.5　工具再流焊接技术

工具再流焊接技术实质上相当于采用电烙铁的焊接，所不同的是由于焊接对象不是插装元器件，而是微小型化的片式元件和复杂外形的表面组装器件，所以焊接工具也不像电烙铁那么简单,必须根据表面组装器件的外形和引线特征进行设计和更换。这种焊接技术是利用电阻或电感加热与表面组装器件引线接触的焊接工具,给焊接部位施加足够的温度和适当的压力,使焊料再流而达到焊接功能的一种成组的焊接方法。这种焊接技术可分为手动、半自动和自动 3 种类型。它主要应用于特殊表面组装器件的组装,以及应用于不易采用生产线组装的多品种、少数量的 SMA 组装。采用该技术焊装扁平封装的鸥翼形引线和多引线细间距的表面组装器件时,可减少手工焊接量和提高焊接的均匀性和可靠性;在品种多、数量少的电路组件的装焊中,可节省购买高精度贴装和焊接设备的投资。

工具再流焊接技术根据加热方式的不同,有热棒法、热压块法、平行间隙法和热气喷流法等 4 种类型,而每一种类型的焊接又可以采用手动、半自动和全自动方式进行。

1. 热棒再流焊接系统

这种再流焊接系统采用如图 6-48 所示的工具,这种焊接工具是在通常称为热靴的头上装上金属电阻叶片,热靴和叶片尺寸取决于器件的尺寸。焊接操作前,首先把器件用手工或自动贴装机贴放在 PCB 上的焊盘图形上,焊盘图形上预先施加了适量的焊料和焊剂,采用电镀焊料法时其厚度为 0.0076mm～0.023mm。如图 6-49 所示,预置压力使带加热叶片的气动热靴与引线接触,经过再流加热,焊料固化和热靴提升等过程完成整个再流焊接周期。采用这种技术的半自动热棒再流焊接装置,可换用不同尺寸的热靴,可焊接数十到数百根四边引线的 SMD。

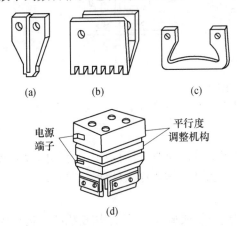

图 6-48　热棒再流焊接所用工具形状
(a) 单点用;(b)、(c)、(d) 多点同时用。

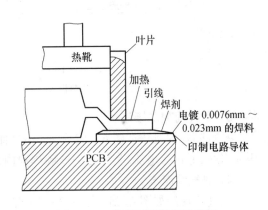

图 6-49　热棒再流焊接示意图

热棒再流焊接采用脉冲电流进行加热,如图 6-50 所示。采用这种加热方法时,应注意以下两个问题:

(1) 由于是利用叶片上流过的脉冲电流进行加热,所以难以探测温度上升分布情况,一般情况下,叶片中央比两边温度高,所以其中央部位设计成中空形状,从而使与引线接触的叶片温度均匀,如图 6-49 所示。叶片形状可以根据实际热靴和器件情况切割修整。

(2) 用脉冲电流加热时,焊料熔化。断电流后,叶片冷却,焊料固化。但在焊料固化前必须用叶片压住器件引线(焊接部位)。为了加速冷却,可用惰性气体小心地轻吹焊接部位进行强制快速冷却,以获得优质焊缝。

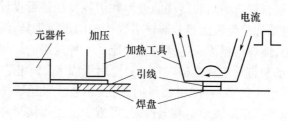

图6-50 脉冲加热法示意图

2．热压块法

热棒再流焊接中,焊接工具形状复杂,工具大小受到一定限制。而热压块法所用的焊接工具结构简单,制作容易。图6-51示出热压块法的原理。采用这种方法进行焊接时,工具上流过电流进行加热,温度分布和上升比较容易控制。焊接时,弹簧压板先压住引线,然后热压块下降压住压板,通过热传导使预敷焊料再流;经过一定再流时间后,热压块上升,弹簧压板仍压住引线,待焊料固化后再同热压块一起上升离开器件引线;可用惰性气体轻吹焊接部位进行强制快速冷却。

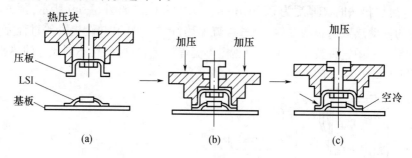

图6-51 热压块法原理
(a)再流前状态；(b)再流加热状态；(c)冷却状态。

3．平行间隙焊接法

平行间隙焊接法如图6-52所示,不是使焊接工具自身加热,而是用平行的两根电极压住引线,通过大电流,利用在引线和焊料内部产生的焦耳热使预敷焊料加热再流。

4．热气喷流法

热气喷流法如图6-53所示,利用加热器加热空气或氮气等,使之从喷嘴喷出进行焊料再流。根据气体流量和加热器的温度调整进行温度控制。

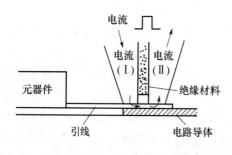

图6-52 平行间隙焊接法示意图

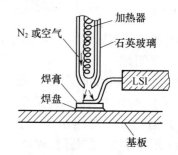

图6-53 热气喷射流法示意图

以上介绍的工具加热再流焊接技术,其共同特点是:

(1) 可以根据被焊接的器件自由地设计焊接工具或喷嘴的形状,能焊接形状复杂的器件。

(2) 能进行多点同时焊接,减少了工位数。

(3) 由于只加热焊接部位,元器件本身和相邻元器件受到热应力的危险小。

因此,这种焊接技术非常适用于品种多、数量少的军事电子设备组件和研制产品的精密焊接,可以获得高可靠性的焊接效果。另外,在 SMA 的返修中也可采用该类技术。

6.3.6　激光再流焊接技术

激光再流焊接技术主要适用于军事和空间电子设备中的电路组件的焊接。这些电路组件采用了金属芯和热管式 PCB,贴装有 QFP 和 PLCC 等多引线表面组装器件。由于这些器件比其它 SMA、PCB 的热容量大,采用 VPS 需增加加热时间,这将导致 PCB 和表面组装器件出现可靠性问题。波峰焊接和红外再流焊接技术也不适用于这种情况的焊接。激光再流焊接技术可快速在焊接部位局部加热而使焊料再流,避免了用上述焊接技术的缺陷。

另外,由细间距器件组装的 SMA 在成组的再流焊接工艺中常出现大量桥接和开口。特别是随着引线数目的增加和引线间距的缩小,引线的非共面性使这些焊接缺陷显著增加。引起桥接的主要原因是在精细的焊盘上均匀地印刷焊膏图形非常困难。还有当引线接触涂有焊膏的焊盘和烘干期间会出现焊膏破裂和扩展,这都会导致焊接桥接和开口等缺陷的产生。采用激光再流焊接工艺可以消除上述焊接缺陷,实现多引线细间距器件的可靠焊接。

1. 激光再流焊接技术的原理和特点

激光焊接是利用激光束直接照射焊接部位,焊接部位(器件引线和焊料)吸收激光能并转成变热能,温度急剧上升到焊接温度,导致焊料熔化,激光照射停止后,焊接部位迅速空冷,焊料凝固,形成牢固可靠的焊接连接。其原理如图 6－54 所示,影响焊接质量的主要因素是:激光器输出功率、光斑形状和大小、激光照射时间、器件引线共面性、引线与焊盘接触程度、电路基板质量、焊料涂敷方式和均匀程度、器件贴装精度、焊料种类等。

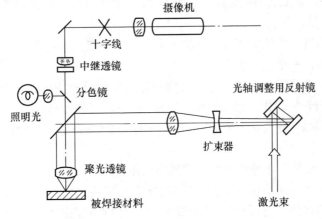

图 6－54　激光焊接系统的光学原理

　　激光再流焊接中的两个主要问题是,所用激光的波长和聚集到引线端子上的激光光斑的形状和大小。

　　根据各种不同材料对不同的激光辐射的吸收、反射和透射原理,在激光再流焊接中普遍采用固体 YAG 激光和 CO_2 激光。YAG 激光的波长为 $1.065\mu m$,属近红外领域;气体 CO_2 激光波长为 $10.63\mu m$,属远红外领域。在金属表面上,波长越长,光的反射率越大,为了加热器件引线和预敷的焊料面,波长短有利,所以 YGA 激光作再流焊接的热源比 CO_2 激光效率高。而且,电路基板对 YAG 激光的吸收率比对 CO_2 激光的吸收率小,所以基板受热损失小,因此在激光再流焊系统中,常用 YAG 激光。这两种激光的聚焦光斑直径都能满足 SMA 焊接的要求。

　　采用 YAG 激光的再流焊接技术有以下特点:

　　(1) 用激光所具有的高能密度能进行瞬时微细焊接,并且把热量集中到焊接部位进行局部加热,对器件本身、PCB 和相邻器件影响很小,从而提高了 SMA 的长期可靠性。

　　(2) 激光加热过程一停止就发生空冷淬火,比 VPS 或红外再流焊接技术更能形成细晶粒结构的坚固焊接连接。并且由于焊点形成速度快,能减少或消除金属间化合物,有利于形成高韧性低脆性焊缝。

　　(3) 用光导纤维分割激光束,可进行多点同时焊接。

　　(4) 在多点同时焊接时,可使 PCB 固定而移动激光束进行焊接,易于实现自动化。

2. 激光再流焊接系统

　　激光再流焊接系统主要由连续 YAG 激光器、光路系统、支撑 SMA 的精密工作台和微机控制系统等部分组成。光路系统决定被焊接的引线端子上所聚集的激光光斑的形状,有两种类型的激光辐射聚集形状——聚焦束和分散束。根据不同类型的光路设计,可将激光再流焊接系统划分为聚焦束激光焊接系统和分散束激光焊接系统。

　　1) 聚焦束激光焊接系统

　　美国 Vanzetti 系统公司的 ILS7000 激光焊接系统是典型的聚焦束激光焊接系统,如图 6-55 所示,它是集焊、测、控为一体的智能激光焊接系统。该系统的主要组成和功能是:

　　(1) 定位用氦氖激光器。用来测定 YAG 的靶面积,用于初始 $X-Y$ 编程。

　　(2) 双快门连续 YAG 激光器。标准输出功率为 12.5W,光斑直径为 0.1mm ~ 0.6mm,为焊接提供能量。

　　(3) 红外探测器。监控焊接过程中激光向加热的焊点发射的能量。

　　(4) 伺服控制精密定位工作台。

　　(5) 数字计算机系统。它通过将热图像和存储在计算机中的参考图像进行比较,识别不正常焊点。当焊料熔化或测出温度不正常焊点时,红外传感器的读数使计算机关闭激光。它能把缺陷数据送至标记台,用墨水标出有缺陷的焊点。并能使 $X-Y$ 工作台连续地定位到加热点。

　　(6) 精密光学元件和光导纤维组成的光路系统。主要部件有:纤维光学光导管,用来将激光能送至倾斜式光学系统;内装分光镜的光学加工头,将光能送至元器件引线,并把红外热图像传送至探测器,还使摄像机能观察 YAG 激光的靶面积。

　　(7) 其它。TV 显示器用来显示 YAG 靶面积,用于初始 $X-Y$ 编程和操作监控。摄

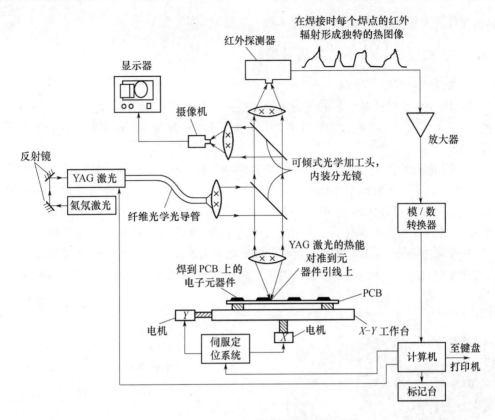

图 6-55 ILS7000 智能激光再流焊接系统

像机用来观察 YAG 激光的靶面积。模拟/数字转换器,将红外探测器读数数字化,供计算机比较。

该系统在进行焊接的同时,用红外探测器测量焊点温度,与所建立的标准焊点质量数据库中的数据进行比较和分析判别,将结果反馈给系统,控制焊接参数。由于采用了红外探测器、机器视觉和计算机系统,能监测和控制焊接过程,实现了智能化,所以该系统的明显优点是:

(1) 消除了损伤 SMA 的可能性。

(2) 用户可以在焊接进行过程中检查焊点形成情况,无需进行单独检测。

(3) 焊接过程中所积累的数据立即提供给过程控制使用,可跟踪焊接中出现的问题,由系统及时校正。

(4) 焊接速度范围是每根引线 50ms～150ms。

2) 分散束激光再流焊接系统

图 6-56 示出 NEC 公司的分散束激光焊接系统的光路设计原理,这种系统可将激光束分别聚集到器件两边的所有引线上,实现了用激光进行多点同时焊接。如果器件四边有引线,光学系统可转动 90°,完成另外两边的焊接。在再流工艺开始时,用"压杆"使器件受到面向焊盘的机械

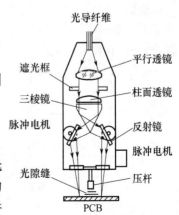

图 6-56 分散束激光焊接系统的光路结构示意图

力,从而使所有引线和焊盘接触,确保焊接可靠性。

6.3.7 再流焊的焊接不良及其对策

1. 焊膏的未熔融

SMC/SMD 在焊接时出现的焊膏未熔融不良状况如图 6-57 所示。如何来判别其发生的原因,应该先对其不良内容的生存加以正确认识,未熔融的不良现象可以分为以下的两种场合。

(1) 在固定部位发生的未熔融。对于表面贴装的焊接,被焊接物的可焊性、焊料、适合的温度曲线 3 个主要因素必须在一致的情况下,方可获得良好的焊接效果。在特定的部位发生未熔融,可以认为是焊膏的问题。若是焊膏的润湿性不良,需要对设定温度的适合性重新判别。上述的推测是不是正确可通过表 6-9 进行比较检验。如果检验中与表 6-9 中的某一项是符合的,可考虑是不是再流焊炉温度设定的问题。假如是温度设定问题,可在未熔融发生场所加装热电偶,并调整再流焊炉的温度曲线再重新设定温度。

表 6-9　固定部位焊膏未熔融检验目录

检验项目(内容)
1. 发生未熔融的元件是不是热容量大的元件
2. 是不是在基板的反面装载了热容量大的元件,形成导热障碍
3. 发生未熔融元件的四周是不是装载了热容量大的元件
4. 组装在基板端部的元件有没有发生未熔融
5. 在发生未熔融的部位有没有与基板地线或电源线路部等热容量大的部件相连接
6. 未熔融的场所是不是属于隐蔽的部位,即对热风或红外线直接接触较困难的结构状态

图 6-57　焊膏的未熔融

(2) 发生的部位不固定,属随机发生。未熔融的状况是随机发生的,按前面讲的焊接三要因,这时的不良,不会是焊接的元件及焊接温度问题,可以判断为是由于焊膏的异常而发生的。也可按表 6-10 的内容加以对照,对不良现象的原因加以分析。在对照时,不管是哪一种情况相符,焊膏如有异常首先会在黏度上有所反应(上升现象多),所以,对焊膏产生疑问时,最好的办法应先检查其黏度是否符合要求。

表 6-10　不固定部位焊膏未熔融检验目录

检验项目(内容)
1. 焊膏的密封保管状态是否符合要求
2. 焊膏的保管温度是否正确(5℃~10℃)
3. 焊膏的使用期限是否超差(一般不超过进货后的 2 个月)
4. 是否在使用前 12h 将焊膏从冰箱中取出
5. 从冰箱取出后是否马上把盖子打开(如马上打开发生的结露会使水分进入焊膏)
6. 一次未用完焊膏是否重复使用(再使用时,是否对其品质加以确认)
7. 焊膏搅拌有否超时(2min 之内),速度是否过快,过快会摩擦生热,引起化学反应

(续)

检 验 项 目 (内 容)
8. 从冰箱取出的焊膏是不是按原状用完
9. 是不是在规定时间内用完
10. 焊膏装料容器的盖是否关闭好
11. 是否将装料容器盖附近的焊膏(沾上的)擦去

2. 焊料量不足

焊料量不足的不良现象如图 6-58 所示。在确认这种不良现象时,需注意到发生不良部位的焊接状态,焊接状态的异同在分析原因上存在的差别很大,大致可分为下面两种场合。

图 6-58　焊料量不足

(1) 在发生焊料量不足的部位,焊料的润湿性非常好,完全不是焊接状态问题,仅仅表现为焊料量少。在情况明显时,可以考虑是不是焊膏印刷问题,检查一下焊膏的印刷性能有否减低,或者是印刷机的设定参数是否适宜,也可利用表 6-11 的项目加以检验。

表 6-11　焊料不足检验目录

项　　　目	对　　　策
1. 刮刀将网板上的焊膏转移(印刷)时,网板上有没有残留焊膏	1. 确认印刷压力 2. 设定基板、网板、刮刀的平行度
2. 印刷网板的开口部有没有被焊膏堵塞	1. 当焊膏性能恶化会引起黏度上升,这时会同时带来润湿不良。也可根据表 6-10 的方法给予检验 2. 焊膏印刷状态与开口部尺寸是不是吻合(特别注意到粉末大小、黏度)
3. 网板开口部内壁面状态是否良好	要注意到用腐蚀方式成形的开口部内壁面状态的检验,必要场合,应更换网板
4. 聚酯型刮刀的工作部硬度是否适合	刮刀工作部如果太软,印刷时会切入网板开口部挤走焊膏,这在开口部尺寸比较宽时特别明显
5. 焊膏的滚动性(转移性)是否正常	1. 重新设定印刷条件(特别是刮刀角度) 2. 在焊膏黏度上升时,如同时出现润湿不良,可按表 6-10 再予检查 3. 检验对印刷机供给量的多或少

(2) 在发生焊料量不足的部位,常常同时会引起焊料的润湿不良。可参照表6-11的措施进行,焊料的润湿不良会产生各种各样的反应,有时寻找真正的原因很困难,采用逐步分析处理的方式比较妥当。

3. 焊料润湿不良

润湿不良现象如图6-59所示。焊料的润湿不良是个较复杂的问题。当依靠焊料表面张力所产生的自调整效果,包含沉入现象对元器件的保持力失去作用时,就会发生错位、焊料不足、元件跌落、桥连等不良现象,也可以说是综合性不良。这些不良现象的根源基本上是由润湿性造成的。

图6-59　焊料的润湿不良

(1) 使用的焊料为焊膏时,以再流焊炉的温度曲线作为中心,对与焊接工艺有关的所有条件加以重新评价。这时,可将热电偶粘在基板上,再一次测定再流温度曲线,然后利用表6-10方式检测焊膏性能。

(2) 当上述检验没发现问题时,可推定为是元件与基板的焊接表面问题。这种场合,可检查一下是不是焊接表面氧化的原因,例如因不能去除活性剂而形成一定程度的氧化膜等。要掌握正确的原因,可利用电子显微镜在发生焊接不良的部位进行截面分析。这里将几个具有代表性的润湿不良现象作为分析例子。

① 焊料校平处理。焊料校平处理是在基板焊区面电镀熔融焊料,利用基板检查润湿不良及其发生机理。印制基板的焊料校平处理方法如图6-60所示。经校平处理后的基板截面图如图6-61所示。在校平处理的基板焊区面,沾上的焊料将发生厚薄不等形状,根据焊接基础理论分析,薄的状况是通过焊接生成的金属间化合物层的表面部分。这个金属间化合物层非常容易氧化,且会形成强固的氧化被膜,因此,这个薄的部分常发生焊料润湿不良。基板在进行校平处理时,通常规定的焊料最低厚度在 $1\mu m \sim 2\mu m$。

② (镍+金)镀层面的润湿不良与发生机理。(镍+金)镀层面基板焊区截面图如图6-62所示。这种不良现象主要是金的镀层非常薄,当镀金层面有多数个气泡存在时,通过这种层面气泡会使衬底的镍层氧化,如处于高湿度状态,不仅会形成氧化物,还会生成镍的氢氧化物,这种氧化物和氢氧化物是十分牢固的,要消除较困难,从而形成润湿不良。作为对策,金镀层采用浸渍镀方式可减少气泡的发生,比较有效。

4. 焊料桥连

桥连的不良现象如图6-63所示。作为桥连的原因比较清晰,一般是由焊料过剩所产生,但也有其它原因引起的,例如润湿不良情况。如发生了焊料的润湿不良,也许可焊接的面积会减小,焊料的过剩供给会根据焊接面积而发生变化,这种情况下,给予通常量的焊料,也能成为过剩供给。

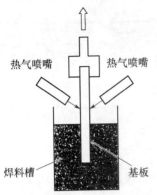

热气喷嘴　热气喷嘴

焊料槽　　基板

将基板浸渍在料槽,待熔融焊料
对基板镀层后,在基板拉上来的
同时,用热气喷嘴,吹掉基板面
上多余的焊料(热气为惰性气体)

图 6-60　基板的焊料校平处理

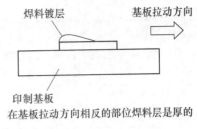

焊料镀层　　　基板拉动方向

印制基板
在基板拉动方向相反的部位焊料层是厚的

图 6-61　基板焊区截面图

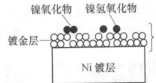

镍氧化物　镍氢氧化物

镀金层

镍原子将从金镀层的气泡
中通过露出在表面,而形
成氧化物,氢氧化物

Ni 镀层

图 6-62　(镍+金)镀层面截面图

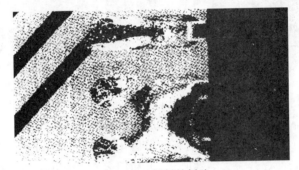

图 6-63　焊料的桥连

　　对照焊接桥连发生的部位及观察其焊接状态,如果确定是由润湿不良而引起的,那么应该先解决润湿不良的原因。如果焊接状态没有异常,可能是焊料过剩所致,那么就可以检查焊膏的印刷工艺问题,必要的检验项目如表 6-12 所列。

表 6-12　桥连检验目录

项　　目	对　　策
1. 印刷网板与基板间是否有间隙	1. 检查基板是否存在挠曲,如有挠曲可在回流焊炉内装上防变形机构 2. 检查印刷机的基板顶持结构,使基板的保持状态与原平面一致 3. 调整网板,基板工作面的平行度
2. 对应网板面的刮刀工作面是否存在倾斜(不平行)	调整刮刀的平行度
3. 刮刀工作速度是否超速	重复调整刮刀速度(刮刀速度过快情况下的焊膏转移,会降低焊膏黏度而在焊膏恢复原有黏度前就执行脱板,将产生焊膏的塌边不良)
4. 焊膏是否回流到网板的反面一侧	1. 网板开口部设计是否比基板焊区要略小一些 2. 网板与基板间不可有间隙 3. 是否过分强调使用微间距组装用的焊膏,微间距组装常选择粒度小的焊膏,如没必要,可更换焊膏

(续)

项　　目	对　　策
5. 印刷压力是否过高,有否刮刀切入网板开口部现象	1. 聚酯型刮刀的工作部硬度要适中,太软易产生对网板开口部的切入不良 2. 重新调整印刷压力
6. 印刷机的印刷条件是否适合	检查刮刀的工作角度,尽可能采用60°角
7. 每次供给的焊膏量是否适合	可调整印刷机的焊膏供给量

5. 焊料球

表面贴装焊接中的焊料球不良现象如图6-64所示,焊料球的生成原因在前文中已作过介绍,这里介绍不良现象的特征及其处理对策。

图6-64　焊料球不良现象

(1)焊膏中焊料粉未氧化场合。不良现象特征:经仔细检查,可以发现靠近基板焊区有很多近似于粉末大小的焊料球,这个状况用目测看不到。解决问题对策:首先检查一下焊料粉末氧化的原因,在再流焊中有没有发生氧化,或者是焊膏的使用方法是否适当,是否因再流焊时间过长使焊膏失去活性所致,可利用表6-10检查焊膏性能。根据焊膏使用特性,活性剂从温度80°开始作用到熔融的时间应控制在2min之内。

(2)由焊膏加热时的塌边而发生的场合。不良现象特征:由塌边不良所形成的焊料球,一般用目测可以看到,常发生在元件一侧或焊区的周边。解决问题对策:先检查焊膏的印刷量是否正确,再调查焊接预热时间是否充分或是否发生焊膏中溶剂的飞散不良,当上述检查得不到满意结果或仍情况不明,则可考虑对选用的焊膏提出更换要求,或请供应商提供加入了防止加热熔融塌边材料的新焊膏品种。

(3)由焊膏中溶剂的沸腾而引起焊料飞散场合。不良现象特征:与上面两个不良现象相比较,由溶剂沸腾引起的焊料飞散,可以在离焊接部位比较远的位置上发现焊料球,所形成的焊料球不良形状,不一定是球型形状,也可为任意形状。解决问题对策:检查焊接工序设定的温度曲线是否符合工艺要求,焊接预热是不是充分,在找不到原因时,可对使用的焊膏提出更换要求。

6. 元件位置偏移(错位)

元件位置错位或翘立不良现象如图6-65所示。这种不良现象的发生可以怀疑是焊料润湿不良等综合性原因。先观察发生错位部位的焊接状态,如果属润湿状态良好情况下的错位,可考虑能否利用焊料表面张力的自调整效果来加以纠正,如果发现是润湿不良所致,那么,要先解决润湿不良状况。在焊接状态良好时发生的元件错位,有下面两个因素。

（1）在再流焊接前元件已经发生了错位。先检查焊接前基板上组装元件位置是否偏移，如果有这种情况，可了解一下是否是焊膏黏结力不够，或者有其它外力影响，可按照表6－10检验焊膏的黏结力是否合乎要求，如不是焊膏的原因，再检查贴片机贴装精度、位置是否发生偏移。

（2）在再流焊接时发生了元件的错位。虽然焊料的润湿性良好，且有足够的自调整效果，但最终发生了元件的错位，这时要考虑再流焊炉内传送带上是否有振动等影响，对再流焊炉进行检验。如不是这个原因，则可从元件曼哈顿不良因素加以考虑，是否是两侧焊区的一侧焊料熔融快，由熔融时的表面张力发生了元件的错位，如图6－66所示。也可从表6－13上对照检查。

图6－65　元件的移位

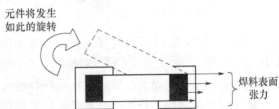

元件将发生如此的旋转

焊料表面张力

如右侧焊区的焊料先熔融，熔融焊料发生图示的不平衡表面张力会使元件旋转，从而产生错位

图6－66　元件错位的原因

表6－13　位置偏移检验目录

项　　目	对　　策
1．在回流炉的进口部元件的位置有没有错位	1．检验贴片机贴装精度，调整贴片机 2．检查焊膏的黏结性 3．观察基板进入回流炉时的传送状况
2．在回流焊接中发生了元件的错位	1．检查升温曲线和预热时间是否符合规定 2．基板进入回流炉内是否存在振动等影响 3．预热时间是否过长，使活性剂失去作用，再检查升温曲线
3．焊区印刷的焊膏是否过多	调整焊膏的供给量
4．基板焊区设计是否正确	按焊区设计要求重新检查
5．焊膏的活性力是否合格	可改变使用活性力强的焊膏

7．引脚吸料现象

考虑元件引脚的吸料现象，需对发生吸料部位的焊接状态进行确认，一般是在润湿不好的情况下发生的，由多余的焊料流出所致。如果是焊料润湿不良的原因，应先对润湿不良实施对策。如果不是润湿不良而发生了吸料现象，这时可推测可能是焊接中引脚部温度比焊接部温度高，熔融焊料易向温度高的部分移动，从而导致吸料现象。在这种情况下，要对再流焊工序的温度曲线重新确认或调整。引脚吸料现象和发生机理如图6－67所示。

熔融焊料向
这个方向移动

引脚根部

焊接部

吸料现象

在引脚温度比焊接部高的场合,焊接时焊料会
向引脚根移动,将这种现象称为引脚吸料

图6-67 引脚吸料发生机理

6.4 免洗焊接技术

自1974年发现CFC对大气臭氧层有破坏作用以来,国际社会越来越认识到保护臭氧层的重要性,开展了替代CFC的研究开发工作,并取得了不少成果。解决上述问题的最彻底的方法是在电路装联领域使用免洗焊接技术。

免洗焊接包括两种技术。一种是采用低固体含量的焊后免洗焊剂,如用聚合物和合成树脂代替RMA;另一种是惰性气体焊接和在反应气氛中进行焊接。实际上,只有将免洗焊接剂(或焊膏)与适当的免洗焊接工艺及设备相结合,才能实现免洗焊接。

1. 低固体含量合成树脂焊剂

这种焊剂的特性已在前文中进行了介绍。这种焊剂的活性仅在一定时间内有效,因此如不用更严格的焊接工艺控制,难以保证焊接可靠性。另外,这种焊剂黏结强度低,用于波峰焊时,容易被焊料波峰冲洗掉,不能确保获得优良的焊缝,有时会产生桥接、拉尖和斑点等焊接缺陷,所以限制了它的应用领域,尚需继续研究开发更加有效的焊后免洗焊剂。

2. 免洗焊接工艺技术

焊剂的作用是去除焊接前在SMA组件焊接部位的氧化物,以及保护焊接部位的焊料和引线不致于受热而重新氧化,并形成焊料的优良润湿条件,提高可焊性。如果焊接在惰性气氛中进行,就可消除焊接部位在焊接过程中重新氧化的环境,从而可以减少或取消焊剂的使用。焊接前仅用少量弱活性焊剂就可以去除焊接部位表面的氧化物并维持到进入惰性气氛,或者对元器件引线进行一定处理,就可实现无焊剂焊接。

免洗焊接工艺主要有惰性气氛焊接工艺和反应气氛焊接工艺。

1)惰性气氛焊接技术

在波峰焊接和再流焊接设备中焊接SMA时,可使焊接过程在惰性气氛中进行。由于在惰性气氛中SMA上的焊接部位和焊料表面的氧化被控制到最低限度,形成了焊料的良好润湿条件,所以采用少量弱活性焊剂就能获得满意的焊接效果。常采用两种类型的惰性气氛焊接设备:开放式和封闭式。

(1)开放式惰性气氛焊接设备。这种焊接设备一般采用隧道式结构,适用于波峰焊接和连续式红外再流焊接设备。采用这种结构的波峰焊接设备如图6-68所示。在这种结构中,采用氮气连续通道,降低通道中氧气含量,使通道中氧气浓度低于$10\mu L/L$。为了进一步降低氧气含量,可通入适量甲醇,通入量根据生产量确定;在上述惰性气氛中甲酸和金属氧化物如下反应:

$$MeO + 2HCOOH \xrightarrow{T>150℃} (HCOO)_2 + H_2O$$

$$(HCOO)_2Me \xrightarrow{T>200℃} Me + 2CO_2 + H_2$$

$$HCOOH \longrightarrow CO_2 + H_2$$

$$HCOOH \longrightarrow CO + H_2O$$

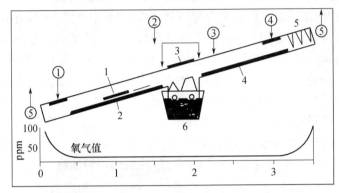

图 6-68　开放式惰性气氛焊接设备示意图

1—PCB组件；2—红外预热；3—窗口；4—冷却水；5—气体罐洗；6—焊料槽。

注入氮气①0.5m³/h；② 0.2m³/h掺入甲酸；③ 4.0m³/h；④ 2.0m³/h；⑤ 排气。

从而提高了焊料润湿性能和焊接部位的可焊性。但是开放式系统尚存在以下缺点：

① 采用了有毒物质甲酸。在许多国家的职业保护和保健法中都严格规定了甲酸的最高限值为 0.5Pa，并要求系统进行密封，但这对于连续式焊接设备是很难实现的。

② 在甲酸的还原气氛中，防止进一步氧化的氧化物层被破坏，会引起早期缺陷。

③ 工艺控制复杂，成本高。

(2) 封闭式惰性气氛焊接设备。封闭式结构解决了开放式结构存在的问题。封闭式焊接系统也采用隧道式结构，只是在系统的进出口端设置了真空腔。焊接时，SMA 先被送入真空腔内，然后封闭真空腔并抽真空，使腔内氧气压强降低到 500Pa，之后注满氮气，接着再抽真空，再注氮气，使腔内残留氧气浓度小于 5μL/L，由于氮气中也含有低于 3μL/L 的氧气，所以腔内总的氧气浓度小于 7μL/L。然后打开通道门，把 SMA 送入全密封的焊接预热和加热区(注有惰性气体)。焊接周期完毕后 SMA 被送到出口端的真空腔内，该真空腔已按上述程序进行了抽真空处理，待内通道门关闭后，SMA 才从真空腔送出。这种全封闭的惰性气体焊接设备可获得高质量的焊接连接，实现焊后免洗，确保了 SMA 的长期可靠性。图 6-69 为这种系统的示意图。

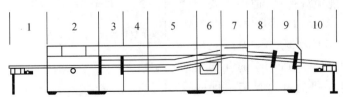

图 6-69　封闭式惰性气氛焊接设备示意图

1—装载区；2—PCB 传送；3—入口真空腔；4—第一预处理区；5—第二预处理区；

6—焊接区；7—连接区；8—缓冲区；9—出口真空区；10—卸载区。

在波峰焊中采用 N_2 气氛,是从 20 世纪 80 年代后期开始的,紧接着又将 N_2 气氛用于再流焊炉,并且特别应用于红外和强力对流混合的再流焊炉中。伴随着免洗焊膏的开发和应用,采用 N_2 气氛再流焊技术已越来越普遍,N_2 气氛炉显著优点是:在氮气氛中焊接,由于 O_2 含量低,减少了焊料的氧化,使其润湿力提高,润湿时间缩短,从而提高了焊接质量;很少产生焊料球,电路极少污染和氧化;由于表面张力较高,可采用活性极低的焊膏,为免洗焊膏的应用创造了优良的焊接条件;在氮气氛中焊接,焊料向引脚缩回,使焊料桥接减至最少,所以特别适用于狭间距器件的焊接。从炉体结构上分析,氮气氛再流焊炉采用在入口和出口区装有真空锁闭结构的封闭式更能充分发挥上述优点,如图 6-70 所示。这种再流焊炉的关键工艺问题是 O_2 浓度及其测定,N_2 气氛消耗和流量控制。采用封闭式系统,能有效地控制 O_2 浓度和 N_2 气流量。为了实现理想的 O_2 浓度,传送带出入口开口形式的设计和密封很重要。为了使炉内 N_2 气分布合理,需要精心设计 N_2 气入口位置和数量,以及流量控制方法;还要设定氧浓度测试点及 O_2 浓度控制方法和装置。控制炉内风速分布以及送风结构也是关键技术,以便实现均匀加热。

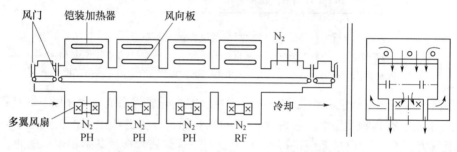

图 6-70 封闭式 N_2 气氛再流焊设备

2) 反应气氛焊接技术

反应气氛焊接是将反应气氛通入焊接设备中,从而完全取消了焊剂的使用,是一种仍在继续研究开发的免洗焊接工艺。

3. 免洗焊接工艺的焊接可靠性

上述惰性气氛焊接工艺是在氧气浓度低于 $7\mu L/L$ 的环境中进行的,因此,焊接部位和焊料不会被重新氧化,无需使用松香型焊剂,只需用少量低固体含量焊剂进行焊前 SMA 表面处理,或不用焊剂,只对组件进行焊前修整,可实现免洗焊接,适用于要求严格的电路组件。表 6-14 表明,惰性气氛焊接工艺将使焊接缺陷率减少 80%。

表 6-14 波峰焊接后焊剂剩余物比较

无元器件 PCB	用离子照相法测量的 $NaCl$ 的离子当量/$(\mu g/cm^2)$
在空气中焊接 发泡焊剂	
不清洗	10.9
清洗	2.5
保护气氛焊接 喷射焊剂	
不清洗	0.3
不用焊剂	
不清洗	<0.3
美国 Mil-P-28809 规定	3.1

免洗焊接工艺不但适用于通孔插装组件、混合组装组件和全表面组装组件的焊接,而且也适用于多引线细间距器件组装的 SMA。在这些应用中显示出下列优点:

(1) 用于双波峰焊接工艺,由于少用或不使用焊剂,从而消除了由于截留焊剂气体引起的焊接缺陷,并消除了喷嘴的堵塞,提高了波峰焊接的稳定性,有利于获得高质量的焊接连接。

（2）取消了清洗工艺和相应设备,大大降低了操作成本。

（3）由于消除了焊料和焊接部位的氧化,提高了焊料润湿性和焊接部位的可焊性,从而,最大限度地减少了焊接缺陷,大大提高了焊接质量,确保了 SMA 的焊接可靠性。

所以,免洗焊接技术是一项非常有价值的实用技术,它的推广应用在技术上、经济效益上和对人类生存环境的保护方面都具有非常重要的现实意义。

6.5　无铅焊接技术

1. 无铅焊接产生背景与发展现状

无铅焊接技术的产生背景是防污染。采用含铅焊料的焊接技术使电路板产品带有大量的铅合金,它将带来如图 6-71 所示的一系列污染问题。

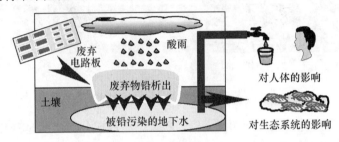

图 6-71　有铅电路板的污染示意图

无铅焊接技术于 20 世纪 90 年代初率先由美国提出,当时相关技术还不成熟,未能形成相应的标准。但这些年来,技术发展没有停滞,在电子产品制造技术领域,必须采用无铅焊接技术的共识越来越强,越来越多的国家和厂商开始重视此项工艺技术。

20 世纪 90 年代后期,发达国家开始大力发展无铅焊接工艺技术,其中日本的发展速度尤为突出。例如,1998 年松下电子推出无铅焊料技术产品,索尼、东芝与 NEC 等公司陆续提出无铅产品的计划等。在无铅焊接工艺技术的应用中,目前日本走在全球厂商前面。

欧盟于 1998 年立法限制使用含铅产品,提出了世界第一个电子设备和元件的无铅建议标准,该规定由于各种原因其执行时间有过由初定的 2004 年延迟到至今等变化。当完全执行该规定时,铅、汞、镉及其它有害材料将在电子产品中被禁用。与此同时,日本等国也在积极制定无铅技术应用的标准。无铅焊接技术正在快速发展之中。目前,我国也已经开展无铅焊接及其材料应用技术方面的研究工作,但尚处于采用国外材料和工艺技术的应用性研究为主的初级阶段。

2. 无铅焊接技术的益处与问题

无铅焊接技术采用的无铅焊料铅(Pb)的含量(W_B)少于 0.1%,一般采用锡(Sn)加无害金属组成。无铅焊料的益处除了对环境保护有利之外,与传统含铅焊料 Sn/Pb 合金相比,它还有抗蠕变特性好,能提高电子产品质量和寿命等益处。然而,无铅焊接与传统焊接技术相比,在带来上述益处的同时,也带来了许多需要我们去面对和解决的问题。这些问题主要有以下几方面。

(1)由于焊接温度提高带来的问题。无铅焊料焊接温度比含铅焊料焊接温度要高出15℃~40℃,由此带来的新问题有焊接工艺调整、原有焊接设备改造或重新配置新设备、非耐高温元器件更换、预防 PCB 由于高温而变形翘曲等。

(2)焊接以后的焊点外观变化带来的问题。如图 6-72 所示,由于合金成分不同,从焊点外观上反映出无铅焊点的表面光泽差、条纹更明显,比有铅焊点粗糙,甚至有"白化"(表面明显泛白)现象(这是由于从液态到固态的相变造成的,但并不影响焊点的质量)。另外,无铅焊料的表面张力较高,不像有铅焊料那么容易流动,形成的圆角形状也不尽相同。这些视觉上的差异要求对检测工艺标准进行修正,对自动光学检测(AOI)设备和软件重新校准等。

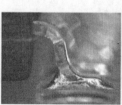

无铅 Lead-free   有铅 Lead   无铅 Lead-free   有铅 Lead

图 6-72　无铅焊点与有铅焊点的外观差别

(3)金相组织变化带来的问题。无铅焊料合金组成成分与传统焊料 Sn/Pb 合金组成成分不同,为了使形成的焊点有理想的界面合金层(熔化焊料与母材金属互相扩散形成的金属间化合物层),与之相关的的元器件引脚、PCB 焊盘金属材料及其镀层金属材料,以及各种焊接辅助材料的组成与特性均需进行重新评估和选择设计。与焊料质量有关的锡锅的结构、材料等也都应与无铅焊料的特性相匹配。研究表明,当无铅焊料中的某些元素(如铟)达到一定含量时,如果 PCB 焊盘和元器件引脚上有铅,可能会导致两者不兼容,出现脱焊、虚焊等焊接缺陷,因此对元器件和 PCB 的镀层进行无铅表面处理是非常必要的。

(4)无铅焊料合金的润湿性、扩散性不如 Sn/Pb 焊料合金好(扩散性为 Sn/Pb 焊料的60%~90%),表面张力大、比重小,容易受元器件、基板电极的 Pb、Bi、Cu 等杂质的影响(形成低熔点化合物),更容易产生红眼(基板焊接区上不附着焊料看见红色铜板的状态)、桥连、焊料球、接合部的剥离、强度劣化等质量故障。

3.影响无铅焊接技术应用的有关因素

影响无铅焊接技术应用的因素有多种,主要涉及无铅焊料、元器件、印制电路板(PCB)、焊接设备、助焊剂等辅助材料、废料回收,以及应用成本等问题。

(1)无铅焊料。关于无铅焊料,在第 3 章已有表述。

(2)元器件。目前开发已用于电子产品组装的无铅焊料,熔点一般要比 Sn63/Pb37的共晶焊料高,所以要求元器件耐高温,而且要求元器件也无铅化,即元器件内部连接和引出端(线)也要采用无铅焊料和无铅镀层。

(3)PCB。无铅焊要求 PCB 的基础材料耐更高温度,焊接后不变形,表面镀覆的无铅共晶合金材料与组装焊接用无铅焊料兼容,而且要考虑低成本。

（4）焊接工艺与设备。焊接设备要适应新的焊接温度的要求,例如需要加长预热区或更换新的加热元件。若采用波峰焊,则波峰焊焊槽、机械结构和传动装置都要适应新的要求,锡锅的结构材料与焊料的一致性(兼容性)要重新匹配。采用再流焊时,为了提高焊接质量和减少焊料的氧化,有必要采用新的行之有效的抑制焊料氧化技术和采用惰性气体(例如 N2)保护焊技术。同时,采用先进的再流焊炉温测控系统也是解决无铅焊工艺窗口较窄带来的工艺问题的重要途径。

（5）助焊剂。为满足无铅焊料焊接的要求,需要开发新型的氧化还原能力更强和润湿性更好的助焊剂。新开发的助焊剂要与焊接预热温度和焊接温度相匹配,而且要满足环保的要求。迄今为止,实际测试证明免清洗助焊剂用于无铅焊料焊接效果更好。

（6）废料回收。从含 Ag 的 Sn 基无铅无毒的绿色焊料中分离 Bi 和 Cu 将是非常困难的,如何回收 Sn - Ag 合金又是一新课题。

（7）应用成本。采用无铅焊接技术,将增加无铅焊料成本和元器件、PCB、焊接设备、助焊剂等设计或改造成本。表 6 - 15 所列是无铅焊料与 Sn63/Pb37 共晶焊料的成本比较。

表 6 - 15　无铅焊料的成本比较

合成金	熔点/℃	成本系数	合成金	熔点/℃	成本系数
Sn - 37Pb	183	1.0	Sn - 3.5Ag - 0.5Sb	218	2.4
Sn - 20In - 2.8Ag	179~189	7.6	Sn - 2.5Ag - 0.8Cu - 0.5Sb	213~218	1.8
Sn - 10Bi - 5Zn	168~190	1.2	Sn - 3.5Ag	221	2.0
Sn - 9Zn	198	1.2	Sn - 2Ag	221~226	1.8
Sn - 3.5Ag - 4.8Bi	205~210	2.4	Sn - 0.7Cu	227	1.2
Sn - 7.5Bi - 2Ag - 0.5Cu	213~218	1.8	Sn - 5Sb	232~240	1.2
Sn - 3.2Ag - 0.5Cu	217~218	2.0			

4．无铅焊接技术应用设计

1) 适应无铅焊的元器件选定

采用无铅焊接技术的电路产品,所选用的元器件需要从耐热性、可焊性、电极镀层的无铅化等方面进行评价。

（1）耐热性好。因无铅焊接温度比传统高,元器件的耐热保证温度(化学的、电的、机械的)要高,要能与所选择的无铅焊料的焊接温度相适应。

（2）电极涂层的焊接性良好。元器件的电极涂层与无铅焊料要有良好的接合性(润湿性、接合强度),并不会与无铅焊料反应而形成强度低的合金层。

（3）不会溶解有害杂质。在采用波峰焊等浸流焊接方式时,元器件的电极涂层不会溶解有害杂质于浸流焊料浴槽中,不会产生降低焊接质量现象;特别是不会有含铅物质溶出,即要避免有含铅的镀层。

（4）无铅化设计。无铅化的设计准则是不仅元器件外露的电极不含铅,而且内部构件和连接也不含铅和不用含铅焊料(虽然目前还不能充分实现)。

（5）焊点质量可靠。在采用无铅焊料、Sn 成分提高、焊接温度提高等背景下,不会由于元器件结构和材料的因素,产生不良焊接质量故障,影响焊点质量与可靠性。对长的零件(连接器等),还要注意选择设计,使其树脂膜的热膨胀系数选择与基板热膨胀系数近似等。

2) 适应无铅焊的基板设计

应用于无铅焊产品的基板,在设计时应考虑无铅焊料特性的影响,注意焊接温度、濡湿性、扩散性等方面与传统 Sn63/Pb37 共晶焊料的差异,在焊接区图形位置与形状、基板材质与焊接区表面处理等方面予以改进。

(1) 焊接区图形设计。为防止浸流焊接时插入零件脱离,或产生红眼等焊接故障,与使用传统 Sn63/Pb37 共晶焊料相比,使用无铅焊料时的焊接区径(焊盘直径)应小一点(图6-73)。

为防止浸流焊接时 QFP 类器件产生桥连故障,可采用 QFP 相对基板焊接前进方向倾斜45%布局,以及虚设焊接区等措施(图6-74)。

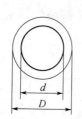

传统焊料
$D=d+0.7mm$

无铅焊料
$D=d+(0.2\sim0.4)mm$

图6-73　焊接区径减小示意图

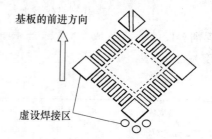

基板的前进方向

虚设焊接区

图6-74　倾斜45%与虚设焊接区示意图

为防止回流软熔时芯片偏离焊盘,要保证足够的焊接区间隙,即使是在减小焊接区径的场合也是如此(图6-75)。为尽可能扩大焊接区间隔,也可以设计圆弧焊接区,使邻接部形成点接触(图6-76)。

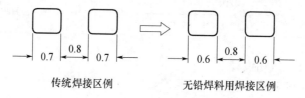

0.7　0.8　0.7

传统焊接区例

0.6　0.8　0.6

无铅焊料用焊接区例

图6-75　焊接区间隙设计示意图

圆弧的焊接区图

图6-76　圆弧焊接区设计示意图

(2) 防止基板翘曲设计。为防止焊接高温及其受热不均衡引起基板变形翘曲,在设计元器件布局时要尽量使热容量均匀分布。

为防止浸流焊接高温下的变形,大的基板、承载重量器件的基板设计时应采取防翘曲措施,并在基板的中央部分准备可垫上翘曲承(翘曲梁)的空间。

较薄的多层基板,或拼装(邮票)板分割用的切痕部位容易受软熔热而翘曲,设计时要注意其考虑形状尺寸合理性。

(3) 基板材质与焊接区表面处理。基板材质是否适合无铅焊接是基板设计要考虑的重要问题,其中最主要的是基板耐热,特别是关于吸湿状态下的软熔峰值温度(表 6-16),应保证基板在焊接作业过程中始终处于耐热温度允许范围之内。

表 6-16　常用基板的耐热温度

基板材质	耐热温度(软熔峰值温度)/℃		备　考
	干燥状态	吸湿状态	干燥条件 120℃,2h 吸湿条件 上述干燥后 40℃,90%RH 吸湿量 0.2%
FR-1(单面)纸酚醛树脂	245	<240	
FR-1(银贯穿孔)纸	245	<240	
CEM-3(双面)复合	270	250	
FR-4(双面)环氧玻璃	280	270	
FR-4(多层)环氧玻璃	280	250	

焊接区表面处理主要是注意镀层的无铅化及其与无铅焊料兼容问题,例如,含有 Pb 或 Bi 等的校平处理会使接合可靠性降低,需要采用 Sn/Cu 校平处理代替等。

另外,基板材质选择设计时也要考虑与大型元器件(包含连接器等)的材质匹配问题,尽量避免由于热膨胀系数差异可能引起的问题。

3) 无铅焊接技术应用措施

在现有条件下采用无铅焊存在一些技术障碍是必然的,但实践证明还是可以采取一些措施进行有效应对,从而达到良好的焊接效果。以再流焊接为例,这些措施包含改善焊接温度曲线、采用氮气保护焊、安装 PCB 支撑等。

(1) 改善再流温度曲线。对于采用无铅焊料的再流焊接,元器件之间的温度差别必须尽可能地小。虽然在再流过程中元器件之间的温度差别不可避免,但可以通过延长预热时间、提高预热温度、延长的峰值温度等方法来减少这种差别。

延长预热时间可以大大减少在形成峰值再流温度之前元器件之间的温度差。提高预热温度,将传统的预热温度 140℃～160℃ 提高到 170℃～190℃,可以减少所要求的形成峰值温度,从而减少元器件(焊盘)之间的温度差别。延长峰值温度形成梯形温度曲线(图 6-77),可以延长小热容量元器件的峰值温度时间,在避免较小元器件的过热的同时,允许大热容量的元器件达到所要求的再流温度。图 6-77 右侧梯形温度曲线与左侧常规温度曲线相比,由于延长了小热容量元器件的峰值温度时间(上部曲线示意),使大热容量元器件有更充分的时间提升温度和加大有效温度保持时间(下部曲线示意),并减小了焊接过程中元器件之间的温度差别。

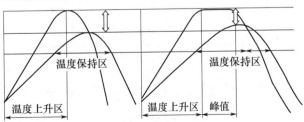

图 6-77　梯形温度曲线效果图

(2)采用氮气保护再流焊接。相对 Sn/Pb 焊膏而言,无铅焊膏组成金属成分可扩散性差,熔化温度高,润湿困难。尤其是将高熔点的无铅焊膏应用于贴装双面 PCB 时,将更容易产生润湿困难问题。这是由于在 A 面再流焊接期间,温度越高,B 面焊盘氧化现象越严重,在温度到达 200℃之上时,氧化膜的厚度会迅速增加,这可能导致在 B 面再流焊接时润湿性更差。另外,具有 Sn/Zn 成分的焊膏较容易氧化,如果在再流以前发生氧化,焊膏将不能与其它金属融合。因此,使用无铅焊膏的再流焊接,采用氮气保护将显得更为必要,它可以起到维持无铅焊接工艺高质量的效果。

(3)工艺控制与优化。严格控制工艺过程可大大减少焊接缺陷,这是人们的共识。在此基础上采取一些必要的措施,使工艺过程尽量趋向合理或最优,则能使无铅焊接效果更佳。这些措施包含为得到最优温度曲线的再流温度曲线优化设计;为解决 PCB 在再流焊高温环境中翘曲问题,在再流焊炉内安装 PCB 支撑来保持其更平整;为以较低的停机维护时间保持焊接设备的清洁,采用适当的助焊剂流动管理系统,以解决在无铅焊接过程中由于较高的温度与不同的焊膏化学成分造成残留物蒸发污染问题等。

4)无铅焊接技术应用步骤

无铅焊接技术的应用步骤如图6-78所示,相关工作主要内容包含:基于客观条件、预定目标、投资计划等内容的应用推进计划制定;基于焊接区形状、翘曲对策、耐热温度、电极镀层、熔点和性能等评价内容的基板、元器件、焊料选择设计与工艺设计;包含试制计划制定、试制设备选择等内容的试制工作评价与试制工艺规范制定;包含焊点外观、强度分析与高低温冲击试验等内容的焊接质量综合评价;包含设备选型、质量管理体制建立等内容的产品批量生产制造规范制定;包含生产过程管理制度制定、教育培训、生产准备与审批等内容的批量生产试验、批准与投产。

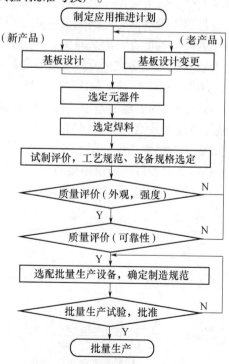

图6-78 无铅焊接技术的应用步骤

另外,随着无铅焊接技术研究与应用的深入,与之相关的标准化建设工作也已经在进行中,在无铅焊接技术的应用过程中,也应该与其它工艺技术的应用一样,高度重视按照相关规范、标准进行工艺操作和过程控制的原则。图 6-79 是我国相关行业部门正在制定中的无铅焊接标准体系示意图。

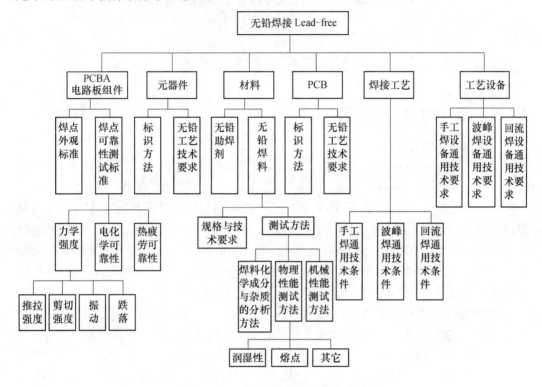

图 6-79　无铅焊接技术标准体系图

思 考 题 6

(1) SMT 中常采用的焊接技术有哪几种? 哪几类?

(2) SMT 中采用的焊接技术有什么基本要求?

(3) 波峰焊接技术适用于哪种组装方式的 SMA 焊接?

(4) 单波峰焊和双波峰焊技术有什么主要区别? 简述它们的基本工作原理。

(5) 再流焊接技术适用于哪种组装方式的 SMA 焊接?

(6) 气相再流焊接和红外再流焊接技术有什么主要区别? 简述它们的基本工作原理。

(7) 工具再流焊接技术有什么特点? 主要应用于什么场合?

(8) 激光再流焊接技术有什么特点? 主要应用于什么场合?

(9) 什么是免洗焊接技术? 怎么实现免洗焊接?

(10) 无铅焊接技术与传统焊接技术有什么主要差别?

第7章 SMA 清洗工艺技术

7.1 清洗工艺技术概述

7.1.1 清洗技术作用与分类

1. 清洗技术的主要作用

清洗实际上是一种去污染的工艺。SMA 的清洗就是要去除组装后残留在 SMA 上的、影响其可靠性的污染物。组装焊接后清洗 SMA 的主要作用是:第一,防止电气缺陷的产生。最突出的电气缺陷就是漏电,造成这种缺陷的主要原因是 PCB 上存在离子污染物,有机残料和其它黏附物。第二,清除腐蚀物的危害。腐蚀会损坏电路,造成器件脆化;腐蚀物本身在潮湿的环境中能导电,会引起 SMA 短路故障。以上这两种作用主要是排除影响 SMA 长期可靠性的因素。第三,使 SMA 外观清晰。清洗后的 SMA 外观清晰,能使热损伤、层裂等一些缺陷显露出来,以便于进行检测和排除故障。

SMA 组装后都有清洗的必要,特别是军事电子装备和空中使用电子设备(一类电子产品)等高可靠性要求的 SMA,以及通信、计算机等耐用电子产品(二类电子产品)的 SMA,组装后都必须进行清洗。家用电器等消费类产品(三类电子产品)和某些使用免洗工艺技术进行组装的二类电子产品可以不清洗。一般而言,在电路组件的制造过程中,从 PCB 上电路图形的形成直到电子元器件的组装,不可避免地要经过多次清洗工艺。特别是随着组装密度的提高,控制 SMA 的洗净度就更加显得重要了。焊接后 SMA 的洗净度等级关系到组件的长期可靠性,所以清洗是 SMT 中的重要工艺。

2. 清洗技术方法分类

根据清洗介质的不同,清洗技术有溶剂清洗和水清洗技术两大类;根据清洗工艺和设备不同又可分为批量式(间隙式)清洗和连续式清洗两种类型;根据清洗方法不同还可以分为高压喷洗清洗、超声波清洗等几种形式。对应于不同的清洗方法和技术有不同的清洗设备系统,可根据不同的应用和产量的要求选择相应的清洗工艺技术和设备。

3. 清洗能力

不同清洗方法的清洗能力不同,表 7-1 所列为不同清洗方法对 PCB 表面尘埃去除率的比较。

表 7-1 不同清洗方法对 PCB 表面尘埃去除率比较

清洗方法	对于小 $5\mu m$ 的粒子去除率/%	清洗方法	对于小 $5\mu m$ 的粒子去除率/%
氟里昂 TF 蒸气清洗	11~20	氟里昂 TF 超声波清洗	24~92
气体喷射清洗(压力 10.7×10^6 Pa)	52~61	氟里昂 TF 清洗(压力 0.35×10^6 Pa)	92~97

（续）

清洗方法	对于小 5μm 的粒子去除率/%	清洗方法	对于小 5μm 的粒子去除率/%
水清洗(压力 1.75×10^7 Pa)	98.8~99.95	搓擦方式清洗	99.6~99.98
氟里昂 TF 清洗(压力 0.7×10^7 Pa)	99.8~99.95		
注:TF—三氯三氟甲烷			

7.1.2 影响清洗的主要因素

1. 元器件类型与排列

随着元器件向小形化和薄形化的发展,元器件和 PCB 之间的距离越来越小,这使得从 SMA 上去除焊剂剩余物越来越困难。例如 LCCC、SOIC、QFP 和 PLCC 等复杂器件,焊接后进行清洗时,会阻碍清洗溶剂的渗透和替换。当 SMD 的表面积增加和引线的中心间距减少时,特别是当 SMD 四边都有引线时,会使焊后清洗操作更加困难。又如 LC-CC、片式电阻和片式电容等无引线元器件,本身与 PCB 之间几乎无间隔,而仅由于焊盘和焊料增加了它们之间的间隙,一般情况下这种元器件与 PCB 的间隔为 0.015mm~0.127mm。当使用焊接掩膜时,这个间隔更小,所以焊接 LCCC 时,采用中度活性的焊剂为宜,以便焊后只在 SMA 上留下较少的焊剂剩余物,减少清洗的困难。

元器件排列在元器件引线伸出方向和元器件的取向两个主要方面影响 SMA 的可清洗性,它们对从元器件下面通过的清洗溶剂的流动速度、均匀性和湍流有很大影响。采用连续式清洗系统清洗时,传送带向下倾斜 8°~12°,溶剂以非直角的角度喷射到 SMA 上。在这种较好的清洗条件下,SOIC 的引线伸出方向和片式元件的轴向应垂直于组件清洗移动方向,如图 7-1 所示。在这种取向情况下,通过 PCB 向下流动的溶剂,不会中断或偏离元器件体下面,从而使清洗最困难的部位获得较佳的清洗效果。

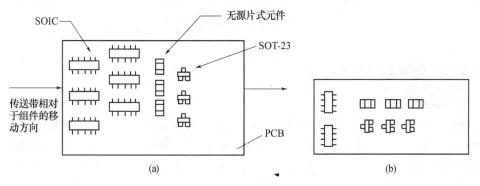

图 7-1　元器件排列对清洗的影响
(a) 正确排列；(b) 不正确排列。

2. PCB 设计

如果 PCB 的设计没有考虑到对清洗的潜在影响,就会导致清洗困难和产生广泛的缺陷。为了易于去除焊剂剩余物和其它污染物,PCB 设计应考虑下列因素。

(1) 避免在元器件下面设置电镀通孔。在采用波峰焊接的情况下,焊剂会通过设置在元器件下面的电镀通孔流到 SMA 上表面或 SMA 上表面的 SMD 下面,给清洗带来困难。为了防止这种情况的出现,应尽量避免在元器件下面设置电镀通孔,或采用焊接掩膜覆盖电镀通孔。

(2) PCB 厚度和宽度相匹配、厚度适当。在采用波峰焊接时,较薄的基板必须用加强筋或加强板增加抗变性能力,而这种加强结构会截流焊剂,清洗时难以去除,使清洗后还有焊剂剩余物留在 PCB 上,以致不得不在清洗前用机械方法去除。

(3) 焊接掩膜黏性优良。焊接掩膜应能保持优良的黏性,经几次焊接工艺后也无微裂纹或皱褶。采用光成像液体焊接掩膜比干焊接掩膜更具有优良的黏性和耐温度性能。

3. 焊剂类型

焊剂类型是影响 SMA 焊后清洗的主要因素。随着焊剂中固体百分含量和焊剂活性的增加,清洗焊剂的剩余物变得更加困难,所以在军事和空间装备用的 SMA 上一般使用中度活性的树脂(RMA)或松香(R)型焊剂。对于具体的 SMA 究竟应选择何种类型的焊剂进行焊接,必须与组件要求的洗净度等级及其能满足这种等级的清洗工艺结合进行综合考虑。

4. 再流焊接工艺与焊后停留时间

再流焊接工艺对清洗的影响主要表现在预热和再流加热的温度及其停留时间,也就是再流加热曲线的合理性。如果再流加热曲线不合理,使 SMA 出现过热,会导致焊剂劣化变质,变质的焊剂清洗很困难。焊后停留时间是指焊接后组件进入清洗工序之前的停留时间,即工艺停留时间。在此时间内焊剂剩余物会逐渐硬化,以致无法清洗掉,并且能形成金属卤酸盐等腐蚀物,因此,焊后停留时间应尽可能短。对于具体的 SMA,必须根据制造工艺和焊剂类型确定允许的最长停留时间。

除了上述因素之外,清洗溶剂、清洗系统和清洗工艺也是清洗效果的重要的影响因素。

7.2 污染物及其清洗原理

7.2.1 污染物类型与来源

1. 污染物的类型

污染物是各种表面沉积物或杂质,以及被 SMA 表面吸附或吸收的一种能使 SMA 的性能降级的物质。当污染物和与它接触的材料发生分子等级的化学反应时产生吸附。如果焊接掩膜固化不足,当再流加热时,未固化和未交联的部分与焊剂剩余物等污染物产生反应,焊剂剩余物中的污染物就会被未固化的掩膜中的弱共价键吸附,这种被吸附的污染物几乎无法去除,唯一的办法是采用高沸点溶剂,如四氯二氟乙烷(沸点80℃)或 1,1,1—三氯乙烷(沸点 73.6℃),软化并与被污染的掩膜反应,通过破坏这种未固化掩膜中的弱共价键来去除污染物。当液体焊剂接触 SMA 表面的疏松区时,会通过毛细管作用,被吸收渗入疏松区,渗透到材料表面下。经过再流工艺,冷却固化后,坚固地保留在组件表面下,难以去除。

污染物还可能是一种杂质或夹杂物。杂质通常呈现颗粒状态,嵌入诸如焊接掩膜或电镀沉积的材料中,并且凸出表面。而夹杂物也是同类固体颗粒,它们被封在污染的材料里。杂质和夹杂物来源于 PCB 的制造过程。

表7-2 列出了常见污染物的类型和可能来源。这些不同类型的污染物可归纳为极性和非极性两种。极性污染物的分子具有偏心的电子分布,即在分子中的原子之间"连接"的电子分布不均匀,这就叫做"极性"特征。如 HCl 或 NaCl 的极性分子分离时,产生正的或负的离子:

$$NaCl + H_2O \rightarrow Na^+ + Cl^- + 2H^+ + O^-$$

$$HCl + H_2O \rightarrow H_3O^+ + Cl^-$$

表7-2　污染物类型和可能的来源

污染类型	来　　源
有机化合物	焊剂,焊接掩膜,编带,指印
无机难溶物	光刻胶,PCB 处理,焊剂剩余物
有机金属化物	焊剂剩余物,白剩余物
可溶无机物	焊剂剩余物,白剩余物,酸,水
颗粒物	空气中的物质,有机物残渣

这种自由离于是良好的导体,能引起电路故障,还能与金属发生强烈反应,导致腐蚀等。另外,极性污染物也可以是非离子化的。当非离子化的极性污染物出现在电场中,同时又有高温或有其它应力存在时,不同的负电性分子自身就排成行形成电流。

非极性污染物是没有偏心电子分布的化合物,而且不分离成离子也不带电流。这些类型的污染物大多数是由长链的碳氢化合物或碳原子的脂肪酸组成。通常,非极性污染物是绝缘体不产生腐蚀和电气故障,但使可焊性下降和妨碍 SMA 有效电测试。而且,极性污染物有可能夹杂在非极性污染物中,或被非极性污染物覆盖,如果极性污染物暴露在外面,就有可能出现电气故障。

2．焊剂剩余物

从清洗角度来分析,焊剂主要有两种类型:可溶于有机溶剂的和可溶于水的。可溶于有机溶剂的焊剂是 SMA 用的标准型焊剂,并且广泛应用于再流焊接的焊膏和双波峰焊接工艺中。它们主要由天然树脂、合成树脂、溶剂、润湿剂和活化剂等成分组成。焊剂在去除焊接部位的氧化物和降低焊料表面张力、提高润湿性的同时,也是 SMA 上污染物的主要来源。这种污染物是焊接工艺之后加热改型的焊剂生成物。

树脂焊剂的典型溶剂是醇类,如异丙醇、乙二醇和乙醚或萜烯。一般情况下,预热和再流期间溶剂蒸发,只有极少量的溶剂变成焊剂剩余物。润湿剂在树脂焊剂中的浓度很小,对剩余物的影响很小。树脂中的松香酸在加热过程中容易被氧化,氧化了的松香在许多有机溶剂中的溶解度下降,并且会变成聚合物而成为难以清洗的剩余物,所以在使用中要尽量避免松香氧化。

松香基焊剂的最大的化学变化发生在再流工艺期间。异构化反应是焊接时松香焊剂的最主要反应。异构化反应是松香原子的重新排列而不是分子量的增加,经凝胶渗透色谱法测量证明,焊接后至少有 3 种主要的有机松香焊剂剩余物留在 SMA 上。它们是松香酸、脱氢松香酸和新松香酸。实际上,松香主要由松香酸组成,所以在中温加热时,这种酸的异构化反应能生成新松香酸,而在高温加热时能生成脱氢松香酸。在焊后的 SMA 上还检查出其它异构体,如二氢松香酸、四氢松香酸和焦松香酸,另外还有海松酸和异海松酸。

松香焊剂中的有机酸是很温和的,它本身没有足以减少金属氧化物的化学活性,以加速焊料润湿条件的形成。为了增强松香焊剂清洗金属氧化物的能力,加入活化剂制成中度活性松香 RMA 和活性松香 RA 焊剂。用于高可靠性的电子组件的焊剂腐蚀性很小,只加入了有限的卤素活化剂。因此,RMA 焊剂剩余物主要由松香有机酸的异构体组成。

为增强焊剂活性,把胺的氢卤化物和链烷醇胺的氢卤化物等活化剂加到松香焊剂中形成 RA 类焊剂,当加热这些活化剂时,会分解释放出氢卤化物(HCl 或 HBr):$R_2^+ NHCl^-$→$R_2NH + HCl$。这种很强的无机酸 HCl 很容易与金属氧化层起反应,有助于氧化层的去除,并将纯金属暴露于焊料下。如:$CuO + 2HCl→CuCl_2 + H_2O$。所以,这种活化剂在焊接条件下常常形成松香酸铜或氯化铜等绿色的物质。这样形成的铜盐弥散在焊剂剩余物中,用含有极性成分的清洗剂很容易完全去除。这些绿色的剩余物没有腐蚀性,但是,有可能掩蔽导致产生腐蚀周期的剩余物和其它潜在的腐蚀剩余物。

3. 不溶解的剩余物

在采用松香型焊剂焊接的 SMA 上,常发现不溶解的白色或褐色剩余物。这种剩余物是焊接时铅—锡焊料和松香之间反应产生的锡的松香酸盐,以及松香弥散在松香酸盐中。当用共沸溶剂中的乙醇去除松香之后,这种不溶解的剩余物呈现白色。对其进行电子显微镜分析,证明组成中含有锡、氯和微量成分铅、铜、铁和溴。锡是白的,它是不溶解剩余物的主要成分,是焊接时松香和熔融的锡—铅焊料之间的反应产物。焊料中的铅与松香的反应比锡少,所以只发现剩余物中有微量铅。铜和铁分别来源于 PCB 和元器件引线。氯和溴来源于焊剂配方中的活化剂。

4. 腐蚀周期产生原因

不管是采用溶剂可溶的还是水可溶的活性焊剂,焊接后用相应的溶剂可以很快去除其留在 SMA 上的剩余物。如前面所述,这种焊剂在焊接过程中形成强无机酸,它不仅能有效地和焊接部位的金属氧化物起反应,而且很容易腐蚀净化了的金属引线和焊料本身,当活化剂中有卤素时,将形成金属卤酸盐,并与焊剂中的胶黏剂(如松香)相结合。如果焊接后到清洗前的停放时间增加,清洗后这种盐常被留在 SMA 上,当采用非极性和半极性溶剂清洗时,这种现象更明显。在潮湿的环境中,这种卤盐剩余物将会变成良导体。另外,这种卤盐的离子(Cl^- 或 Br^-)很容易和焊料反应生成氯化铅(PbCl)或溴化铅(PbBr)。在潮湿的空气中,还发生下述反应:

$$PbCl_2 + CO_2 + H_2O \rightarrow PbCO_3 + 2HCl \quad 或 \quad PbBr_2 + CO_2 + H_2O \rightarrow PbCO_3 + 2HBr$$

在这种反应中生成的 HCl 又立即和焊料反应,生成更多的 PbCl,如此循环下去,出现持续的腐蚀周期。在这个腐蚀周期中形成的白色剩余物 $PbCO_3$ 不溶于水,覆盖在焊料上,成为防止或终止腐蚀周期的清洗工艺的障碍。所以 SMA 焊接后必须马上进行清洗,以免出现腐蚀周期。

7.2.2　清洗原理

1. 污染物的结合机理

一般认为污染物和 SMA 是依靠物理的或化学的结合,多数情况下这两种结合都存在。清洗就是为了破坏或削弱这种结合机理。

(1) 物理结合。引起污染物黏结的物理结合可以包括机械力和吸收力(毛细作用力),这种力把 PCB 表面的污染物"拉住"。产生污染物的机械黏结是由于污染物粘连到 PCB 的显微表面凸凹不平的部位。在 PCB 上铜箔被蚀后,PCB 表面就形成凸凹不平的显微表面,使得 PCB 的真正表面积是视在表面的几十倍。这是促进和维持污染物和 PCB 表面之间很强的机械结合的理想条件。当毛细作用把污染物吸进 PCB 或组件多孔区时发生污染物的吸收,污染物的吸收与污染物一般地留在基板上相比是更主要的污染原因。例如,层压印制板用的树脂或焊接掩膜中的树脂混合和固化不好,导致树脂的聚合反应不充分,清洗时未聚合的树脂就被溶解掉,结果出现多孔表面,污染物通过毛细作用被吸入多孔表面。当 SMA 经受多次再流焊接工艺时,焊接掩膜会失去黏性,特别是当采用干膜时,出现掩膜皱褶或其它边缘起卷、裂缝或空隙,最终产生开口,液体污染物从这里被吸收进入焊接掩膜底下,这种情况下,污染物不能被除去。

(2) 化学结合。化学结合是通过价键耦合或通过"吸附现象"形成的,污染物通过化学结合黏附到基板上,非常难以去除。当两种材料的两个或更多原子共享其最外层电子而结合在一起时就叫做价键耦合。PCB 上的铜箔和元器件引线上所形成的金属氧化物就是价键耦合的例子。吸附分为物理吸附和化学吸附。物理吸附发生在分子级,它始终在 PCB 表面进行,材料的弱分子力能引起接触材料的吸引亲合力,这种吸附通常称为润湿。由于强化的化学反应而发生的吸附为化学吸附。例如,当熔融焊料与清洁的铜表面接触时发生化学吸附,形成金属间化合物。另一种化学吸附是由于层压基板固化不足,从而在焊接工艺期间焊接掩膜上形成有机物间化合物。

2. 去污染机理

(1) 去污染方法。去除 SMA 上的污染物,就是要削弱和破坏污染物和 SMA 之间的结合。采用适当的溶剂,通过污染物和溶剂之间的溶解反应和皂化反应提供能量,就可达到破坏它们之间的结合,使污染物溶解在溶剂中,从而达到从 SMA 上去除污染物的目的。用溶剂溶解污染物方法已经广泛地用在 SMA 的焊后清洗中,而且可以重复清洗,直至全部污染物被溶解和从粘着的表面上去除。但是,由于 SMA 上组装了不同引线间距、不同形状和不同类型的 SMD,使清洗工艺操作比在 PCB 表面上进行更复杂和困难。所以,对于 SMA 的清洗,重要的是了解溶剂的物理和化学性能,以及掌握应用工艺,以便在限定时间内达到期望的洗净度等级。

(2) 皂化反应。松香酸和海松酸是松香的主要成分,它几乎完全不溶于水,因此,用水溶性清洗工艺去除松香焊剂剩余物时会出现一些困难。为解决这些问题,采用表面活性剂和水一起与松香剩余物发生化学反应,使之转化成可溶于水的脂肪酸盐(皂),这就是"皂化反应"(图 7-2)。氢氧化胺和单乙醇胺是用于松香的皂化反应的典型表面活化剂。皂化反应是去除松香剩余物污染的常用方法,其目的是采用安全的水清洗溶液代替溶剂基的清洗溶液。但是,这种方法对于复杂的 SMA 的清洗有一定困难,即使采用高压喷射和去离子水漂洗也难以获得满意的清洗效果。所以,对于采用松香基焊剂焊接的 SMA,有效的清洗方法是采用第 3 章介绍的清洗溶剂和相应清洗工艺及清洗设备,才能获得符合一定标准要求的洗净度等级。

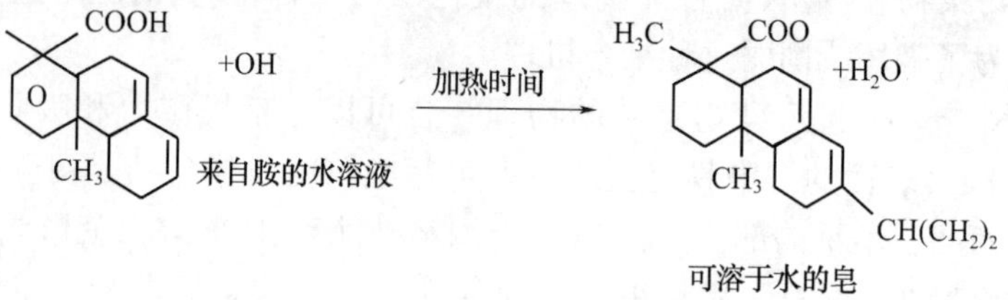

图 7-2　皂化反应

3.去污溶剂的物理和化学性能

(1)润湿和表面张力。一种溶剂要溶解和去除 SMA 上的污染物,首先必须能润湿被污染的 PCB,扩展并润湿到污染物上。一般在溶液与 PCB 接触部位,由溶液滴与 PCB 的接触角(润湿角)来计算润湿程度。实验表明,润湿角 $\sigma > 90°$ 时不润湿;$0° < \sigma < 90°$ 时,存在局部润湿。最佳的清洗情况是 PCB 自发地扩展,出现这种情况的条件是润湿角 σ 接近于 0°。

润湿角 σ 如下式所示:

$$\cos \sigma = \frac{r_s - r'}{r'}$$

式中:r_s 为固体基板的表面自由能;r' 为溶剂的表面张力;σ 为溶剂滴形成的平衡润湿角。

利用这个方程的困难是很难确定表面自由能,所以采用了固体的临界自由能概念。溶剂的表面张力若小于固体的临界自由能,将发生完全润湿。但如果表面张力较大,就会导致局部不润湿。表 7-3(a)列出 PCB 固体材料的临界自由能值,表 7-3(b)列出溶剂的表面张力值。上述数值表明,普通清洗用的溶剂能润湿基板和元器件所用的材料。当溶剂的表面张力低时,将促进溶剂在基板上的润湿和扩展。表面张力高时,溶剂润湿不足或润湿很差,会导致溶剂成球状。

表 7-3　聚合物的临界自由能值(a)与溶剂 20℃ 时的表面张力(b)

(a) 聚合物	r_s/(N/cm)	(b) 溶剂	r'/(N/cm)
聚四氯乙烯	1.85×10^{-4}	三氧三氟乙烯(含氟烃)	1.77×10^{-4}
聚丙烯	2.90×10^{-4}	1,1,1-三氯乙烯(含氟烃)	2.51×10^{-4}
聚乙烯	$(3.1 \sim 3.15) \times 10^{-4}$	乙醇	2.23×10^{-4}
聚苯乙烯	$(3.0 \sim 3.6) \times 10^{-4}$	水	7.27×10^{-4}
聚氯乙烯	3.9×10^{-4}		
聚碳酸酯纤维	2.9×10^{-4}		
酰胺—表氯醇树脂	5.2×10^{-4}		
脲甲醛树脂	6.1×10^{-4}		
环氧玻璃	3.8×10^{-4}		

(2)毛细作用。润湿能力佳的溶剂不一定能保证从 SMA 的 SMD 下面、SMD 之间以及复杂的接触点周围有效地除污染物,溶剂还必须易于渗透、进入和退出这些细狭空间,

并能反复循环直至污染物被去除。溶剂在有限的细狭空间流动类似普通的毛细作用,由于 SMA 的复杂形状和致密缝隙的存在,要求溶剂具有很强的毛细作用,以便能渗入这些致密缝隙。表 7-4 列出溶剂渗入水平毛细管的渗透率,从中可知,水在 SMA 致密缝下的毛细管渗透率最大,但其表面张力高,所以难以从缝隙中排出,致使清洗水的交换率低,难以有效清洗。碳氟化合物溶剂混合物的毛细管渗透率最低,但表面张力也最低,所以渗透率和交换率折中的物理性能最佳,因此这类溶剂清洗 SMA 的效果最佳。

表 7-4　溶剂渗入水平毛细管的渗透率

溶　剂	$T/℃$	$r\cos\sigma/r_s$	溶　剂	$T/℃$	$r\cos\sigma/r_s$
含氟烃混合物	25	26.4	含氟烃混合物	40	28.0
含氯烃混合物	25	31.4	含氯烃混合物	73	40、34
水	25	40.4	水	70	112.7

(3)黏性。溶剂的黏性也是影响溶剂有效清洗的重要性能。一般来说,在其它条件相同情况下,溶剂的黏度高,在 SMA 上缝隙中的交换率就低,这意味着需要更大的力才能使溶剂从缝隙中排出。因此,溶剂的黏度低有助于它在 SMD 下和缝隙中完成多次交换。

(4)密度。在清洗工艺中,当溶剂蒸气凝聚在 SMA 上时,重力将使凝聚的溶剂向下流动。水平放置的组件,溶剂倾向于进一步扩展,溶剂密度越高,扩展越均匀。溶剂密度高,将有利于减少向大气挥发的损失,使运行成本降低。所以在满足其它性能要求前提下,选择密度高的溶剂有利于清洗。

(5)沸点温度。清洗温度对清洗效率有一定的影响。在多数情况下,溶剂温度都控制在其沸点或接近沸点的温度范围。不同的溶剂混合物有不同的沸点,溶剂温度的变化主要影响它的物理性能。蒸气凝聚是清洗周期的重要环节,溶剂沸点的提高,允许获得较高温度的蒸气,而较高的蒸气温度会导致更大量的蒸气凝聚。所以,提高溶剂温度通常会导致污染物的可溶解性和溶剂能溶解污染物量增加,在短时间内去除大量污染物。这种关系在联机传送带式波峰焊接和清洗系统中最重要,因为清洗剂传送带速度必须与波峰焊接传送带速度相一致。

(6)溶解能力。在清洗 SMA 时,只有少量溶剂能接触器件底下的污染物。因此,必须采用溶解能力高的溶剂,特别是要求在限定时间内完成清洗时,如在联机传送带清洗系统中要这样考虑。但要注意到溶解能力高的溶剂对被清洗零件的腐蚀性也大。多数焊膏和双波峰焊接中采用松香基焊剂,所以,在比较各种溶剂的溶解能力时对松香基焊剂剩余物要特别重视。

(7)溶剂喷淋的影响。采用静态溶剂或其蒸气清洗 SMA,清洗效果一般不会很佳。在一定的机械力作用下进行清洗,如喷淋、超声和蒸气喷淋浸没,可以大大提高去除污染物的效果。大多数清洗系统中,溶剂喷淋所加的压力为 343Pa~1715Pa。但在清洗 SMA 时,由于元器件与 PCB 间隔、元器件大小、清洗机类型、传送带速度和溶剂类型等因素的影响,这种低速喷淋难以获得满意的清洗效果。特别对那些难清洗的 SMA,如元器件与 PCB 间隔小于 0.254mm 和元器件引线数较多的器件组成的组件,去除污染物就很困难。为此,需通过控制溶剂的密度、速度等参数来提高清洗能力。

① 污染物颗粒所受曳力。污染物颗粒所受曳力可用下式表示：

$$F_d = CP \frac{V^2}{2} A$$

式中：F_d 为颗粒上的曳力；C 为曳力系数；P 为溶剂密度；V 为溶剂速度；A 为颗粒的正投影面积。

从上式可知，溶剂的密度和速度是两个可控制污染物颗粒所受曳力的因素。为了得到比较高的曳力可以选择高密度溶剂。曳力随速度的平方而增加。因此，使用高密度溶剂和进行高速喷淋，将获得易于去除污染物的曳力。

② 溶剂的速度。溶剂的密度是一个固定的因素，而溶剂的速度是一个可控制的变化因素。由于 SMD 底面是最难清洗的区域，因此我们必须了解溶剂的速度对这个区域的影响。溶剂流在 SMD 下面的速度可用下列方程式表示：

$$V = \frac{(P_1 - P_2)y^2}{12ux}$$

式中：V 为溶剂速度；P_1 为溶剂的入口压力；P_2 为溶剂的出口压力；y 为 SMD 和基板之间的间隔；x 为 SMD 的长度；u 为溶剂的动态黏性。

此等式称为"二壁规律"。根据此等式，溶剂的黏性和元器件长度与 SMD 下的溶剂速度成反比；溶剂黏度低时，有利于获得高的溶剂速度；随着 SMD 长度的增加，溶剂速度减小；溶剂速度随着 SMD 和基板之间距离的平方而增加。

以上两个等式给出在 SMD 下的曳力和溶剂速度。但它只有在 SMD 下从一边到另一边存在溶剂冲洗通道时才适用，而这种情况的出现取决于元器件与 PCB 间的间隔。对于片式元件，元件下面与 PCB 的间隙仅 0.025mm～0.076mm，在焊接后通常不存在开放通道，焊剂剩余物将充满这个间隙。但是，当采用溶剂喷淋清洗时，焊剂剩余物将被去除，其原理与步骤如图 7-3 所示。

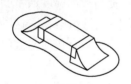 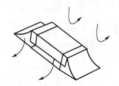 

(a) 焊后留在 SMD 周围和底下的焊剂　　(b) 溶剂喷淋清洗初期去掉 SMD 周围的焊剂剩余物　　(c) 溶剂的化学和机械作用开始从 SMD 边缘下面去除焊剂剩余物

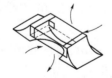 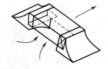

(d) 溶剂喷淋连续进行，SMD 下面去除焊剂剩余物　　(e) 溶剂喷淋最终在 SMD 下面形成通道，溶剂就从 SMD 的一面向另一面流动，冲洗 SMD 下面的间隙

图 7-3　溶剂喷淋时从片式元件下去除焊剂剩余物的渐进步骤

　　当在 SOIC 和 PLCC 等器件下面喷淋清洗时,从一开始就能形成连续溶剂冲洗通道,这是由于 SMD 和 PCB 间的间隙较大。为此,去除大型 SMD 下面的焊剂剩余物比去除片式元件下面的剩余物更容易。

7.3　清洗工艺及设备

7.3.1　批量式溶剂清洗技术

1. 批量式清洗系统结构特点

　　批量式溶剂清洗技术用于清洗 SMA 较普遍,其清洗系统有许多类型。最基本的有 4 种:环形批量式系统,偏置批量式系统,双槽批量式系统和三槽批量式系统,如图 7-4 所示。这些溶剂清洗系统都采用溶剂蒸气清洗技术,所以也称为蒸气脱脂机。它们都设置了溶剂蒸馏部分,并按下述工序完成蒸馏周期:

　　(1) 采用电浸没式加热器使煮沸槽产生溶剂蒸气。

　　(2) 溶剂蒸气上升到主冷凝蛇形管处,冷凝成液体。

　　(3) 蒸馏的溶剂通过管道流进溶剂水分离器,去除水分。

　　(4) 去除水分的蒸馏溶剂通过管道流入蒸馏储存器,从该储存器用泵送至喷枪进行喷淋。

　　(5) 流通管道和挡墙使溶剂流回到煮沸槽,以便再煮沸。

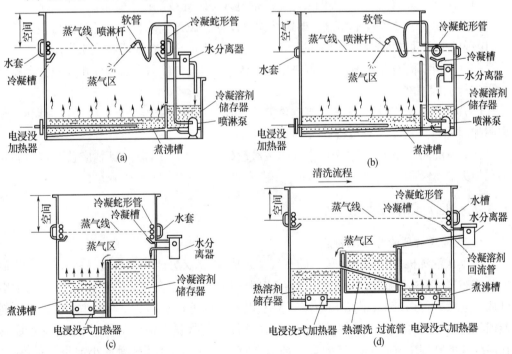

图 7-4　4 种主要类型的批量式清洗机示意图

(a)环行批量式系统;(b)偏置批量式系统;(c)双槽批量式系统;(d)三槽批量式系统。

另一类批量式系统采用电转换加热器蒸发溶剂,用冷却水凝聚溶剂,该类系统也可利用可调加热致冷系统完成同样的过程。

2. 清洗原理

无论何种溶剂蒸气清洗系统,其清洗技术原理基本相同:将需清洗的 SMA 放入溶剂蒸气中后,由于其相对温度较低,故溶剂蒸气能很快凝结在上面,将 SMA 上面的污染物溶解、再蒸发,并带走。若加以喷淋等机械力和反复多次进行蒸气清洗,其清洗效果会更好。

3. 清洗工艺要点

(1)煮沸槽中应容纳足量的溶剂,以促进均匀迅速地蒸发,维持饱和蒸气区。还应注意从煮沸槽中清除清洗后的剩余物。

(2)在煮沸槽中设置有清洗工作台,以支撑清洗负载;要使污染的溶剂在工作台水平架下面始终保持安全水平,以便使装清洗负载的筐子上升和下降时,不会将污染的溶剂带进另一溶剂槽中。

(3)溶剂罐中要充满溶剂并维持在一定水平,以使溶剂总是能流进入煮沸槽中。

(4)当设备启动之后,应有充足的时间(通常最少 15min)形成饱和蒸气区,并进行检查,确信冷凝蛇形管达到操作手册中规定的冷却温度。然后再开始清洗操作。

(5)根据使用量,周期性地用新鲜溶剂更换煮沸槽中的溶剂。

4. 操作注意事项

(1)操作人员应戴上安全眼镜,以免溶剂进入眼睛导致严重人身事故。

(2)清洗装载装置若是托盘筐架式结构,待清洗 SMA 应垂直放在托盘上再装入筐架中,慢慢向下移动放入煮沸槽上面的蒸气区内,一般不应把组件浸没在煮沸槽中。

(3)采用喷枪喷淋的场合,应待被清洗 SMA 在蒸气中停留到溶剂停止在组件上凝聚后再进行喷枪喷淋。

(4)喷淋时,溶剂蒸气消失。当组件需继续在溶剂蒸气中再进行一个清洗周期时,需要附加时间以重新形成饱和蒸气区(通常为 60s~90s)。

(5)清洗周期完毕,从清洗机中提出装载筐架应缓慢。机器停机后,应盖上机盖防止溶剂损失。

7.3.2 连续式溶剂清洗技术

1. 连续式溶剂清洗技术特点

连续式清洗机一般由一个很长的蒸气室组成,内部又分成几个小蒸气室,以适应溶剂的阶式布置、溶剂煮沸、喷淋和溶剂储存,有时还把组件浸没在煮沸的溶剂中。通常,把组件放在连续式传送带上,根据 SMA 的类型,以不同的速度运行,水平通过蒸气室。溶剂蒸馏和凝聚周期都在机内进行,清洗程序、清洗原理与批量式清洗类似,只是清洗程序是在连续式的结构中进行的。连续式溶剂清洗技术适用范围广泛,对量小或量大的 SMA 清洗都适用,其清洗效率高。

采用连续式清洗技术清洗 SMA 的关键是选择满意的溶剂和最佳的清洗周期。清洗周期由连续清洗的不同设计决定。

2. 连续式溶剂清洗系统类型

连续式清洗机按清洗周期可分为以下 3 种类型：

（1）蒸气—喷淋—蒸气周期。这是在连续式溶剂清洗机中最普遍采用的清洗周期，如图 7-5 所示。组件先进入蒸气区，然后进入喷淋区，最后通过蒸气区排除溶剂送出。在喷淋区从底部和顶部进行上下喷淋。不论采用哪一种清洗周期，通常在两个工序之间都对组件进行喷淋。开始和最终的喷淋在倾斜面上进行，以利于提高 SMD 下面溶剂流动的速度。随着高压喷淋的采用，这种清洗周期取得了很大的改进，提高了喷淋速度。典型的喷淋压力范围为 4116Pa～13720Pa，这种类型的清洗机常采用扁平、窄扇形和宽扇形等喷嘴相结合，并辅以高压、喷射角度控制等措施进行喷淋。图 7-6 示出几种类型的喷淋喷嘴。

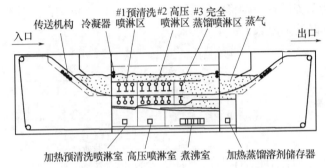

图 7-5　采用蒸气—喷淋—蒸气周期的连续式溶剂清洗机示意图

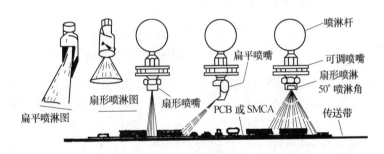

图 7-6　扁平窄扇形和宽扇形喷淋喷嘴示意图

（2）喷淋—浸没煮沸—喷淋周期。采用这类清洗周期的连续式溶剂清洗机主要用于难清洗的 SMA。要清洗的组件先进行倾斜喷淋，然后浸没在煮沸的溶剂中，最终再倾斜喷淋，最后排除溶剂。

（3）喷淋—带喷淋的浸没煮沸—喷淋周期。采用这类清洗周期的清洗机与第二类清洗机类似，只是在煮沸溶剂上面附加了溶剂喷淋。有的还在浸没煮沸溶剂中设置喷嘴，以形成溶剂湍流。这些都是为了进一步强化清洗作用。这类清洗机，在煮沸浸没系统的溶剂液面降低到传送带以下时，清洗周期就变成蒸气—喷淋—蒸气周期，如图 7-7 所示。

7.3.3　溶剂清洗采用的可调加热致冷系统

高效溶剂清洗机大多采用可调加热致冷系统替代电浸没式加热器与蛇形管水冷系

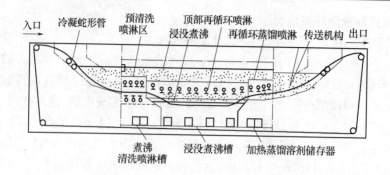

图7-7　带喷淋浸没煮沸—喷淋周期的连续式溶剂清洗机

统,通过闭环管路系统进行溶剂煮沸和凝聚。图7-8示出可调回收致冷清洗系统的加热
(溶剂煮沸)和冷却(溶剂凝聚)周期。

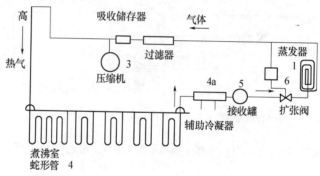

图7-8　用于连续式和批量式溶剂清洗机
(采用可调加热回收技术)的致冷系统原理图

　　标准的闭环可调加热回收致冷溶剂清洗系统按照致冷冷却系统的原理工作。致冷剂
进入蒸发器,伴随蒸发和吸热,转变成低压的热气体。此时溶剂在蒸发器的冷却的蛇形管
上凝聚。压缩机3把低压的热气体(致冷剂)从蒸发器抽出,由活塞压缩该气体,并通过排
放管把加热气体送入螺旋蛇形管4。被压缩的致冷剂热气体把潜热传给蛇形管周围的溶
剂,使溶剂煮沸。然后致冷剂进入辅助冷凝器4a,并转变成液体传送到接收罐5以备蒸
发器1使用。在冷凝器和蒸发器之间的扩张阀6根据蒸发器的要求控制液体流动,液体
返回到蒸发器重复冷却和加热周期。

7.3.4　水清洗工艺技术

1.半水清洗工艺技术

　　半水清洗属水清洗范畴,所不同的是清洗时加入可分离型的溶剂。清洗过程中溶剂
与水形成乳化液,洗后待废液静止,可将溶剂从水中分离出来。

　　半水清洗先用萜烯类或其它半水清洗溶剂清洗焊接好的SMA,然后再用去离子水漂
洗。采用萜烯的半水清洗工艺流程如图7-9所示。为了提高清洗效果,可将SMA浸没
在萜烯溶剂中,并在浸没下进行喷射清洗,从而提供有效的机械搅拌和清洗压力,获得最
佳的清洗效果。或在萜烯溶剂中采用超声波作为机械振动源进行超声波清洗,由于萜烯

溶剂具有较好的超声波效应,从而可以获得更加满意的清洗效果。针对萜烯溶剂燃点低的缺点,可以采用如图 7 - 10 所示的氮气保护气氛萜烯清洗系统。

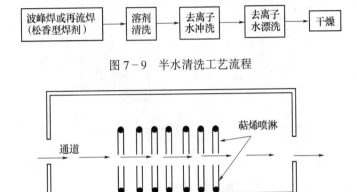

图 7 - 9　半水清洗工艺流程

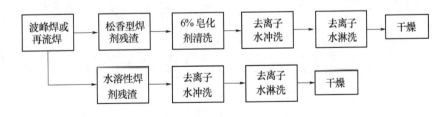

图 7 - 10　氮气保护气氛萜烯喷射清洗系统

　　由于萜烯等半水清洗溶剂对电路组件有轻微的副作用,所以溶剂清洗后必须用去离子水漂洗。可以采用流动的去离子水漂洗,也可以采用蒸气喷淋漂洗工艺。在实际应用中,应根据需要选用不同的半水清洗溶剂和相应的工艺和设备。然而不论采用哪种清洗溶剂和工艺,废渣和废水的处理是半水清洗中的一个重要环节,要使排放物符合环保的规定要求。

2. 水清洗工艺技术

　　水清洗技术是替代 CFC 清洗 SMA 的有效途径。图 7 - 11 为常用的两种类型水清洗技术工艺流程。一种是采用皂化剂的水溶液,在 60℃ ~ 70℃ 的温度下,皂化剂和松香型焊剂剩余物反应,形成可溶于水的脂肪酸盐(皂),然后用连续的水漂洗去除皂化反应产物。另一种是不采用皂化剂的水清洗工艺,用于清洗采用非松香型水溶性焊剂焊接的 PCB 组件。采用这种工艺时,常加入适当中和剂,以便更有效地去除可溶于水的焊剂剩余物和其它污染物。

图 7 - 11　水清洗技术流程图

　　图 7 - 12 示出了简单水洗工艺流程图。这种水洗工艺适用于结构简单的通孔 PCB 组件的清洗。预冲洗部分从 PCB 组件上去除可溶的污染物,冲洗用水来自循环漂洗用过的水。预冲洗用过的水,从清洗系统排出。冲洗部分由冲洗槽和泵组成,冲洗槽内设有浸没式加热器。冲洗槽一天排污水一次,或根据 PCB 组件的污染情况酌定。漂洗部分结构

和冲洗部分相同,只是不设置浸没式加热器。最后用高纯度水进行漂洗。清洗过的 PCB 组件要进行吹干和红外加热烘干。

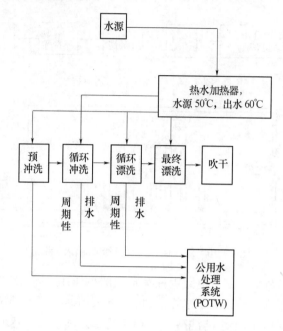

图 7－12　简单水洗工艺流程图

对于大批量电路组件的水清洗,可采用如图 7－13 所示的连续式水洗系统。对于结构复杂的电路组件,可采用图 7－14 所示的水洗工艺流程和相应的水洗系统进行水洗。采用这种工艺流程的水洗系统,其基本结构与简单水洗系统相同,也是由预冲洗、冲洗、漂洗、最终漂洗和干燥等 5 部分组成。但是,为了对 SMA 进行成功的水清洗,增加了强力冲洗和漂洗。另外,还采用了闭环水流系统,实现了水的循环处理和再使用,比普通水洗系统节省了水,节省热能 60％～70％。该类水洗系统有的还设计了进水处理器,它不仅

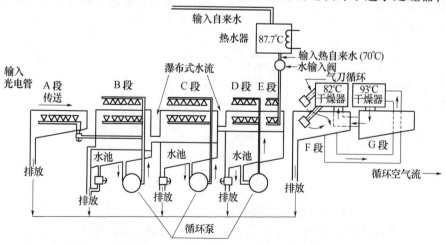

图 7－13　连续式水清洗系统示意图

注:水池 B 保持在 54.4℃;水池 C 保持在 60℃;水池 D 保持在 65.5℃。

用来处理新水,而且还可以对来自预冲洗槽的水进行再处理和再使用。进水处理包括水的软化和去离子,通过这种处理去除来自水系统和预冲洗槽水中的离子污染物,其中包括钙和镁离子。这些离子污染物沉积到 SMA 上,不仅有腐蚀性,而且会造成电气故障。这种水洗系统在冲洗和漂洗之间采用了化学隔离或脱水工序,以防止冲洗工序中污染了的水被带入漂洗槽,影响漂洗效果。

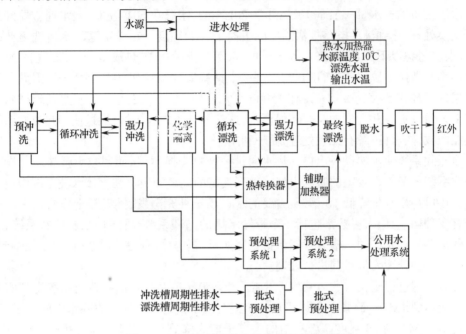

图 7-14   大而复杂的水洗系统工艺流程图

水洗系统有 3 个十分重要的辅助部分:第一,是一个非常纯净的水源,这是成功地进行水洗的充分条件;第二,是水加热系统,一般要求清洗用水的温度是 54℃~74℃;第三,是公用水处理,清洗电路组件排放的污水必须按照环保要求,按规定处理到排放水的指标。

3. 水清洗工艺中的水处理方案

水清洗工艺的一个重要问题是水的处理,如从哪里获得需要的水、如何净化、清洗完的废水排放到何处,以及如何使整个过程符合环保的要求,等等。

如图 7-11 所示,可以把水清洗分为两大类:①只使用水而没有任何化学添加物的直接水洗工艺;②在水中添加皂化剂、清洁剂或其它添加物的改进型水洗工艺。直接水洗工艺对有机酸及水溶性助焊剂的清洗非常理想,水(特别是去离子水)是一种颇具威力的极化溶剂,能够清除焊接后留下的酸性残留物等极化污染物,可是单独靠水却无法清除非极化污染物如松香型焊剂中的黏性树脂。如果不在水中添加非极化成分,有害的酸和微粒可能会被树脂覆盖而无法清除,最终使电路板的电气性能下降。添加剂中最常用的是皂化剂,它是一种碱性清洁剂,内含能溶解树脂的表面活化剂。可将树脂溶化使其被水冲洗掉。有添加物的水洗工艺比直接水洗工艺复杂得多,水处理技术也相应要复杂一些。

1) 直接水洗工艺

直接水洗工艺使用的在线式水洗设备一般由预清洗区、带水槽的循环冲洗区、带水槽的循环漂洗区、终洗区及烘干区组成。清洗过程中干净的水从终洗区进入,再依次流到前面几个区域,最后从预清洗区的排水管排出。而待清洗的电路板则由预清洗区开始,逐渐往水越来越干净的区域移动,最后到达烘干区。理想情况下,终洗区的水是非常纯净的,具有低导电和高阻抗等特性,使得烘干过程中留在电路板上的残留物相对于 SMA 清洁度的要求来说,其离子特性完全可以忽略。

水洗设备的进水量一般是 10L/min~20L/min,水温在 60℃ 左右,入水通常要经过碳离子交换处理,达到满足电路板清洁度的去离子(DI)纯度。在确定这种水清洗工艺成本时,一般应考虑以下因素:自来水入水质量;水费及排污费;加热成本(电或燃气);DI 水槽更新频率与费用。以每年运行 2000h 计,一个具有活性炭粒(GAC)、阴离子、阳离子和混合底层的开环式 DI 系统,年费用在 35000 美元~40000 美元之间。采用水处理技术后可以使工艺效率更高并且更加符合环保要求,这部分具体内容包括:通过使用热交换系统进行热能回收;入水(不管有无预处理)循环利用。

热回收系统使水洗设备出口的热水通过一个热交换器,从而回收大量热能。投入到热回收系统的资金在较短的时间内就能得到良好的经济回报。在直接水洗系统中使用完全再循环可将用水量降低 10 倍,所需要的水仅用于补充蒸发、排气和干掉的损失。这种系统有多种构造,但大多数都包括一个带储水槽的循环系统、再循环泵及控制系统、水槽系统和加热器。先进的水槽装置能将重金属如铅、铜等分离出来并把它们集中在一起,以待专门的废物处理人员对其进行处理。

去离子的过程是在水通过 GAC、阴离子和阳离子槽时进行的。普通系统得到的阻抗值一般能达到 1MΩ~3MΩ。如果再加一个混合离子槽还可进一步去除水中的离子,最高能达到 18.2MΩ 的 DI 纯度。当水槽的去离子能力降到设定值以下时,就必须要对其更新,它主要受工艺中焊剂和污染物的数量以及补充入水质量的影响。在很多情况下,进入的自来水中溶有很多固体物质,这加大了水槽的负担,会增加更新的频率和费用。为解决这个问题补充入水可以用一个单独型强制水流通过渗透膜的逆渗透(RO)系统过滤提纯。水流分离后,部分水通过渗透膜,另一部分用于保持膜的清洁。这样产生的水阻抗在 (25000~50000)Ω/cm 之间,比自来水的(2000~3000)Ω/cm 好了很多。因为过程中没有增加任何致污物,剩余的废水也可直接排出。当自来水的质量较差时,在循环系统中增加逆渗透系统也是有效的。

2) 改进型水洗工艺

在改进型水洗工艺中,无论是机器还是水处理技术其复杂度都有所增加,因为皂化剂或其它任何一种化学添加剂都非常昂贵,所以这些化学材料必须循环使用。除了成本因素外,皂化剂还含有较高的离子成分,所以绝不能残留在电路板上,同时它对水槽的寿命也有很大影响。

不同的设备制造商采用不同的技术使皂化剂残留最少。不过较为有效的一种方法是在清洗区与循环漂洗区之间增加一个中间漂洗区,有时它也被称为化学材料分离。该技术将皂化剂从板上冲洗掉,然后再用风刀将它刮掉。这种清洗机有 3 个出水口,分别设在清洗槽、中间漂洗区和漂洗区。

从效果上看,漂洗水流如同直接水洗工艺一样,可用传统方式再循环利用。中间漂洗区的水流会残留一些皂化剂,并可能含铅。在环保规定比较严格的地方,中间漂洗区和清洗区排出的水在排出前必须经过中间处理去除重金属,一些地方甚至还对水的 pH 值有要求,需要通过蒸发处理才能符合规定。

3) 水清洗工艺要点

和任何生产应用一样,工艺监控、设备维护和正确操作同样也是水清洗循环系统成功应用的关键。在应用水清洗系统时,还应特别注意下述几个问题。

(1) 材料更新。水清洗系统经常遇到的问题是去离子水槽树脂更新的时间间隔长度,它取决于几个因素,包括工艺的用水量（与运行时间直接相关）、入水质量（可使用逆渗透预处理改善）以及工艺中污染物的数量和类型。实际上任何带离子的物质都会增加树脂底层的负担;同样,有机物质也会阻塞活性炭粒槽,另外,水溶性胶带和掩膜的使用也常常带来一些问题。应该咨询这些材料的制造商,以便知道它们对碳离子交换过程的影响。

(2) 2 水槽寿命。水槽寿命缩短通常是因为生产时间或电路板数量增加,用水越多以及处理的污染物越多,水槽就需要越快更新。清洗机的工作时间及线路板产量应记录并保存下来,以确定水槽更新周期。

(3) 安全正常操作。要按照设备制造商的指导进行操作,这一点对重金属分离槽特别重要,这些槽必须按所建议的时间间隔由专门的废物处理人员将其从系统中取出进行处理,否则会使铅漏到下一个槽中。

7.3.5　超声波清洗

适用于 SMA 焊后清洗技术还有超声清洗和离心清洗,这两种清洗技术在替代 CFC 的清洗方法中可适用于多种溶剂,并能显著地提高清洗效果。

1. 超声波清洗原理

超声波清洗的基本原理是"空化效应"(Cavitation Effect),当高于 20kHz 的高频超声波通过换能器转换成高频机械振荡传入清洗液中,超声波在清洗液中疏密相间地向前辐射,使清洗液流动并产生数以万计的微小气泡,这些气泡在超声波纵向传播成的负压区形成、生长,而在正压区迅速闭合(熄灭)。这种微小气泡的形成、生长及迅速闭合称为空化现象。在空化现象中,气泡闭合时形成约 1000 个大气压力的瞬时高压,就像一连串的小"爆炸",不断地轰击被清洗物表面,并可对被清洗物的细孔、凹位或其它隐蔽处进行轰击,使被清洗物表面及缝隙中的污染物迅速剥落。

2. 超声波清洗的优点

(1) 效果全面,清洁度高。

(2) 清洗速度快,提高了生产率。

(3) 不损坏被清洗物表面。

(4) 减少了人手对溶剂的接触机会,提高工作安全度。

(5) 可以清洗其它方法达不到的部位,例如,可清洗不便拆开的配件的缝隙处。

(6) 节省溶剂、热能、工作面积、人力等。

3. 超声波清洗设备的构成

超声波清洗设备的基本构成如图 7-15 所示。

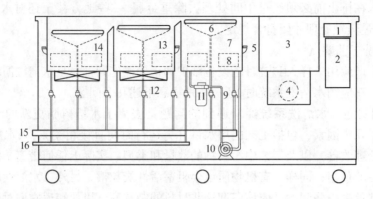

图 7 - 15 超声波清洗设备基本构成

1—控制板；2—控制箱；3—烘干箱；4—风机；5—水位仪；6—满水；7—冲洗槽；8—发热板；9—控制阀；
10—水泵；11—过滤器；12—振动子；13—超声波冲洗槽；14—超声波清洗槽；15—排水；16—纯水。

7.3.6 污染物的测试

1. 基本测试方法

污染物的基本测试方法有目测法、溶剂萃取法、表面绝缘电阻(SIR)法等,可根据需要选用其中的一种或多种方法进行测试。

目测法是借助光学显微镜的定性检测,使用范围有限。溶剂萃取法是将被测电路板浸入一种测试溶剂中,然后测量它的离子电导率,并将其折算成每单位面积的板面含多少微克氯化钠当量。溶剂萃取法在 SMA 污染物的测试中使用较多。表面绝缘电阻法具有直观和定量、可应用范围宽、可定位被测污染区域等特点,但它必须在被测电路板表面附加测试电路。图 7 - 16 为在测试 PLCC、SOIC 器件时采用的一种标准化的梳型测试电路(图中所示 A、B、C 为测试点)。表面绝缘电阻法的测试值还与它的测试条件相关,例如温度、湿度对其都会产生影响,所以需要有较严格的测试环境和测试条件。

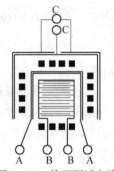

图 7 - 16 梳型测试电路

2. 极性污染物的测试

测量溶剂萃取液的电阻率,是衡量在已清洗过的组件上剩余的离子污染程度的普通方法。这种方法在美国的几个军用标准 Mil - P - 28809,DOD - STD - 2000 - 1,Mi1 - P - 46842,Mil - P - 55110 和 WS6536 中都有规定。在 Mil - P - 8809 中规定的测试方法适合手工测试,操作方便但受操作人员的影响较大。特别是尚无有效方法萃取 SMD 下面的污染物,所以其测试结果往往不能反映 SMD 下面的离子污染情况。可以借助仪器测试法解决该类问题,它大大减少了操作人员的影响,并能测定组件上极性污染物的等级。

表 7 - 5 列出了几种工业上可用的不同类型的测量 SMA 上离子污染物的仪器和 Mil - P - 28809 认可的限值。这类仪器所用的测试方法的原理是:异丙醇和去离子水组成的测试溶液具有很低的导电率,将被测组件浸没在测试溶液中之后,这种混合溶液溶

解的表面极性污染物,将引起溶液导电率的增加,由仪器记录的导电率的变化将反映出溶解在溶液中的极性污染物的量值。由于溶液的导电率是溶解的离子浓度的线性函数,因此它比电阻率更容易解释。上述仪器都能自动地计算污染物的等级和提供每平方英寸 NaCl 当量的微克读数。虽然每种仪器具有不同的灵敏度和精度等级,但其结构基本相同。这类仪器典型的结构由记录泵、混合基去离子柱、测试室或测试罐、导电率测试用电池、测量表、积分仪、磁搅拌器、绘图仪和控制处理机或计算机组成。图 7-17 示出这类仪器的典型组成。仪器中的 3 个溶液罐顺序循环使用,直至获得预选的导电率基线,测试罐与测试回路隔离。

表 7-5　测量 SMA 上极性污染物的几种仪器

仪器名称	制造厂家	Mil-P-28809 认可的限值 $(NaCl/in^2)/\mu g$
污染物测试仪	Protonique	—
离子测试仪	Dupont	32.0
图显离子测试仪	Alpha Metals	20.0
电阻测试仪	Kinco Industries	14.0

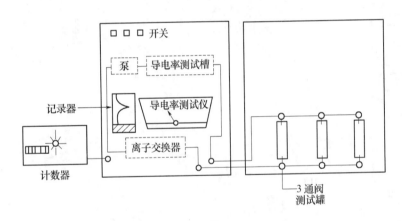

图 7-17　导电率溶液萃取仪简图

上述测试仪除了用于进行清洗工艺的控制和比较分析外,还可用于比较不同类型溶剂、焊剂和焊膏对 SMA 可靠性的影响。

3. 非极性污染物和焊剂剩余物的测试

尽管非极性污染物或有机污染物不像极性污染物那样严重影响 SMA 可靠性,但是在有些情况下,它能引起某些类型的机械或电气故障。它会影响优良的成型涂覆和焊接掩膜的表面黏着状态,并成为焊盘和测试探针之间的电气绝缘体。

测量非极性污染物一般采用手工测试方法,IPC 有几种规范方法,并在 IPC—TM—650 中作了介绍,如"in-house"法、"红外分光光度测定法"等。也有其它一些测试方法,如 Dow Chemical 公司开发的一种紫外线吸收分光光度测定分析测试法,用来定量地确定留在 SMA 上的松香剩余物。

思 考 题 7

(1) SMT 产品组装后的清洗作用是什么？为什么要进行清洗？

(2) 清洗方法主要有哪几种？各有什么特点？

(3) 造成 SMT 产品污染的主要原因有哪些？

(4) 简述 SMA 清洗的基本原理。

(5) 批量式清洗和连续式清洗有什么主要差别？

(6) 为什么要采用免清洗技术？免清洗需具备什么条件？

(7) 水清洗和半水清洗技术有什么基本区别？

(8) 简述超声波清洗的的基本原理。超声波清洗有些什么优点？

(9) 污染物测试有哪几种基本方法？

第8章 SMT 检测与返修技术

8.1 SMT 检测技术概述

8.1.1 检测技术的基本内容

检测是保障 SMA 可靠性的重要环节。随着 SMT 的发展和 SMA 组装密度的提高，以及电路图形的细线化，SMD 的细间距化，器件引脚的不可视化等特征的增强，给 SMT 产品的质量控制和相应的检测工作带来了许多新的难题。同时，也使得在 SMT 工艺过程中采用合适的可测试性设计方法和检测方法成为越来越重要的工作。SMT 检测技术的内容很丰富，基本内容包含：可测试性设计；原材料来料检测；工艺过程检测和组装后的组件检测等。

可测试性设计主要为在线路设计阶段进行的 PCB 电路可测试性设计，它包含测试电路、测试焊盘、测试点分布、测试仪器的可测试性设计等内容。原材料来料检测包含 PCB 和元器件的检测，以及焊膏、焊剂等所有 SMT 组装工艺材料的检测。工艺过程检测包含印刷、贴片、焊接、清洗等各工序的工艺质量检测。组件检测含组件外观检测、焊点检测、组件性能测试和功能测试等。

表 8-1 为来料检测的主要内容和基本检测方法；表 8-2 为组装工艺过程中的主要检查项目。

表 8-1 来料检测主要内容和基本检测方法

检 测 项 目	检 测 方 法
元器件：可焊性 　　　　引线共面性 　　　　使用性能	润湿平衡试验、浸渍测试仪 光学平面检查、贴片机共面性检测装置 抽样检测
PCB：尺寸与外观检查阻焊膜质量 　　　翘曲和扭曲 　　　可焊性 　　　阻焊膜完整性	目检、专业量具 热应力测度 旋转浸渍测试、波峰焊料浸渍测试、焊料珠测试 热应试验
焊膏：金属百分比 　　　焊料球 　　　黏度 　　　粉末氧化均量 焊锡：金属污染量 助焊剂：活性 　　　　浓度 　　　　变质 胶黏剂：黏性 清洗剂：组成成分	加热分离称重法 再流焊 旋转式黏度计 俄歇分析法 原子吸附测试 铜镜实验 比重计 目测颜色 黏结强度实验 气体包谱分析法

表 8-2   组装工艺过程中的主要检查项目

组装工序	工序管理项目	检查项目
PCB	表面污染 损伤、变形	入库/进厂时检查、投产前检查
焊膏印刷	网板污染 焊膏印刷量、膜厚	印刷错位、模糊、渗漏、膜厚
点胶	点胶量、温度	位置、拉丝、溢出
SDM 贴装	元器件有无、位置、极性正反、装反	
再流焊	温度曲线设定、控制	焊点质量
焊后外观检查	基板受污染程度 焊剂残查 组装故障	漏装、翘立、错位、贴错(极性)、装反、引脚上浮、润湿不良、漏焊、桥连、焊锡过量、虚焊(少焊锡)、焊锡珠
电性能检测	在线检测 功能检测	短路、开路 制品固有特性

8.1.2　电路可测试性设计

1. 光板测试的可测试性设计

光板测试是为了保证 PCB 在组装前所设计的电路没有断路和短路等故障,测试方法有针床测试、飞针测试、光学测试等。光板的可测试性设计应注意以下几个方面:

(1) PCB 上需设置定位孔,定位孔最好不放置在拼板上。

(2) 确保测试焊盘足够大,以便测试探针可顺利进行接触检测。

(3) 定位孔的间隙和边缘间隙应符合规定。

2. 在线测试的可测试性设计

在线测试的方法是在没有其它元器件的影响下,对电路板上的元器件逐个提供输入信号,并检测其输出信号。其可测试性设计主要是设计测试焊盘和测试点。

(1) 可测试的焊盘。常用的是 IL 型焊盘(图 8-1)和 MIL 型焊盘(图 8-2),图中以

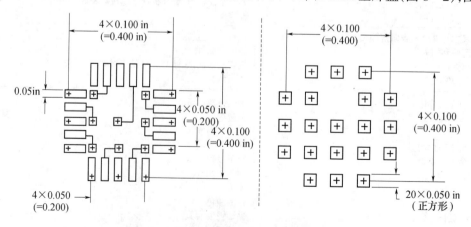

图 8-1   IL 型焊盘及其测试点的分布(in:英寸)

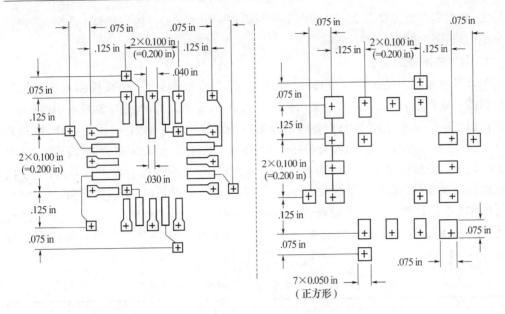

图 8-2　MIL 型焊盘及其测试点的分布(in:英寸)

虚线分为左右部分代表 PCB 双面。从图 8-1 可看出,通过可测试性设计,将元件的 50mil① 脚中心转换成间距为 100mil 的测试点。

(2)测试点分布。测试点分布应注意:满足线路设计原则;均布测试点,测试焊盘上无阻焊膜;不能直接检测的边缘连接器,必须设计靠近的测试点;振荡器必须具有失效脚和通道;某些元件或线路可能不能测试,需对其加以识别并采取相应措施;有用于测试的定位孔(常为 0.125mm)。

8.1.3　自动光学检测技术

1. 自动光学检测(AOI)技术基本原理

随着 PCB 导体图形的细线化、SMT 器件小型化和 SMT 组件的高密度化发展的需要,自动光学检测 (AOI) 技术迅速发展起来,并已在 SMT 检测技术中广泛采用。

AOI 原理与贴片机和印刷机所用的视觉系统的原理相同,通常采用设计规则检验 (DRC)和图形识别两种方法。DRC 法按照一些给定的规则(如所有连线应以焊点为端点,所有引线宽度不小于 0.127mm,所有引线之间的间隔不小于 0.102mm 等)检查电路图形。这种方法可以从算法上保证被检验电路的正确性,而且具有制造容易,算法逻辑容易实现高速处理,程序编辑量小,数据占用空间小等特点,为此采用该检验方法的较多。但是该方法确定边界能力较差,常用引线检验算法根据求得的引线平均值确定边界位置,并按设计确定灰度级。

图形识别法是将存储的数字化图像与实际图像比较。检查时按照一块完好的印制电路板或根据模型建立起来的检查文件进行比较,或者按照计算机辅助设计中编制的检查程序进行。精度取决于分辨率和所用检查程序,一般与电子测试系统相同,但是采集的数

---

①　1mil = 10^{-3} in。

据量大,数据实时处理要求高。然而由于图形识别法用实际设计数据代替 DRC 中既定设计原则,具有明显的优越性。

2. AOI 技术检测功能

AOI 具有元器件检验、PCB 光板检查、焊后组件检查等功能。AOI 检测系统进行组件检测的一般程序为:自动记数已装元器件的印制板,开始检验;检查印制板有引线一面,以保证引线端排列和弯折适当;检查印制板正面是否有元器件缺漏、错误元器件、损伤元器件、元器件装接方向不当等;检查装接的 IC 及分立器件型号、方向和位置等;检查 IC 器件上标记印制质量检验等。一旦 AOI 发现不良组件,系统向操作者发出信号,或触发执行机构自动取下不良组件。系统对缺陷进行分析,向主计算机提供缺陷类型和频数,对制造过程作必要的调整。AOI 的检查效率与可靠性取决于所用软件的完善性。AOI 还具有使用方便,调整容易,不必为视觉系统算法编程等优点。表 8-3 为典型 AOI 检测设备及其可检测内容。

表 8-3　典型 AOI 检测设备及其可检测内容

公　　　司	机　　型	元件缺漏	元件识别	反接	SMD方向	焊点	引线	参考价/万美元
Ha chine Vision	EV-5000	√	√		√	√		
Conex	Checkpoint 5500	√		√			√	
Controted Aotomation Interscan 1500		√			√		√	
Integrated Automation	Teknispec 1000	√			√	√	√	9
Aplied Intelligent Syatem	Pixie 1000	√		√	√			
Antomatix	Automatix	√	√	√			√	
Cam systems	AQC-10	√						3.5
Ham Inbustries	Hamsccan	√	√	√	√			0.6
Inxdustrial Vision Systems	Bottom Viewer	√					√	2.5
Robomatin Intelligence	PCB 256	√	√	√	√			5~11
Octek	Octek	√	√	√	√		√	
Synthetic Vision	TFI	√					√	17
Dynapert(贴片机用)	MPs500					√	√	
Panasonic(贴片机用)	VIM	√	√		√	√		

3. AOI 系统构成与原理

以日本 PI-2000 检测设备为例叙述 AOI 系统构成。它以 AOI 设计规则法为基础,又附加了比较检查功能。采用了两个摄像镜头,其检验系统构成如图 8-3 所示。检查子系统用一维图像传感器对印制线的图形摄像,所得图像信号进行校正、高速 A-D 变换处理后送至控制子系统。控制子系统对缺陷进行判断,并令检查台前后直线移动进行扫描,以使一维图像传感器能得到二维(平面)的图形输出信号。检查结果是实时的并和扫描同步地用墨水在印制板有缺陷的地方做出标记,也可把有缺陷的地方依次放大,并在监视器上显示,用目视就能进行核对。

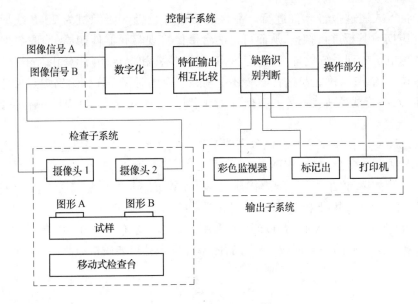

图 8-3 AOI 检测系统

系统操作是通过 CRT 显示器以对话形式进行。输出子系统由数字图像监视器、实体图像监视器、打印机和同步示波器组成。将缺陷位置的数字化彩色图像和实体图像分别显示在监视器上,同时打印缺陷和一个数。用同步示波器可以观测图像信号和数字化的限幅电平等图形,同时也使照度和数字化的限幅电平等的变更设定调整更容易。PI-2000 机的检查速度最高是 1.24m/min,分辨率高,最小像素尺寸为 $10\mu m$,有高分辨/低分辨 2 挡,可以切换。印制机尺寸为 500mm × 650mm × 2。最小线宽/线间距为 $160\mu m/80\mu m$。对被检图形的形状无限制。

4. 典型 AOI 系统简介

EV-5000 应用形状代码检查元件形状,应用数学形貌技术区别元件引出端和焊膏。通过区别基板和元器件颜色灰度级,识别元件数量和颜色标记。系统采用 IBM PC 控制系统,可通过 RS-232 接口与主机连接。自编程时,系统扫描模板后询问诸如型号、数量、标志和公差等分类数据。操作使用时,系统进行检查、记录,按规定格式报告检查结果。可以同时进行焊膏印刷检查、元器件贴装检查等两种以上检查状态。

Interscan1500 检查基板反面,Interscan1000XT 检查基板正面,两个系统都采用Interson2000 处理机。4 个 RS 232 接口与主计算机连接,接收主计算机 CAD 数据,传送批报告,对缺陷、测量结果和管理报告进行跟踪。对有缺陷元件做标记,并以电视屏幕显示,自学编辑采用菜单程序。

Checkpoint5500 可以同时检查元器件标志、基板数量和批标记,摄像机装于离基板38.1mm 处,无需精密固定。基板送入后系统读取识别码,以调用相应测试程序。测试后,系统发出接收或剔除信号,送至执行机构,并制定或修复已装规格参数,报告缺漏统计资料。通过一组 PS-232C 接口,将数据传递至数据库,以便主计算机实时控制。

Tekinspec2000 由光学扫描分系统、图形处理和图形识别高速电子系统、68000 计算机等组成。检查速度高达每秒 84 个 SMD,分辨率 0.1mm。可用于贴装机实时控制检查,也可以脱机方式通过报告软件进行产品性能分析和反馈。摄像机为 2048 线形 CCD 阵列,以 45°方向对基板进行扫描,从而可由两台摄像机观察元器件四周,读取数据,由专用的高速图像电子处理系统处理,以确定 SMD 贴装位置和焊点,并计算相对于存储在磁盘上的理论位置的误差,确定是进行贴装还是剔除。应用时仅需详细给出焊点尺寸、元件尺寸与方向,元件类型等贴装参数。数据可由键盘送入,也可将 CAD 设计中有关数据直接送入。

OMRON VT 系列 AOI 产品包含高档 VT－WIN 系列、中档 VT－RBT 系列、桌面型 VT－MUS 系列。高档 VT－WIN 系列采用红、绿、蓝三色光,3CCD 镜头,7 种分辨率,能检测各种组装故障和细间距引脚焊接质量,采用 Windows NT 操作系统。VT－RBT 系列采用橙、蓝二色光,用于再流焊前后对位置和焊点的检测,以及焊膏印刷检测,采用 Windows NT 操作系统。VT－MUS 系列采用"彩色高亮度"专利技术,能检测到传统白色光源设备无法检测的焊点形状,为多品种、小批量产品组装质量检测而专门设计。

8.2　来料检测

8.2.1　元器件来料检测

1. 元器件性能和外观质量检测

元器件性能和外观质量对 SMA 可靠性有直接影响。对元器件来料首先要根据有关标准和规范对其进行检查。并要特别注意元器件性能、规格、包装等是否符合订货要求,是否符合产品性能指标要求,是否符合组装工艺和组装设备生产要求,是否符合存储要求等。

2. 元器件可焊性检测

元器件引脚(电极端子)的可焊性是影响 SMA 焊接可靠性的主要因素,导致可焊性发生问题的主要原因是元器件引脚表面氧化。由于氧化较易发生,为保证焊接可靠性,一方面要采取措施防止元器件在焊接前长时间暴露在空气中,并避免其长期储存等;另一方面在焊前耀注意对其进行可焊性测试,以便及时发现问题和进行处理。

可焊性测试最原始的方法是目测评估,基本测试程序为:将样品浸渍于焊剂,取出去除多余焊剂后再浸渍于熔融焊料槽,浸渍时间达实际生产焊接时间的两倍左右时取出进行目测评估。这种测试实验通常采用浸渍测试仪进行,可以按规定精确控制样品浸渍深度、速度和浸渍停留时间。

定量可焊性测试方法有焊球法、润湿平衡试验法等,SMT 的可焊性测试常用润湿平衡试验法。润湿平衡试验的基本原理如图 8－4 所示,测试仪上夹持样件的机构连接到一个平衡器上,在平衡器中设计有将样件所受的力转换成模拟信号的线性电路。测试时,样件按预定深度浸渍熔融焊料,起初焊料液面被向下压成弯月面形状,这是由于焊料的内聚力大于熔融焊料与样件(引脚)之间的黏附力,使润湿角 θ 大于 90°。焊料下弯月面的表面张力 F_r 的垂直分量 F_B 和浮力 F_R 方向相同,都向上推样件。当样件达到焊接温度时,样件与熔融焊料的黏附力大于焊料的内聚力,熔融焊料开始润湿样件,使弯月面逐渐上弯直至 θ 等于 90°,样件仅受到浮力的作用。接着,熔融焊料继续润湿样件呈上弯月面,θ 小于 90°,产生向下的拉力作用,直至表面张力 F_r 的垂直分量 F_B 和浮力 F_R 相等,达到润湿平衡。上述过程中,随着样件浸渍时间的变化,样件引脚润湿的焊料量增加,受力也发生变化,以自动记录仪可跟踪测试到该受力 F 的变化曲线如图 8-5 所示。力 F 由下式表示:

$$F = F_r \cos\theta - F_R$$

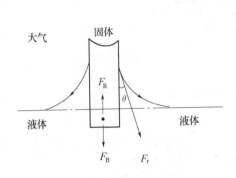 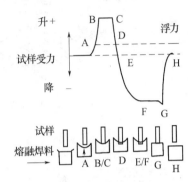

图 8-4　润湿平衡测试原理　　　　图 8-5　润湿平衡测试样件受力曲线

3. 元器件引脚共面性检测

表面组装技术是在 PCB 表面贴装元器件,为此,对元器件引脚共面性有比较严格的要求。一般规定必须在 0.1mm 的公差区内。这个公差区由 2 个平面组成,1 个是 PCB 的焊区平面,1 个是器件引脚所处平面。如果器件所有引脚的 3 个最低点所处同一平面与 PCB 的焊区平面平行,各引脚与该平面的距离误差不超出公差范围,则贴装和焊接可以可靠进行,否则可能会出现引脚虚焊、缺焊等焊接故障。

元器件引脚共面性检测的方法较多,最简单的方法是将元器件放在光学平面上,用显微镜测量非共面的引脚与光学平面的距离。目前使用的高精度贴片系统,一般都有自带机械视觉系统,可在贴片之前对元器件引脚共面性进行自动检测,将不符合要求的元器件排除。

8.2.2　PCB 来料检测

1. PCB 尺寸与外观检测

PCB 尺寸检测内容主要有加工孔的直径、间距及其公差,PCB 边缘尺寸等。

外观缺陷检测内容主要有:阻焊膜和焊盘对准情况;阻焊膜是否有杂质、剥离、起皱等异常状况;基准标记是否合标;电路导体宽度(线宽)和间距是否符合要求;多层板是否有剥层等。实际应用中,常采用 PCB 外观测试专用设备对其进行检测。典型设备主要由计算机、自动工作台、图像处理系统等部分组成。这种系统能对多层板的内层和外层、单/双面板、底图胶片进行检测;能检出断线、搭线、划痕、针孔、线宽线距、边沿粗糙及大面积缺陷等。图 8-6 为 PCB 线路缺陷 AOI 检测装置及其检测原理。图 8-7 为 PCB 线路缺陷激光检测原理。图 8-8 为 PCB 线路凹凸缺陷检测原理。

2. PCB 的翘曲和扭曲检测

设计不合理和工艺过程处理不当都有可能造成 PCB 的翘曲和扭曲,其测试方法在

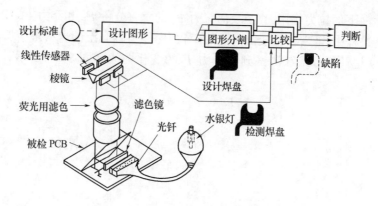

图 8-6 PCB 线路缺陷 AOI 检测装置及其原理

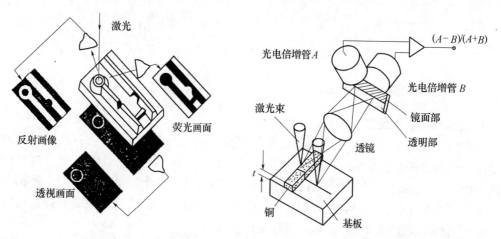

图 8-7 PCB 线路缺陷激光检测原理   图 8-8 PCB 线路凹凸缺陷检测原理

IPC-TM-650 等标准中有规定。测试原理基本为:将被测试 PCB 暴露在组装工艺具有代表性的热环境中,对其进行热应力测试。典型的热应力测试方法是旋转浸渍测试和焊料漂浮测试,在这种测试方法中,将 PCB 浸渍在熔融焊料中一定时间,然后取出进行翘曲和扭曲检测。

人工测量 PCB 度的方法是:将 PCB 的 3 个角紧贴桌面,然后测量第 4 个角距桌面的距离。这种方法只能进行粗略测估,更有效的方法还有应用波纹影像技术等。波纹影像方法是:在被测 PCB 上放置一个每英寸 100 线的光栅,另设一标准光源在上方 45°入射角通过一光栅射到 PCB,由光栅在 PCB 上产生光栅影像,然后用一个 CCD 摄像机在 PCB 正上方(0°)观察光栅影像。这时,在整个 PCB 上可以看到两个光栅之间产生的几何干涉条纹,这种条纹显示了 Z 方向的偏移量,可数出条纹的数量计算 PCB 的偏移高度,然后通过计算转化成翘曲度。

3. PCB 的可焊性测试

PCB 的可焊性测试重点是焊盘和电镀通孔的测试,IPC-S-804 等标准中规定有 PCB 的可焊性测试方法,它包含边缘浸渍测试、旋转浸渍测试、波峰浸渍测试和焊料珠测试等。边缘浸渍测试用于测试表面导体的可焊性;旋转浸渍测试和波峰浸渍测试用于表面导体和电镀通孔的可焊性测试;焊料珠测试仅用于电镀通孔的可焊性测试。

4. PCB 阻焊膜完整性测试

在 SMT 用的 PCB 上一般采用干膜阻焊膜和光学成像阻焊膜,这两种阻焊膜具有高的分辨率和不流动性。干膜阻焊膜是在压力和热的作用下层压在 PCB 上的,它需要清洁的 PCB 表面和有效的层压工艺。这种阻焊膜在锡 – 铅合金表面的黏性较差,在再流焊产生的热应力冲击下,常常会出现从 PCB 表面剥层和断裂的现象;这种阻焊膜也较脆,进行整平时在受热和机械力的影响下可能会产生微裂纹;另外,在清洗剂的作用下也有可能产生物理和化学损坏。为了暴露干膜阻焊膜这些潜在的缺陷,应在来料检测中对 PCB 进行严格的热应力试验。这种检测多采用焊料漂浮试验,时间为 10s~15s,焊料温度为 260℃ ~288℃。当试验时观察不到阻焊膜剥层现象,可将 PCB 试件在试验后浸入水中,利用水在阻焊膜与 PCB 表面之间的毛细管作用观察阻焊膜剥层现象。还可将 PCB 试件在试验后浸入 SMA 清洗溶剂中,观察其与溶剂有无物理的和化学的作用。

5. PCB 内部缺陷检测

检测 PCB 的内部缺陷一般采用显微切片技术,其具体检测方法在 IPC – TM – 650 等相关标准中有明确规定。PCB 在焊料漂浮热应力试验后进行显微切片检测,主要检测项目有铜和锡—铅合金镀层的厚度、多层板内部导体层间对准情况、层压空隙和铜裂纹等。

8.2.3　组装工艺材料来料检测

1. 焊膏检测

焊膏来料检测的主要内容有金属百分含量、焊料球、黏度、金属粉末氧化物含量等。

(1)金属百分含量。在 SMT 的应用中,通常要求焊膏中的金属百分含量在 85% ~92% 范围内,常采用的检测方法和程序为:①取焊膏样品 0.1g 放入坩锅;②加热坩锅和焊膏;③使金属固化并清除焊剂剩余物;④称量金属重量:金属百分含量 = 金属重量/焊膏重量 × 100%。

(2)焊料球。常采用的焊料球检测方法和程序为:①在氧化铝陶瓷或 PCB 基板的中心涂敷直径 12.7mm、厚度 0.2mm 的焊膏图形;②将该样件按实际组装条件进行烘干和再流;③焊料固化后进行检查。

(3)黏度。SMT 用焊膏的典型黏度是 200Pa·s~800Pa·s,对其产生影响的主要因素是焊剂、金属百分含量、金属粉末颗粒形状和温度。一般采用旋转式黏度剂测量焊膏的黏度,测量方法可见相关测试设备的说明。

(4) 金属粉末氧化物含量。金属粉末氧化是形成焊料球的主要因素,采用俄歇分析法能定量检测金属粉末氧化物含量。但价格贵且费时,常采用下列方法和程序进行金属粉末氧化物含量的定性测试和分析:①称取 10g 焊膏放在装有足够花生油的坩锅中;②在 210℃ 的加热炉中加热并使焊膏再流,这期间花生油从焊膏中萃取焊剂,使焊剂不能从金属粉末中清洗氧化物,同时还防止了在加热和再流期间金属粉末的附加氧化;③将坩锅从加热炉中取出,并加入适当的溶剂溶解剩余的油和焊剂;④从坩锅中取出焊料,目测即可发现金属表面氧化层和氧化程度;⑤估计氧化物覆盖层的比例,理想状态是无氧化物覆盖层,一般要求氧化物覆盖层不超过 25%。

2．焊料合金检测

SMT 工艺中一般不要求对焊料合金进行来料检测,但在波峰焊和引线浸锡工艺中,焊料槽中的熔融焊料会连续溶解被焊接物上的金属,产生金属污染物并使焊料成分发生变化,最后导致不良焊接。为此,要对其进行定期检测,检测周期一般是每月一次或按生产实际情况决定,检测方法有原子吸附定量分析方法等。表 8－4 列出了美国 QQ－S－571E 规定的焊料中金属污染物的含量极限。

表 8－4   焊料中金属污染物的含量极限

金属污染物	污染物含量极限/%	金属污染物	污染物含量极限/%
铝	0.005	金	0.08
锑	0.2~0.5	铁	0.02
砷	0.3	银	0.01
铋	0.25	锌	0.005
镉	0.005	其它	0.08
铜	0.08		

3．焊剂检测

(1) 水萃取电阻率试验。水萃取电阻率试验主要测试焊剂的离子特性,其测试方法在 QQ－S－571 等标准中有规定,非活性松香焊剂(R)和中等活性松香焊剂(RMA)水萃取电阻率应不小于 100 000Ω·cm;而活性焊剂的水萃取电阻率小于 100 000Ω·cm,不能用于军用 SMA 等高可靠性要求电路组件。

(2) 铜镜试验。铜镜试验是通过焊剂对玻璃基底上涂敷的薄铜层的影响来测试焊剂活性。例如,QQ－S－571 中规定,对于 R 和 RMA 类焊剂,不管其水萃取电阻率试验的结果如何,它不应该有去除铜镜上涂敷铜的活性,否则即为不合格。

(3) 比重试验。比重试验主要测试焊剂的浓度。在波峰焊接等工艺中,焊剂的比重受其溶剂蒸发和 SMA 焊接量影响,一般需要在工艺过程中跟踪检测、及时调整,以使焊剂保持设定的比重,确保焊接工艺顺利进行。比重试验常采用定时取样,用比重计测量的方式进行,也可采用联机自动焊剂比重检测系统连续、自动进行。

(4) 彩色试验。彩色试验可显示焊剂的化学稳定程度,以及由于曝光、加热和使用寿命等因素而导致的变质。比色计测试是彩色试验常用方法,当测试者有丰富的经验时,可采用最简单的目测方法。

4．其它来料检测

(1) 胶黏剂检测。胶黏剂检测主要是黏性检测,应根据有关标准规定检测胶黏剂把 SMD 黏结到 PCB 上的黏结强度,以确定其是否能保证被黏结元器件在工艺过程中受震动和热冲击不脱落,以及胶黏剂是否有变质现象等。

(2) 清洗剂检测。清洗过程中溶剂的组成会发生变化,甚至会变成易燃的或腐蚀性的,同时会降低清洗效率,所以需要定期对其进行检测。清洗剂检测一般采用气体色谱分析(GC)方法进行。

8.3　组装质量检测技术

8.3.1　组件质量外观检测

　　SMT 组件贴装质量外观检测是对贴装有 SMC/SMD 的 PCB 可视质量进行检测,检测内容包含元器件漏装、翘立、错位、贴错(极性)、装反、引脚上浮、润湿不良、漏焊、桥连、焊锡过量、虚焊(少焊锡)、焊锡珠等,比光板检测更为复杂,一般须借助检测设备进行。最简单的方法是采用借助光学设备的图形放大目测技术。

　　图形放大目测技术所采用的设备简单,可用一般光学放大镜,也可采用配有 CCD 摄像机和显示器的光学检测系统。这种检测方法采用人眼观测,或应用摄像机和计算机模拟人工目测,由计算机对焊点外观特征的二、三维图像的灰度级进行处理来判断 SMA 和焊点外观缺陷。它只能检测类似图 8-9 所示的可视焊点外观缺陷情况,检测速度慢,检测精度有限。但由于其检测方便、成本低,在 SMA 组件的常规检测中被广泛应用。

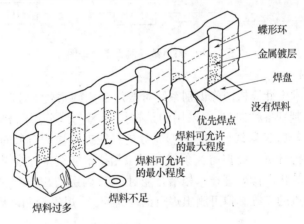

图 8-9　无引线陶瓷芯片载体的焊点表面缺陷

8.3.2　焊点质量检测

　　简单的焊点质量检测可采用借助光学显微设备的显示放大目测检测技术和 AOI 技术,除此之外,常用的焊点检测技术主要有:激光/红外检测、X 射线检测、超声波检测、图像比较 AOI 技术等。

1. 激光/红外检测

　　激光/红外检测用红外激光脉冲照射焊点,使焊点温度上升而又降回环境温度,利用测得的辐射升降曲线(焊点的热特征)与"标准"曲线比较来判别各种焊点缺陷。其基本原理如图 8-10 所示,它由激光发生器发出一定波长(典型为 $\lambda = 1.06\mu m$)的激光,经透镜聚光后由光纤传导至检测透镜,聚焦后射向焊点。焊点处受激光照射产生热量,一部分被焊点吸收,另一部分分散发射出来,由红外表面温度计测出其温度数值,通过计算机与用标准板作成的焊点温度升降曲线进行对比分析,判断缺陷的类型。这种系统的红外探头可向 4 个方向倾斜 15°,所以即使对 J 型内弯引线焊点也能进行检测。这种检测技术的优点是:检测一致性和可靠性好;检测速度快,每秒可检测 10 个以上焊点;能对焊接缺陷进行统计分析,便于质量控制。

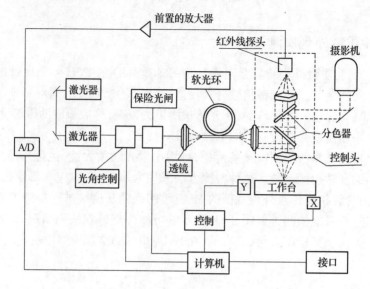

图 8-10　红外线检测设备原理图

2. X 射线检测

　　X 射线检测技术由计算机图像识别系统对微焦 X 射线透过 SMT 组件所得的焊点图像经过灰度处理来判别各种缺陷,它采用的是扫描束 X 射线分层照相技术,其基本原理如图 8-11 所示。普通 X 射线(直射式)影像分析只能提供检测对象的二维图像信息,对于遮蔽部分很难进行分析。而扫描 X 射线分层照相技术能获得三维影像信息,而且可消除遮蔽阴影。与计算机图像处理技术相结合能对 PCB 内层和 SMA 上的焊点进行高分辨率的检测。通过焊点的三维影像可测出焊点的三维尺寸、焊锡量和准确客观地确定各种

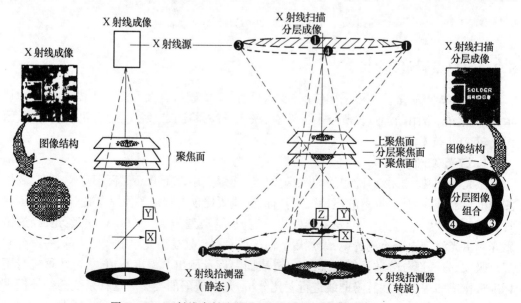

图 8-11　X 射线直射式与分层照相焊点检测原理及其比较

不可视焊接缺陷。还能对通孔的质量进行非破坏性检测。图 8-12 为目测检测合格,而通过 X 射线检测发现内部空穴的不合格品示意图。这种检测技术还可以用于焊接过程的质量控制,特别适合用于复杂 SMA 的焊接质量控制和焊后质量评估,是获得高可靠性的 SMA 的焊接质量评估和焊接工艺过程控制的重要检测技术。

3．超声波检测

超声检测技术利用探头输出超声波,检测焊点的频率响应来区别焊点的质量好坏。由于 SMT 焊点种类繁多,其频率响应特性又受各种因素的影响,无论是确定标准频率响应特性还是获取正确的检测频率响应特性都有较大难度。为此,超声检测技术在 SMT 焊点检测中应用不多。

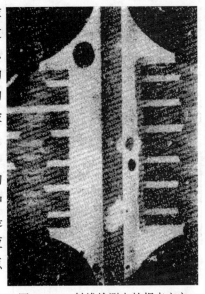

图 8-12　射线检测出的焊点空穴

4．基于图像比较的 AOI

图像比较 AOI 技术的检测原理是:利用光学摄像机获取被测焊点三维图像,经数据化处理后与标准焊点图像进行比较并判断、确定出故障或缺陷的类别、位置。这是一种较新的检测技术,日本日东公司等单位已开发出相关检测设备,图 8-13 为该类检测系统的组成与检测原理。这种系统的三维图像获取原理为:在摄像机前端装有一喇叭反光罩,罩内有三圈灯泡组成的不同角度的 LED 光源,如图 8-14 所示。摄像过程中,灯光处理装置控制三圈光源按序发光,由于不同圈光源发出的光角度不同,就分别在摄像时得到垂直光源、水平光源、偏差光源反射的影响,综合 2 个~3 个图像就形成一个假三维图像。表8-5列出了这种检测方法可检测的部分项目和内容。

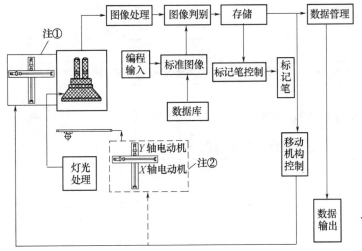

图 8-13　图像比较 AOI 原理

图 8-14　图像比较测试
光照原理

注①:当检查仪安装在贴片机与再流焊之间用此移动机构;

注②:当检查仪安装在再流焊之后时用此移动机构;上述二者不同时使用。

表 8-5　图像比较检测方法检测项目和内容

	无元件	未对准	极性相反	焊锡缺少	焊锡过剩	连焊	曼哈顿现象	元件翻转	引脚浮翘	破裂	错贴元件
矩形电阻、电容	●	●		●	●		●	●		●	
晶体管	●	●	●	●	●	●	●	●	●		
钽电容/二极管	●	●	●	●	●		●	●			
MELF	●	●	●		●		●	●			
排阻	●	●	●	●	●	●	●	●		●	
电解电容	●	●	●	●	●		●	●	●		
转换器	●	●	●	●	●		●	●			
SOP	●	●	●	●	●	●		●			●
QFP	●	●	●	●	●	●		●			●
J型引脚 IC	●	●	●	●		●	●	●			●

注:●可检测;×不重要;空格对检测无固定标准

8.4　组装工艺过程检测与组件测试技术

8.4.1　组装工艺过程检测

1. 检测对象与项目

图 8-15 是具有代表性的包含组装过程检测环节的 PCB 表面组装工艺流程。作为品质管理的目标是不要把生产线上出现不良的电路板放至后工序,而是在各个制造工位后设置专用检测设备,及时检测、发现和修正不良现象。表 8-6 列举了部分元器件的检测对象与检测项目,表 8-7 列出了部分不良内容及不良原因。实际应用中,应针对各个不良内容,采用最合适的检测技术和方法,设置最合适的检查装置进行检测。

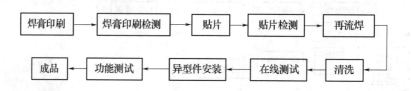

图 8-15　典型的表面组装与检测工艺流程

表 8-6　检测对象与检测项目

测试元器件种类	贴装不良项目			
	漏装	错位	旋转	极性
1005 芯片	0	△	△	−
1608-3216	0	0	△	−
三极管	0	0	△	×
二极管	0	0	△	×
钽电容	0	0	△	×
线圈芯片	0	0	△	−

（续）

测试元器件种类	贴装不良项目			
	漏装	错位	旋转	极性
变阻器芯片	0	0	△	×
铝电解电容	0	0	△	×
SOP－IC	0	0	△	×
QFP－IC	0	0	△	×
SOJ－IC	0	0	△	×
PLCC－IC	0	0	△	×
注:0 可判别;△有条件可判别;×不可判别; −无该测试题				

表 8－7　高密度贴装电路板的不良内容

制造工艺	主要原因	最终不良结果
焊锡印刷	未涂敷 涂敷不匀	元器件漏装 器件直立 虚焊 未挂焊锡 焊锡粘连
无器件贴装	未贴装 贴装精度 贴装范围	元器件漏装 元器件错装 元器件错位 虚焊
回流焊接	热不均匀	未挂焊锡 变形 器件直立 虚焊 劣化

2．焊膏印刷质量检测

实践证明,采用再流焊技术进行焊接时,焊接不良现象中的 70% ～80% 是由于焊膏印刷工序中出现的问题引起的。这些问题包含焊膏质量不良、印刷网板制造工艺未达到要求、印刷工艺参数设定不妥、工艺环境条件不符合要求等,由此将带来各种焊膏印刷缺陷和焊接缺陷。图 8－16 为印刷网板开孔尺寸不当引起的焊膏印刷量过多或过少现象;

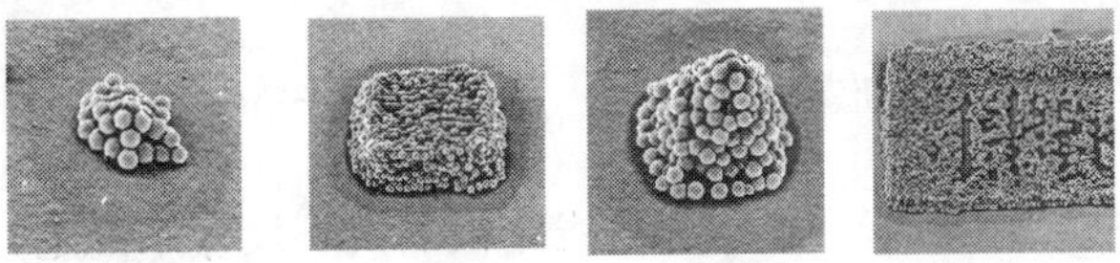

(a)太小　　(b)太小　　(c)适当　　(d)太大

图 8－16　网板开孔尺寸与印刷效果

图8-17为印刷污染引起的印刷后焊膏外形不清晰现象;图8-18为部分焊膏印刷质量问题带来的焊接缺陷。

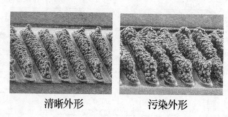

清晰外形　　　　污染外形

图8-17　印刷污染与印刷效果

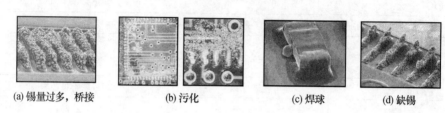

(a)锡量过多,桥接　　　(b)污化　　　(c)焊球　　　(d)缺锡

图8-18　焊膏印刷工艺引起的焊接缺陷

　　焊膏印刷后若能立即检测出印刷不良现象,并排除焊膏过多、焊膏不足、塌边等故障因素,将非常有利于焊接质量的改善与提高。为此,焊膏印刷后设置检测工序是非常必要和重要的。焊膏印刷质量检测可借助光学检测设备进行目测,也可采用专用检测设备。组装质量要求较高的SMT生产线上,常配置焊膏印刷自动检查机检测焊膏印刷质量。

　　1)焊膏印刷自动检查机基本构成

　　焊膏印刷检查机的基本构成如图8-19所示。主要组成部分为摄像机与环状光纤$X-Y$工作台系统。在$X-Y$桌面安装摄像机,环状光纤在$X-Y$方向移动,采集印制电路板整体的图像来进行检查。基本工作原理图如图8-20所示,有下列特点:

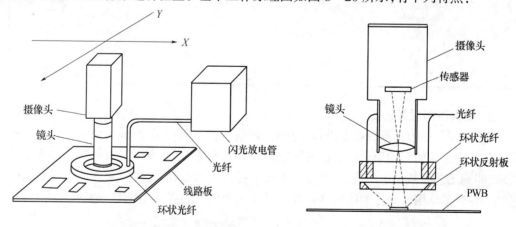

图8-19　焊膏印刷检查机基本构成　　　　图8-20　焊膏印刷检查机的检出原理

　　(1)摄像头的视野为6mm~25mm(由线路板的大小尺寸来设定)。

　　(2)使用一种特殊镜头,使PCB高度发生变化后焦距偏差及放大倍数偏差最小。

　　(3)光源是环状光纤闪光放电管。

2) 检测原理

焊膏印刷过程中,在模板与印刷电路紧贴的状态下,由刮板的移动,焊膏进入模板中,这时的焊膏几乎与模板的厚度相同,是平坦的,PCB 离开模板时焊膏的边缘形状发生变化。

焊膏自动检查机利用环状光纤与环状反射板将倾斜的光照射到焊膏上,摄像头从环状光纤的正方摄像,测出焊膏的边缘部分算出焊膏的高度。这是一种把形状转化为光的变化进行判定的检测方法。在正常印刷的场合,边缘部分多少会产生一些隆起,这个部分有对从斜面投射过来的光发生强烈的反射的特点。该检测方法利用焊膏边缘部分反射回来的光线宽度,进行焊膏桥接与焊膏环状等现象判定,由斜面照射回来的印制电路板面的光将呈现暗淡的画像。

3. 贴片质量检测

元器件贴装后的贴片质量检测工序主要是进行贴装元器件外观检查。外观检查可以检测出焊膏印刷或者点胶后放置在印制电路板上的片式元件及各种电子元器件的漏装或位置偏移。外观检查可采用人工目测或外观自动检查装置进行,检测工序应设在贴片后、焊接前。

实践证明:采用外观自动检查装置与采用人工目测方法相比,可以大幅度提高产品质量和生产效率。表 8-8、图 8-21 中分别列出了所举例子的检测效果变化情况和贴片不良率的推算情况。这里假设工作条件:工作时间为 480min/天;工作天数为 22d/月;工作效率为 100%。

表 8-8 外观自动检查装置与目测检查的比较

现状比较	检查时间/(s/枚)	处理枚数/(枚/天)	处理枚数/(枚/天)	贴装工程不良率/%
目　视	60	480	10.560	11.7
贴装检查机	20	1.454	31.988	2.1
效　果	少 40s	增 974 枚	月产增 3 倍	6 个月后降至原来的 1/5

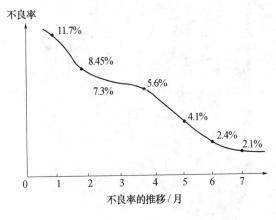

图 8-21 不良率的推移

8.4.2　组件在线测试技术

SMT组件测试内容含性能测试和功能测试,一般使用在线测试仪、飞针测试仪等SMT专用测试设备进行组件性能在线测试。

1. 针床式在线测试技术

在线测试根据PCB检测内容分为焊接工艺后检查焊锡桥接挂连、布线断线的短路/开路测试和检查各元器件是否正确装配的两种元器件测试。高密度贴装电路板由于端脚布线密集、贴装元器件超小型化等原因,焊接不良及元器件漏装、错装率增高。因此,在线测试的重要性也越发显著。时至今日,在高密度SMA的检测中,借助测试针床进行不良检测的在线检测技术仍占较大比重。

针床式在线测试仪可在电路板装配生产流水线上高速静态地检测出电路板上元器件的装配故障和焊接故障,还可在单板调试前通过对已焊装好的实装板上的元器件用数百毫伏电压和10mA以内电流进行分立隔离测试,从而精确地测出所装电阻、电感、电容、二极管、三极管、可控硅、场效应管、集成块等通用和特殊元器件的漏装、错装、参数值偏差、焊点连焊、印制板开短路等故障,并可准确确定故障是哪个元件或开短路位于哪个点。

1) 针床式在线测试仪的基本构成

图8-22为一种用于双面测试的针床式在线测试仪。它由控制系统、测量电路、测量驱动及上、下测试针床(夹具)等部分构成。控制系统含有标准配置的个人计算机,综合控制软件采用MS-DOS操作系统。系统软件采用模块化结构,具有对应测试程序可生成高级编辑功能等功能模块。这些模块可由窗口式弹出菜单或直接调出使用,其口令方式可以按操作者模式区分,以防止使用者破坏程序数据。上、下测试针床上对应于被测试电路组件的测试点规则分布测试探针,测试时,被测试电路组件由上下针床夹持在针床中

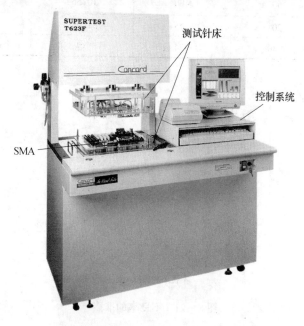

图8-22　针床式在线测试仪基本组成

间,测试探针精密接触被测试点,上针床的上下移动可控。

2) 针床的制作

针床方式在线测试仪必须用测试针床对 PCB 上的导电体进行接触性测试检查,从而采集电气信号。因此在线测试仪的测定可靠性,取决于测试针的接触状态。表面贴装电路板中,不能从单面测试所有布线结点的情况很多,因此需要采用从电路板两面测试的两面针床。由于涉及 PCB 位置高精度吻合性、元器件对测试针位避让、PCB 变形矫正等问题,两面针床的结构要求较复杂,对其制作要严格把关。

针床制作可分为不利用 PCB 电路 CAD 数据的制作和利用 CAD 数据的制作 2 种情况。有 CAD 数据情况下制作表面贴装电路板的针床时,探针位置坐标信息通常是参照实装电路由精密数字化仪从裸板读取而来。若要获得高精度坐标,应由电路板制板用的负片读取数据。制作所需的标准资料有:① 布线负片;② 裸电路板;③ 贴装好的电路板;④ 贴装位置图;⑤ 电路原理图;⑥ 元器件表。其制作流程如图 8 - 23 所示。利用 CAD 数据制作针床可除去测量误差因素。制作所需的标准资料如下:①探针位置数据;②探针序号数据;③贴装好的电路板;④电路原理图;⑤元器件表。其制作流程如图 8 - 24 所示。

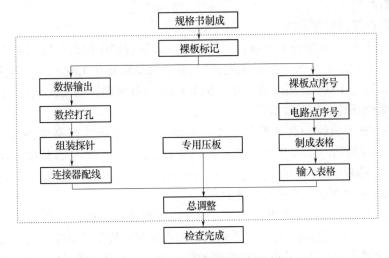

图 8 - 23　不用 CAD 数据的针床制作流程

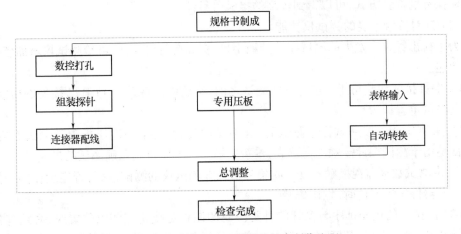

图 8 - 24　利用 CAD 数据的针床制作流程

使被测电路板与针床的相对位置精度恶化的原因是加工精度、探针固定精度及温度系数等。另外,PCB 本身制作误差也是原因之一。表 8-9 列出了利用 CAD 数据制作针床时的误差因素及产生的最大误差值参考值。

表 8-9 针床的制作精度

印制电路板的制作误差(最大值)

印制板条件	印制板料:玻璃纤维
	印制板尺寸:200mm×200mm
	温度范围:20℃~25℃
制作误差	定位点与布线间的误差:±0.05mm
	焊接后印制板尺寸变化:0±0.02mm
	印制板尺寸随温度变化:±0.01mm
	....
合　计	:-0.06mm~ +0.08mm

针床的制作误差(最大值)

制作条件	板料:有机玻璃
制作误差	数控打孔精度:±0.02mm
	定位孔与定位销的容差:±0.03mm
	探针偏晃:±0.05mm
	温度变化:±0.01mm
	....
合　计	:±0.01mm

3) 测试设计

(1)提高探针接触率方法。

① 保证探针所能接触的最小面积。若能保证印制板制作误差与针床制作误差的综合最大值在 -0.17mm~ +0.19mm 的范围内,其结果是只要有 0.4mm 以上的接触面积,就可保证 1 根探针 100% 可靠接触。对于 0.4mm 以下接触面积的情况,设置 2 根以上探针可以达到吸收探针摆晃误差的效果。

② 针对高密度引脚的测试探针装配。对应贴装电路板的高密度测试探针,间隔1mm 以上实用无问题。但当 IC 的引脚布线间隙在 1mm 以下时,仍按传统方式将测试探针装入配板中,则较困难。因此,装配1mm 以下间隙的探针时,应将测试探针在配线板上交错排列,或沿欲测点走线寻找适当测试点。

③ 过孔的利用。表面贴装电路板上可直接下探针的结点极少。故与各内层相接的过孔就成为一个宝贵的测点。在设计阶段就应考虑到尽可能除去阻焊剂、封上焊锡。

④ 采用单结点双探针。为了容许有限的针床设置误差及布线错位,采用单结点处设置 2 根探针的双针方式,可以得到较高的接触可靠性。

(2)针对接触不良的测试仪功能。

为了检出针床上发生的测试探针接触不良、提高接触可靠性,可给测试仪增加各种各样的功能。

① 探针接触检验功能。进行正式测试之前,确认测试探针与 PCB 已接妥的功能,接触不良时可重置针床。

② 重测功能。按测试程序测试后,有不良项目时,再下一次压板重新测试不良项。若不良是由于测试探针接触不良造成,重新接触一次可以得到正确测试结果。

③ 由测试数据监视接触不良。收集分析在线测试仪的测试数据,若连续在同一探针或同一元器件发生不良时,发出告警。

(3)测试点的优先排序与探针的种类。对印制板走线指定测点位置时,必须首先考虑接触的可靠性,根据探针所要接触的焊盘的位置及表面状态,选择接触不良可能性最低的点,然后选择与之相配的探针种类。探针基本种类如表 8 - 10 所列。

表 8 - 10　测试点的优先排序探针的种类

优先排序	接 触 点	探 针 种 类
①	封有焊锡的专用焊盘	TSP - 25N(单针);TSP - 25K(双针)
②	未加阻焊的过孔	TSP - 25T(三角锥);TSP - 5T(三角锥)
③	分立元器件的引脚	TSP - 25K(三针);TSP - 25N(单针)
④	连接器/DIL - IC 的引脚	TSP - 25H(皇冠针);TSP - 10H(皇冠针)
⑤	贴片的焊盘	TSP - 25N(单针);TSP - 5N(单针)
⑥	SOP/QFP 的焊盘	TSP - 25N(单针);TSP - 5N(单针)

4) 自动在线测试机

自动在线测试机是针对生产线自动化要求,配带自动传送装置的自动在线测试装置。自动传送系统包括表面贴装电路板的传送机构、电路板固定机构及两面高精度针床机构,还有便于更换针床的针床转接单元。

传送测定部是装配电路板的高速传送与定位的机构。它一般采用平行皮带将电路板送到电路板检出传感器处停下,采用气缸机构中的定位销将其定位。然后采用压力气缸将上针床降下,将电路板压紧,同时针床上的探针与电路板上的布线电路或测试点相接。压板再降,使下面针床的探针与电路板的下面测试点也相接。

2. 飞针式在线测试技术

对于不能使用针床测试的印制电路板,可以使用飞针方式在线测试仪。典型的飞针方式在线测试仪,在 $X - Y$ 机构上装有可分别高速移动的 4 个头共 8 根测试探针,最小测试间隙可达 0.2mm。图 8 - 25 为飞针式在线测试仪及其飞针在线测状态示意。测试作业时,根据预先编排的坐标位置程序,移动测试探针到测试点处与之接触,各测试探针根据测试程序对装配的元器件进行开路/短路或元件测试。

图 8 - 25　飞针式在线测试仪及其飞针在测状态

为了既实现快速走针又能避免针插印痕对 PCB 板的影响,应合理分布走针行程与走针速度,在元器件个头高矮大致相同的情况下合理设定针的等待位置,可相对提高测定周期;采用缓着陆法可克服行程快速和接触 PCB 时需限速的矛盾。其原理如图 8 - 26 所示。

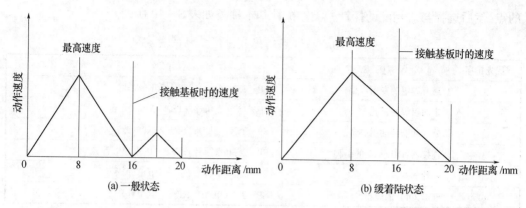

图 8-26　缓着陆法

飞针式测试仪上安装的多根针,每根针都安装在适当的角度上,不会发生因为贴装元件而产生测试死角现象,能进行全方位角测试。以往的针床式测试仪难以对付的高密度QFP管角及如 1005 片式元件的小焊盘,用飞针式测试仪都非常容易解决。因此,采用飞针式测试仪能大幅度地提高不良检出率。

1)飞针式与针床式在线测试仪的比较

表 8-11 以高密度 PCB 为对象,将飞针式和针床式在线测试仪的特性进行了比较。

表 8-11　在线测试仪的比较

比较项目	飞针方式	针床方式
探针最小间隔	0.2mm	1.27mm
探接精度	0.15mm	0.2mm
电路板坐标修正	可以	不可
接触不良的回避	数字功能	重测功能
测试时间	100ms/步~200ms/步	1ms/步~20ms/步
探针测试力	约 1.47N	约 1.47N
探接冲击	基本无	基本无
CAD 对应	容易	稍难
编程费用	廉价	高价
编程时间	短期	稍长
设备费用	—	—

2) 测试程序自动生成

飞针在线测试的测试程序一般自动生成,其方法是由 PCB 电路 CAD 系统与测试设备相连构成的数据链站,将 CAD 数据输出的位置坐标变换为探接坐标,再由结点资料、器件资料生成测试程序,如图 8-27 所示。由 CAD 数据直接转换成测试程序,能大幅度减短编程时间、缩短读入周期、降低运行成本。

(1)PCB 标号定位。由 CAD 数据生成的测试探针测试点的点坐标,借助印制电路板上布线基准标号,以图像识别进行坐标修正后,可以减小被测电路板的制作误差及电路板的设置误差,从而实现高精度测量。基准标记可采用:□◇▲△等,如图 8-28 所示。

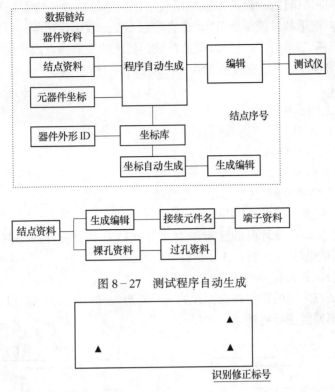

图 8-27　测试程序自动生成

图 8-28　PCB 标号

基准标号的图像识别与位置修正功能原理为:由 CCD 摄像机读取印制电路板布线时同时印制上的基准标号,由图像处理装置提取出标记的中心坐标,计算出与基准坐标的偏移量,然后对预先程序编定的 $X-Y$ 坐标完成修正,进行测量。

(2) 探针形状的选择和测试点的选择顺序。

① 探针形状的选择。表面贴装电路板的探针接触点有测试走线、过孔、元器件引脚等种类,飞针式在线测试仪的各根探针可以根据要求选择最适当的探针形状。其基本探针形状的选择如图 8-29 所示。

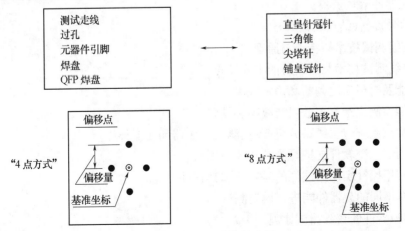

图 8-29　探针形状的选择

对贴装元器件的错位,探针的探接采用数字化功能较有效。特别是片状二极管和三极管,焊点处的隆起形状常使探针打滑,造成接触不良。数字化功能是对程序中基准坐标设定相对指定偏移值,进行多点探接,即使贴装错位也能在适当点成功探接。

② 测试点的选择顺序。探接点的选择可按如下顺序进行:

A. 测试点;

B. 2125 以上的芯片焊盘;

C. 0.8mm 间距以上的 IC 引脚焊盘;

D. 过孔(已有元器件时);

E. 裸孔(元阻焊时);

F. 1608 以下的芯片焊盘(但指定 2 点);

G. 0.65mm 间距以下的 IC 引脚焊盘。

③ 印制电路板布线设计时的注意事项。为使 PCB 具有良好的可测试性,需设置满足探接条件的测试点(图 8 - 30),并注意以下内容:

A. 探接部分的面积在 0.4mm 边长以上;

B. 相邻测试点之间的距离符合探针的最小间距(一般在 1.27mm 以上);

C. 元器件不要盖住导电接点。

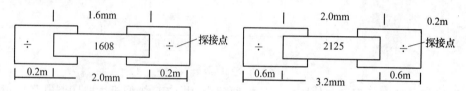

图 8 - 30　由 CAD 生成探接坐标数据

④ 完备的数据资料。其它测试点坐标生成所需数据如下:

A. 电路板外形资料;

B. 基准孔资料;

C. 双面装配电路板的配置资料;

D. 元器件数量资料;

E. 信号资料(结点表)。

3. 在线测试技术的特点与原理

1) 在线测试技术及其设备的主要特点

(1) 能及时或实时判断和确定缺陷。

(2) 能检测出绝大多数组装故障和缺陷。

(3) 测试系统包含线路分析模块、测试生成器和元器件库。

(4) 测试系统软件支持写测试和评估测试。

(5) 利用探针实现测试件的"触及"和其它件的"隔离"。

(6) 对不同的元器件能进行模型测试。

2) 模拟器件的在线测试原理

图 8 - 31 为电阻测试例,图 8 - 31(a)示意的是无隔绝测量,流经 R_x 的电流经 R_3 和

R_4 分流部分电流后,其余流入安培表。测试精度取决于电流电路电阻特性,由此计算出的 R_x 的阻值可能误差很大。如图 8-31(b)所示,在 R_1、R_2、R_3、R_4 处分别用在线测试探针接触加入隔绝点后,通过简化可得出如图 8-31(b)右边图形所示的等效电路图。

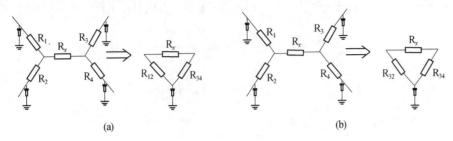

图 8-31   电阻测试例

(a) 电阻的无隔绝测量;(b) 电阻隔绝测试技术。

再在电流表电路中使用运算放大器取代安培表形成三端隔绝测量电路(图 8-32),利用运算放大器同向端和反向端虚短的特性,就可消除 R_{34} 上的分流,得到:

$$I_a = V_{out}/R_f$$

$$R_x = V_s/I_a$$

在此基础上,需要的话还可以形成测量精度更高的四端、六端隔绝测量电路。

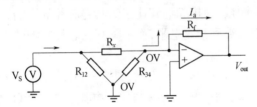

图 8-32   在线测试的三端隔绝测量原理

3) 数字器件测试原理

数字电路器件的特点是只有高、低电平,但引脚多。测试仪器需要有一套能驱动数字芯片输入端到理想电位的数字驱动器,以及一组能检测其输出逻辑电位的数字感应器。驱动器和感应器成对存在,并与输出连接继电器、测试针等组成测试电路(图 8-33)。

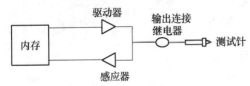

图 8-33   数字驱动和感应器对组成的测试电路

图 8-34 为一个二输入与非门的测量简例,测量程序为:给被测板上电、接地;定义高、低电平;指定测试针;定义驱动和感应测量时序;编写测试程序进行测量。测试程序输入语句如表 8-12 所列,表中 IC、IH 和 IL 连接驱动器 D 到指定的输入端 A 和 B 并给予赋值,OS、OH 和 OL 连感应器 S 测量端到输出端 C,并定义期望值。

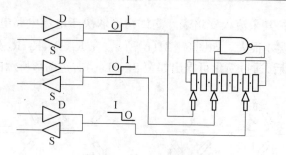

图 8-34 二输入与非门测量例

表 8-12 测试程序输入语句

程 序 语 句	输入端驱动信号		输出端测量信号
	(A)	(B)	(C)
IC(A,B)IH(A,B)OS(C)OL(C)	1	1	0
IL(B)OH(C)	1	0	1
IL(A)IH(B)	0	1	1
IL(B)	0	0	1

4）数字器件的隔绝

数字芯片上电才能测量，为排除与其连接的其它芯片的影响，一般采用数字驱动器在瞬间强制被测芯片的输入端到指定电平，而不管其它芯片影响的方法来解决这个问题，称之为背驱动技术。

图 8-35 为一个 TTL 芯片的输出状况，图 8-35(a)中 Q_1 导通、Q_2 截止，输出低电平。为使其瞬间输出为高电平，测试仪强制加一电流脉冲，从 Q_1 发射极反流过集电极，使输出端产生高电平，Q_2 导通，Q_1 截止，如图 8-35(b) 所示。为使输出低电平，测试仪在输出处加一低电平，吸收由此产生从 Q_2 流经的电流。因数字测试速度很快，电流脉冲时间大大小于 10ms(通常为 $5\mu s \sim 10\mu s$)，不会造成芯片的损坏。

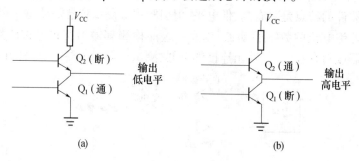

图 8-35 TTL 芯片测试的强制隔绝输出状况

8.4.3 组件功能测试技术

功能测试就是将 SMA 上的被测单元作为一个功能体，对其提供输入信号，按照功能体的设计要求检测输出信号。这种测试是为了确定 SMA 能否按照设计要求正常工作。

所以功能测试最简单的方法,是将组装好的某电子设备上的专用 SMA 连接到该设备的适当电路上,然后加电压,如果设备正常工作,就表明 SMA 合格。这种方法简单,投资少,但不能自动诊断故障。

通常把功能测试分成静态和动态测试两种类型。静态测试成本低,早已广泛采用。它在固定的状态下测试 SMA 的功能。动态测试要给 SMA 加激励,以正常工作的时钟频率操作,测试其功能。不管是哪种类型的功能测试,都包括 3 个基本单元:加激励、收集响应以及根据标准组件的响应评价被测试 SMA 的响应。大多数功能测试仪都有诊断程序,用来鉴别和确定故障。通常采用的功能测试技术除人工分析外还有以下几种测试分析方法。

1. 双测试夹具或单测试夹具测试

采用双测试夹具进行功能测试时,将标准 SMA 板和被测试 SMA 板分别夹在 1 个测试夹具上,并同时对两块板加相同激励(通常叫伪激励),然后比较它们的响应。如果发现故障,再用手持探针,对被测 SMA 上的故障结点和测试标准板上的相应结点的响应进行比较,以便确定故障范围和类型。其原理如图 8 - 36 所示。

采用单个测试夹具的功能测试方法是,用单个测试夹具先夹在标准 SMA 板上进行测试操作,将响应存储在存储器中,然后再用同一夹具夹在被测试的 SMA 板上进行相应的测试操作。比较它们的响应,如发现故障,用手持探针进行测试操作。其原理如图 8 - 37所示。用这种方法进行功能测试,由于测试时标准板和被测试 SMA 板之间存在一定的定时差别,会使检测出的故障不精确。另外,前一种方法采用伪随机激励,由于其固有的缺点,所以不适用于微处理器等的时序器件的测试。

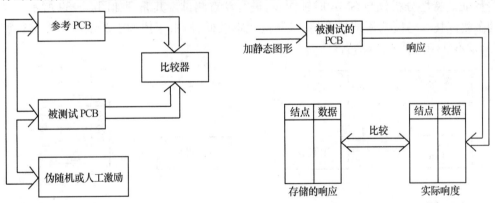

图 8 - 36　双测试夹具功能测试　　　　图 8 - 37　单测试夹具功能测试

双测试夹具或单测试夹具测试方法属静态测试,测试成本较低。

2. 模拟测试

模拟测试方法采用故障模拟进行激励,其模拟器能对所推荐的激励图形计算其故障范围,从而有助于开发最佳激励。该方法应具有很强的软件功能,它根据被测 SMA 上的元器件布局和 SMA 上的元器件真值表数据库,利用计算机产生的被测 SMA 的模型,预测所选择的输入图形的正确响应,通过计算 SMA 上每个结点的逻辑状态,进行评价,发现故障。采用模拟器的功能测试技术如图 8 - 38 所示。这种测试仪多数采用静态测试技术,也有少数采用动态测试技术的系统,是最精确的功能测试方法,但是价格昂贵。因为它需要后备 SMA 和高速驱动器,以便以高速时钟频率加激励。由于并非所有器件都能模拟,所以该方法的应用受到限制。

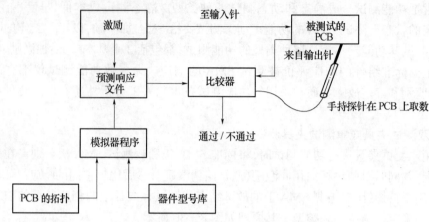

图 8-38 采用模拟器的功能测试技术示意图

3. 特征分析(SA)测试技术

特征分析测试技术是一种动态数字测试技术,它采用针床夹具对被测 SMA 上的给定结点取数,通过检验器件输入端和输出端的特性,检查给定器件的工作是否正确。这类似于在模拟电路上用示波器观察波形的方式,采用返回跟踪进行故障检测。测试时,测试系统多路转换到被测试的每个结点上,与测试标准板的相应结点进行比较,检测 SMA 的某些特征。特性分析仪与 SMA 时钟同步,进行动态测试。其原理如图 8-39 所示。这种动态测试技术与模拟测试技术相比,测试成本较低,但由于依赖于测试标准板进行测试,所以不能精确分析故障特性。

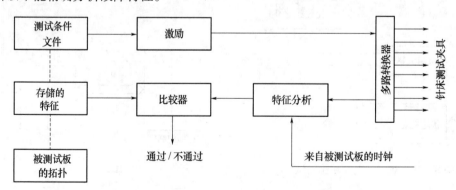

图 8-39 采用特性分析仪的 SMA 测试系统方框图

8.4.4 在线测试应用实例

在表面组装产品的生产中,有 1 个元器件为不良品或者贴装不良,如果设其在贴装过程现工序中的检查修复成本为 1;那么,在后工序中的检查修复成本则为 10;如果在产品投入市场后进行返修,那么其检查修复成本将高达 100。所以,尽快尽早地发现不良现象,把住生产中每一个环节的质量关,已成为生产的重要原则。

在线测试仪的使用效果,可以通过使用前后的质量分析数据予以说明。下面以彩色电视机的标准电路板生产为例,对在线测试仪在印制电路板生产中的作用作一比较说明。

(1) 产品 ·· 彩色电视机

(2) 主电路板 ·· 单面苯酚树脂电路板

(3) 贴装元器件

卧式元器件(电阻、跨接线,二极管) ················· 350

立式元器件(电容) ·································· 150

TR/IC ··· 50

异形元器件 ··· 50

合计:600 个

(4) 生产线速度 ······································ 1 台/min

(5) 产量 ··· 500 台/天

(6) 装配元器件

卧式元器件 ·· 自动插入/手插入

立式元器件 ·· 自动插入/手插入

TR/IC ·· 手插入

异形元器件 ·· 手插入

(7) 印制电路板生产的不合格率

卧式/立式元器件的装配 ····························· 35%

自动焊接/引脚切断 ································· 30%

异形元器件的装配 ·································· 30%

性能不良 ·· 5%

(8) 工时费

1 个月(25 天) ····································· 1250 元

1 天 ·· 50 元

(9) 设备折旧年限

在线测试仪 ·· 5 年

测试针床 ·· 2 年

1. 引进在线测试之前的电路板生产线

(1) 生产线的基本构成如图 8 - 40 所示,组装中发生的不良内容如表 8 - 13 所列,目检条件下的不良检测率如表 8 - 14 所列。

表 8 - 13　组装过程中发生的不良内容

工　序	装配元器件	不良内容	不良率
卧式/立式元器件的自动插入	电阻 电容 电感 跨接线 二极管	引脚弯曲 标称值错误 装配位置错误 装配方向错误 没有元器件 元器件不良	35%

(续)

工　序	装配元器件	不良内容	不良率
自动焊接		焊锡短路 没有焊锡 元器件上浮/脱落 元器件损坏	30%
引脚切断		引脚弯曲 引脚相接 元器件损坏	
异形元器件的插入	晶体管 IC 可变电阻器 连接器 开关 机构器件 密封罩 变压器类 电缆线	没有元器件 装配方向错误 焊锡短路 没有焊锡 元器件损坏	30%

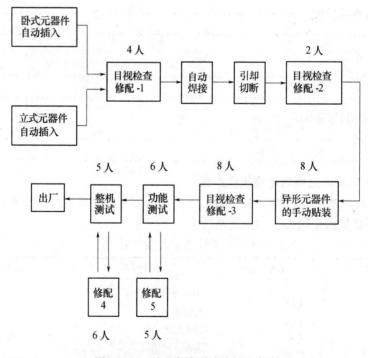

图 8-40　引进在线测试前的生产线

表 8 - 14　目视检查条件下的生产工序不良检测率

检查工序	检查内容	不良率	发现率	漏检率
元器件插入工序后的目视检查	1. 引脚弯曲 2. 标称值错误 3. 装配位置错误 4. 装配方向错误 5. 没有元器件 6. 元器件不良		35% - 25% = 10%	
自动焊接和引脚切断后的目视检查	0. 前工序的不良返件	10%		
	1. 焊锡短路 2. 没有焊锡 3. 元器件上浮/脱落 4. 元器件损坏 5. 引脚弯曲	+	30% - 20% = 20%	
异形元器件装配后的目视检查	0. 前工序的不良返件	20%		
	1. 焊锡短路 2. 没有焊锡 3. 引脚弯曲 4. 标称值错误 5. 装配位置错误 6. 装配方向错误 7. 没有元器件 8. 元器件不良	+	20% - 10% = 30%	
功能检查	0. 前工序的不良返件	30%		
	1. 元器件功能不良 2. 元器件动作不良 3. 调整不良	+	5% - 25% = 10%	
装配检查	0. 前工序的不良返件	20%		
	1. 元器件功能不良 2. 元器件动作不良 3. 装配不良 4. 外观不良	+	5% - 13% = 2%	

(2) 卧式/立式元器件装配使用自动插装机,可以对电阻、跨接线、二极管等卧式元器件和电容等立式元器件进行装配。与手动插入相比,产品不良率虽有所降低,但是差别不大。另外,IC 和三极管等元器件也由手动进行插入。

(3) 引脚切断和目视检查与修配工程均被设定为手动操作。如果使用自动引脚切断机,引脚切断和目视检查与修配工程只需要 1 个人。

2. 引进在线测试之后的电路板生产线

(1)生产线的基本构成如图 8 - 41 所示,使用在线测试之后的不良检测率如表 8 - 15 所列。

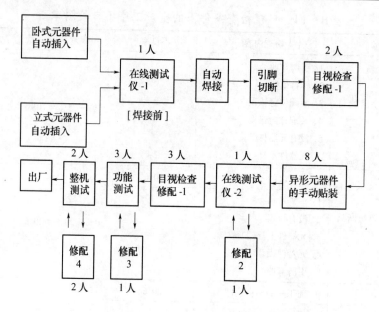

图 8-41　引进在线测试后的生产线

表 8-15　使用测试仪后的不良检测率

检查工序	检查内容	不良率	发现率	漏检率
元器件自动插入工序后在线测试	1. 引脚弯曲 2. 标称值错误 3. 装配位置错误 4. 装配方向错误 5. 没有元器件 6. 元器件不良		35% - 35% = 0%	
自动焊接和引脚切断后的目视检查	0. 前工序的不良返件	0%		
	1. 焊锡短路 2. 没有焊锡 3. 元器件上浮/脱落 4. 元器件损坏 5. 引脚弯曲	+	30% - 20% = 10%	
自动焊接后的在线测试	0. 前工序的不良返件	10%		
	1. 焊锡短路 2. 没有焊锡 3. 引脚弯曲 4. 标称值错误 5. 装配位置错误 6. 装配方向错误 7. 没有元器件 8. 元器件不良	+	20% - 28% = 2%	

(续)

检查工序	检查内容	不良率	发现率	漏检率
在线测试后的目视检查	0. 前工序的不良返件	2%		
	1. 连接器装配不良 2. 机构器件装配不良	+	5% - 6% = 1%	
异形元器件装配后的目视检查	0. 前工序的不良返件	1%		
	1. 元器件功能不良 2. 元器件动作不良 3. 调整不良	+	5% - 5% = 1%	
装配检查	0. 前工序的不良返件	1%		
	1. 元器件功能不良 2. 元器件动作不良 3. 装配不良 4. 外观不良	+	3% - 3.8% = 0.2%	

(2) 在线测试仪 - 1 在焊接前对装配质量进行检查,检测率高达 100%。在线测试仪 - 2 对焊接工序的不良产品进行检测,检测率为 100%,对异形元器件的不良检测率为 90%。在线测试仪可以给出不良品的位置及元器件代号数据从而大大缩短了修配时间。由于送往功能检查的不良电路板数量大幅度减少。修配人员也从原来的 5 人减少到 1 人。

3. 在线测试仪使用前后的数据比较

(1)使用人数的削减,如表 8 - 16 所列。

表 8 - 16　使用人数的削减

检 查 工 序	在线测试仪使用前		在线测试仪使用后	
	人　数	工时费/天	人　数	工时费/天
元器件插入工序后的检查	4 人		1 人	
自动焊接和引脚切断后的目视检查	2 人		2 人	
在线测试仪的操作与不良修配	……		2 人	
异形元器件装配后的目视检查	6 人		1 人	
功能检查与修配	11 人		4 人	
装配检查与修配	10 人		4 人	
合　　计	33 人	1650 元	14 人	700 元

(2)产品质量的改善和返修费用的降低。在使用在线测试仪之前,约有 2% 的不合格品(如标称值不相符的元器件或已经老化的元器件等)被送到市场上予以出售。使用在线测试仪之后,此比率降为 0.2%。

① 使用在线测试仪之前的不良品返修和修理费用(1 年)

不良品返修台数 ·················· $150000 \times 2\% = 3000$ 台

返修费用 ·················· 3000 台 $\times A$ 元 $= \times$ 元

修理费用 ·· 3000 台×B 元=×元

$$不良品修理费用=3000(A+B)$$

② 使用在线测试仪之后的不良品返修和修理费用(1 年)

不良品返修台数 ······································ 150000×0.2%=300 台

返修费用 ·· 300 台×A 元=×元

修理费用 ·· 300 台×B 元=×元

$$不良品修理费用=300(A+B)$$

③ 由于降低返修率而获得的经济效益(1 年)

测试仪使用前   测试仪使用后   效益

$3000(A+B)$元 $-$ $300(A+B)$ $=$ $2700(A+B)$元

8.5 SMT 组件的返修技术

8.5.1 返修的基本方法

1. 返修的基本概念

表面组装自动化和组装制造工艺一直在为满足高的一次组装通过率要求而努力,但是 100%的成品率仍然是一个可望而不可及的目标,不管工艺有多完美,总是存在着一些组装制造中无法控制的因素而产生出不良品。PCB 组装中必须对废品率有一定的估计,且可以用返修来弥补产品组装过程中产生的一些问题。

SMA 的返修,通常是为了去除失去功能、损坏引线或排列错误的元器件,重新更换新的元器件。或者说就是使不合格的电路组件恢复成与特定要求相一致的合格的电路组件。返修和修理是两个不同的概念,修理是使损坏的电路组件在一定程度上恢复它的电气机械性能,而不一定与特定要求相一致。

为了完成返修,必须采用安全而有效的方法和合适的工具。所谓安全是指不会损坏返修部分的器件和相邻的器件,也指对操作人员不会有伤害。所以在返修操作之前必须对操作人员进行技术和安全方面的培训。习惯上返修被看作是操作者掌握的手工工艺,实际上,高度熟练的维修人员也必须借助返修工具才可以使修复的 SMA 产品完全令人满意。然而为了满足电子设备更小、更轻和更便宜的要求,电子产品越来越多地采用精密组装微型元器件,如倒装芯片、CSP、BGA 等。新型封装器件对装配工艺提出了更高的要求,对返修工艺的要求也在提高,此时手工返修已无法满足这种新要求。因此,更加应注意采用正确的返修技术、方法和返修工具。

2. 返修基本过程

(1)取下元器件。成功的返修首先是将故障位置上的元器件取走。将焊点加热至熔点,然后小心地将元器件从板上拿下。加热控制是返修的一个关键因素,焊料必须完全熔化,以免在取走元器件时损伤焊盘。与此同时,还要防止 PCB 加热过度而造成 PCB 扭曲。

(2)线路板和元器件加热。先进的返修系统采用计算机控制加热过程,使之与焊膏制造厂商给出的规格参数尽量接近,并且应采用顶部和底部组合加热方式(图 8-42)。底部加热用以升高 PCB 的温度,而顶部加热则用来加热元器件,元器件加热时有部分热量会从返修位置传导流走。而底部加热则可以补偿这部分热量而减少元器件在上部所需的总热量,另外,使用大面积底部加热器可以消除因局部加热过度而引起的 PCB 扭曲。

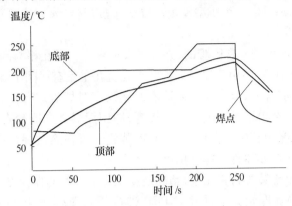

图 8-42 在线路板顶部和底部测得的温度曲线及焊点实际温度

(3) 加热曲线。加热曲线应精心设置,先预热,然后使焊点回焊。好的加热曲线能提供足够但不过量的预热时间,以激活助焊剂,时间太短或温度太低则不能做到这一点。正确的再流焊温度和高于此温度的停留时间非常重要,温度太低或时间太短会造成浸润不够或焊点开路。温度太高或时间太长会产生短路或形成金属互化物。设计最佳加热曲线最常用的方法是将一根热电偶放在返修位置焊点处,先推测设定一个最佳温度值、温升率和加热时间,然后开始试验,并把测得的数据记录下来,将结果与所希望的曲线相比较,根据比较情况进行调整。这种试验和调整过程可以重复多次,直至获得理想的效果。

(4)取元器件。一旦加热曲线设定好,就可准备取走元器件,返修系统应保证这部分工艺尽可能简单并具有重复性。加热喷嘴对准好元器件以后即可进行加热,一般先从底部开始,然后将喷嘴和元器件吸管分别降到 PCB 和元器件上方,开始顶部加热。加热结束时许多返修工具的元器件吸管中会产生真空,吸管升起将元器件从板上提起。在焊料完全熔化以前吸起元器件会损伤板上的焊盘,“零作用力吸起”技术能保证在焊料液化前不会取走元器件。

(5)预处理。在将新元器件换到返修位置前,该位置需要先做预处理。预处理包括两个步骤:除去残留的焊料和添加助焊剂或焊膏。

① 除去焊料。除去残留焊料可用手工或自动方法,手工方式的工具包括烙铁和铜吸锡线,不过手工工具用起来很困难,对于小尺寸 CSP 和倒装芯片焊盘还很容易受到损伤。自动化焊料去除工具可以非常安全地用于高精度板的处理(图 8-43),有些清除器是自动化非接触系统,使用热气使残留焊料液化,再用真空将熔化的焊料吸入一个可更换过滤器中。清除系统的自动工作台一排一排依次扫过线路板,将所有焊盘阵列中的残留焊料除掉。对 PCB 和清除器加热要进行控制,提供均匀的处理过程以避免 PCB 过热。

图 8-43 自动化焊料去除工具处理

② 助焊剂、焊膏。在大批量生产中,一般用元器件浸一下助焊剂,而在返修工艺中则是用刷子将助焊剂直接刷在 PCB 上。CSP 和倒装芯片的返修很少使用焊膏,只要稍稍使用一些助焊剂就足够了。BGA 返修场合,焊膏涂敷的方法可采用模板或可编程分配器。许多 BGA 返修系统都提供一个小型模板装置来涂敷焊膏,该方法可用多种对准技术,包括元件对准光学系统。

在 PCB 上使用模板是非常困难的,并且不太可靠。为了在相邻的元器件中间放入模板,模板尽寸必须很小,除了用于涂敷焊膏的小孔就几乎没有空间了,由于空间小,因此很难涂敷焊膏并取得均匀的效果。设备制造商们建议多对焊盘进行检查,并根据需要重复这一过程。有一种工艺可以替代模板涂敷焊膏,即用元器件印刷台直接将焊膏涂在元器件上,这样不会受到旁边相邻元器件的影响,该装置还可在涂敷焊膏后用作元器件容器,在标准工序中自动拾取元器件。焊膏也可以直接点到每个焊盘上,方法是使用 PCB 高度自动检测技术和一个旋转焊膏挤压泵,精确地提供完全一致的焊膏点。

(6) 元器件更换。取走元器件并对 PCB 进行预处理后,就可以将新的元器件装到PCB 上去了。制定的加热曲线应仔细考虑以避免 PCB 扭曲并获得理想再流焊效果,利用自动温度曲线制定软件进行温度设置可作为一种首选的技术。

(7) 元器件对位。新元器件和 PCB 必须正确对准,对于小尺寸焊盘和细间距 CSP 及倒装芯片器件而言,返修系统的放置能力必须要能满足很高的要求。放置能力由两个因素决定:精度(偏差)和准确度(重复性)。一个系统可能重复性很好,但精度不够,只有充分理解这两个因素才能了解系统的工作原理。重复性是指在同一位置放置元件的一致性,然而一致性很好不一定表示放在所需的位置上;偏差是放置位置测得的平均偏移值,一个高精度的系统只有很小或者根本没有放置偏差,但这并不意味放置的重复性很好。返修系统必须同时具有很好的重复性和很高的精度,以将器件放置到正确的位置。对放置性能进行试验时必须重视实际的返修过程,包括从元器件容器或托盘中拾取元器件、对准以及放置元器件。

(8) 元器件放置。返修工艺选定后,PCB 放在工作台上,元器件放在容器中,然后用PCB 定位以使焊盘对准元器件上的引脚或焊球。定位完成后元器件自动放到 PCB 上,放置力反馈和可编程力量控制技术可以确保正确放置,不会对精密元器件造成损伤。

(9) 其它工艺注意事项。小质量元器件在对流加热过程中可能会被吹动而不能对准,一些返修系统用吸管将元器件按在位置上防止它移动,这种方法在定位元器件时需要有一定的热膨胀余量。元器件对准时不能存在表面张力,该方法很容易把 BGA 类元器件放得太靠近 PCB(短路)或者太离开(开路)。防止元器件在再流焊时移动的一个好方法是减小对流加热的气流量,一些返修系统可以编程设置流量,按工艺流程要求降低气流量。最后喷嘴自动降低开始进行加热。自动加热曲线保证了最佳加热工艺,系统放置性能则确保元件对位准确。放置能力和自动化工艺结合在一起可以提供一个完整且一致性好的返修工艺。

8.5.2　返修加热方法及返修工具

可以用 3 种方法对 PCB 加热,即热传导加热、热空气对流加热和辐射加热。传导加热时热源与 PCB 相接触,这对背面有元器件的 PCB 不适用;辐射法使用红外(IR)能,比较实用,但由于 PCB 上各种材料和元器件对红外线吸收不均匀,故而也影响质量;对流加热被证明是返修和装配中最有效和最实用的技术。

1. 热空气对流加热返修

热空气对流加热方法是将热空气施加到 SMA 上要返修的器件引线焊缝处,使焊料熔化。常用两种类型的对流加热返修工具:手持便携式和固定组件式。

(1) 手持便携式热空气返修工具。手持便携式热空气返修工具重量轻,使用方便。采用这种返修工具时,要为不同类型的 SMD 设计特殊的热空气喷嘴。操作时要精确地控制加热的空气流,使之喷流到与被返修的器件引脚相对应焊盘的位置上,而又不会使相邻器件焊缝上的焊料熔化。焊缝上的焊料熔化后,即刻用镊子夹取器件或用热空气工具将器件引脚推离焊盘,完成拆焊操作。更换新器件可用镊子进行取放操作,用普通烙铁进行焊接操作或用手持式热空气返修工具进行再流焊接操作。

(2) 固定组件式热空气返修系统。固定组件热空气返修系统有通用型和专用型,如图 8-44 和图 8-45 所示。通用型用于常规元器件的返修,专业型用于 BGA 类焊点不可见元器件的返修。通用型工作原理与手持式热空气返修工具相同,对应于不同的 SMD 有不同的特殊的热空气喷嘴。但是,它能半自动地用热空气喷嘴加热器件引脚,焊料熔化后能用安装在喷嘴中央并与喷嘴同轴的真空吸嘴拾取拆下的器件。这种固定式返修工具有不同的结构形式,一种结构形式是在 PCB 下面设置一个用于预热 SMA 的热空气喷嘴,以减少 SMA 所受的热冲击,避免返修引起的 SMA 故障。这种结构使要返修的组件放在两个固定的热空气喷嘴之间。还有一种结构形式是通用喷嘴固定组件式热空气返修工具。它的喷嘴可根据拆焊的元器件类型进行调整。另外,这种喷嘴设置了两种空气通孔,内侧是热空气通孔,外侧是冷空气通孔(小孔),这种喷嘴结构可有效地防止邻近器件引脚焊接部位受热。

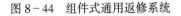

图 8-44　组件式通用返修系统　　　　　图 8-45　BGA/CSP 专用返修系统

2. 传导加热返修

传导加热返修工具也可以分为手持式和固定组件式两种类型。这种返修工具与热棒再流焊接工具完全相同。但它用的热靴制造精度和拆焊操作要求都很严格,因为拆焊时要求热靴端能与器件的所有引脚焊接部位均匀地同时接触,还要防止和相邻器件引线接触,所以返修操作必须十分小心。

8.5.3　装有 BGA 器件的 SMA 返修工艺

BGA 器件具有高的 I/O 数量、易于 SMA 产品的小型化等优点,应用越来越广泛。但由于其焊点阵列面在器件下面不可见,返修操作比较困难,必须借助专用返修设备和返修工具进行。

装有塑料球形栅格阵列(PBGA)器件的 SMA 返修工艺包含 BGA 拆除、重新补加焊料球、再焊接几个主要内容。

1．BGA 器件拆除

将 BGA 器件从 SMA 上拆除可采用专用夹具嵌抱器件后加热至共晶合金焊料熔化时取下 BGA 器件,也可采用喷嘴式热风通用返修工具进行加热。采用专用夹具加热的特点是对器件整体的加热温度均匀,操作时间短,易于控制,不易损坏器件。采用喷嘴式热风加热时,易形成 BGA 器件局部受热温度过高现象,操作较难,容易损坏器件。为使 BGA 器件整体均匀受热,加热过程中应控制热风喷嘴在 BGA 器件上有规律移动或旋转。

BGA 器件从 SMA 上拆除后,有部分焊料或焊料球将保留在 PCB 上,部分被 BGA 器件携带。若是 PBGA 器件,还会拉成丝状。为此,必须对它们进行清理和焊料球修复或补加。

2．焊料球修复

BGA 器件的焊料球修复一般可采用 3 种方法。第 1 种方法是预成形法,该方法将已备焊料球嵌入水溶基焊剂中,将 BGA 面向下通过再流焊接实现,修复成本较高。第 2 种方法是模仿原始制造技术,即在 BT(Bismaleimide Triazine)玻璃基板上印刷焊膏及将焊料球自动填加到面向下的 BGA 上的厚模板中,修复成本比预成形法低。但当焊料球过多时,应拆除模板进行再流焊接。第 3 种方法是焊膏印刷法,成本较低,它使用专用模板在 BGA 器件上印刷焊膏,用温控热风加热再流,再流过程中模板保留在器件上,能保证焊料球可靠定位,再流焊后再取下模板。模板一般采用冷轧不锈钢板制成,可重复使用。

3．返修焊接

返修焊接前对 PCB 焊盘进行清理,重新印刷焊膏,贴上 BGA 器件后进行再流焊接。

装有陶瓷球形栅格阵列(CBGA)器件的 SMA 返修比装 PBGA 器件的 SMA 返修简单,由于 CBGA 器件的焊料球是非坍塌高温焊料球,拆卸后可重复利用,但其前提是不损坏。为此,CBGA 器件在拆除和清理加热过程中要特别注意温度控制,不能形成高温再流。

器件加热(或称顶部加热)一般采用对流热气喷嘴(图 8-46),仔细控制顶部加热使器件均匀受热是极为重要的,特别是对小质量器件尤为关键。还有很重要的一点是要避免返修工位附近的元器件再次回焊,吸嘴喷出的热气流必须与这些元器件隔离,可以在返修工位周围的元器件上放一层薄的遮板或者掩膜。掩膜技术相当有效,不过比较麻烦、费时。

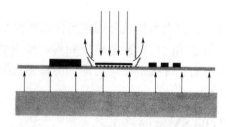

图 8-46 采用对流热气喷嘴的顶部加热

思 考 题 8

(1) 表面组装组件 SMA 检测的主要方法有哪几种?

(2) SMA 检测与通孔插装组件检测比较有什么差别?

(3) SMA 检测的主要内容有哪些?

(4) 为什么说在线检测技术对保证 SMA 的可靠性起很大的作用?

(5) 针床在线检测技术与飞针在线检测技术各有什么特点?

(6) 单面针床和双面针床的应用对象有什么差别?

(7) 什么是"飞针缓着陆"方法,它起什么作用?

(8) 功能测试的作用是什么? 有哪几种主要测试方法?

(9) SMT 组装返修的作用是什么? 主要返修方法有哪些?

附录 1 SJ/T 10670 - 1995 表面组装工艺通用技术要求

1 主题内容与适用范围

本标准规定了电子技术产品采用表面组装技术(SMT)时应遵循的基本工艺要求。

本标准适用于以印制板(PCB)为组装基板的表面组件(SMA)的设计和制造。对采用陶瓷或其它基板的 SMA 的设计和制造也可参照使用。

2 引用标准

GB 3131 – 88		锡铅焊料
SJ/T	105333 – 94	电子设备制造防静电技术要求
SJ/T	10630 – 1995	电子元器件制造防静电技术要求
SJ/T	10669 – 1995	表面组装元器件可焊性试验
SJ/T	10668 – 1995	表面组装技术术语

3 术语代号

本标准采用 SJ/T 10668 的术语代号。

4 分类

4.1 表面组装生产线分类

表面组装生产线的分类,见表 1。

表 1 SMT 生产线分类

分类方法	类 型
按焊接工艺	波峰焊、再流焊
按组装方式	单面贴装、双面贴装、单面混装、双面混装
按生产规模	小型、中型、大型
按生产方式	手动、半自动、全自动
按使用目的	研究试验、小批量多品种生产、大批量少品种生产、变量变种生产
按贴装速度	低速、中速、高速
按贴装精度	低精度、高精度

4.2 表面组装工艺流程分类

焊接表面组装元器件的自动化工艺分为再流焊和波峰焊两类。其制造过程见图 1。

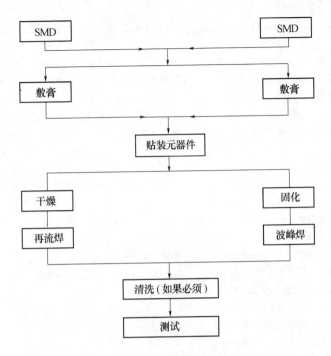

图1 波峰焊工艺和再流焊工艺

表2中列出了优选的四类九种工艺流程。各流程中,涉及各工序后的检测和返修工序均略去而未予示出。可根据产品生产需要决定是否设置该类工序及其具体位置。

表2 SMT优选工艺流程

序号	名称	特 点	流 程	备 注
1	Ⅰ流程	采用单面PCB(全部采用表面组装元器件),在其电路面贴装,单面焊接(再流焊)。简称"单面组装"。这是最简单的全表面组装工艺流程,也是最基本的表面组装工艺流程	来料检测→施加焊膏(施加贴装胶)→贴装SMD→焊膏烘干(贴装胶固化)→再流焊→清洗→最终检测	
2	Ⅱ流程 ⅡA流程 ⅡB流程	双面PCB,双面焊接,全部采用SMD。简称"双面组装"工艺 印制板经过两次再流焊,适于在PCB两面均贴装有PLCC等较大的SMD时采用。不宜采用易引起桥接的波峰焊工艺 PCB的A面再流焊,B面波峰焊。在PCFB的B面组装的SMD中,只有SOT或SOIC(28)引脚以下)时,宜采用此种工艺流程	来料检测—PCB的A面施加焊膏(施加贴装胶)→贴装SMD→焊膏烘干(贴装胶固化)→贴装SMD→焊膏烘干(贴装胶固化)→A面再流焊→清洗→翻板→PCB的B面加施焊膏→贴装SMD→焊膏烘干→再流焊(最好仅对B面)→清洗→最终检测 来料检测→PCB的A面施加焊膏(施加贴装胶)→贴装SMD→焊膏烘干(贴装胶固化)→A面再流焊→清洗→翻板→B面施加贴装胶→贴装SMD→贴装胶固化→B面波峰焊→清洗→最终检测	

(续)

序号	名称	特　　点	流　　程	备　　注
3	Ⅲ流程	采用双面PCB,但在单面混合组装SMD和通孔插装元器件,PCB经过两次焊接过程。先贴装、再流焊、后插装、波峰焊,无须翻板。简称"单面混装"工艺	来料检测→PCB的A面施加焊膏(施加贴装胶)→贴装SMD→焊膏烘干(贴装胶固化)→再流焊→清洗→插装通孔插装元器件→波峰焊→清洗最终检测	再流焊后的清洗工序可省去。 也可在贴装后先采用局部再流焊焊接后插装、波峰焊。 对某些产品可省去A面施加焊膏,代之以预先在PCB相应焊盘上涂镀焊料
4	Ⅳ流程	采用单面或双面PCB,在双面组装元器件,部分元器件是SMD,部分元器件是通孔插装元器件。可在单面焊接,均采用波峰焊方法,如ⅣA及ⅣB流程;也可在双面焊接,采用两种焊接方法。简称"双面混装"工艺	来料检测→PCB的B面施加贴装胶→贴装SMD→贴装胶固化→翻板→从PCB的A面插装通孔插装元器件→波峰焊→清洗→最终检测	
	ⅣA流程	先贴后插,适于SMD数量大于通孔插装元器件数量的情况		

5　对表面组装元器件、基板及工艺材料的基本要求

5.1　表面组装元器件

5.1.1　可焊性

应符合SJ/T 10669中附录A的要求。

5.1.2　其它要求

a. 元器件应有良好的引脚共面性,基本要求是不大于0.1mm,特殊情况下可放宽至与引脚厚度相同。

b. 元器件引脚或焊端的焊料涂料层厚度应满足工艺要求,建议大于8μm,涂镀层中锡含量应在60%～63%之间。

c. 元器件的尺寸公差应符合有关标准的规定,并能满足焊盘设计、贴装、焊接等工序的要求。

d. 元器件必须能在215℃下能承受至少10个焊接周期的加热。一般每次焊接应能耐受的条件是气相再流焊是为215℃,60s;红外再流焊时为230℃,20s;波峰焊时为260℃,10s。

e. 元器件应在清洗的温度下(大约40℃)耐溶剂,例如在氟里昂中停留指示4min。在超声波清洗的条件下能耐频率为40kHz、功率为20W超声波中停留至少1min,标记不脱落,且不影响元器件性能和可靠性。

5.2　基板

5.2.1　材料

适用于表面组装技术的基板材料主要有有机基材、金属芯基材、柔性层材料、陶瓷基

材。选择基板材料时,应考虑材料的转化温度、热膨胀系数(CTE)、热传导性、抗张模数、介电常数、体积电阻率、表面电阻率、吸湿性等因素。

一般选用环氧树脂玻璃布制成的印制板(PCB);也可根据需要选用其它类型的基板。

5.2.2 定位孔及其标志

5.2.2.1 定位孔

a. 沿印制板的长边相对应角的位置,应至少各有一个定位孔;

b. 定位孔的尺寸公差应在 ±0.075mm 之内;

c. 以定位孔作为施加焊膏和元器件贴装的原始基准时,孔的中心相对于底图的精度要求必须予以保证。其公差应达到下述要求:

贴装 1.27mm 引脚中心距,引脚树不大于 44 个的有源器件时,公差为 ±0.025mm;贴装矩形片状元件时,公差为 ±0.075mm。

5.2.2.2 基准标志和局部基准标志

为了精密地贴装元器件,可根据需要设计用于整快 PCB 的光位的一组图形(基准标志);在所贴装的器件引脚数多、引脚间距小时,可设计用于单个器件的光学定位的一组图形(局部基准标志)。这两种类型的标志图形和尺寸,不作统一规定,主要取决于贴装机光学校准系统的特性。

5.2.3 焊盘

5.2.3.1 焊盘图形及尺寸

a. 一般,应根据所组装的 SMA 的条件和元器件情况制定能满足制造要求的内部要求;

b. 应使得焊盘图形尺寸与组装工艺及其参数相协调;

c. 相邻焊盘间的中心距应等于相邻焊端或引脚间中心距;

d. 焊盘宽度应等于元器件焊接端头或引脚宽度加上或减去一个常数;

e. 焊盘长度应由可焊的焊端或引脚的高度、宽度、接触面积来决定;

f. 同一元器件所对应的焊盘图形中相对的两个或两排焊盘之间的距离;取决于元器件本体的宽度和尺寸公差;

g. 对于波峰焊工艺和再流焊工艺,可以有不同的焊盘图形要求,但通常可以将焊盘图形设计成既适用于波峰焊,又适用于再流焊;

h. 某一焊盘与另一元器件任一焊盘之间的距离应不小于 0.5mm;与相邻导线之间的距离不小于 0.3mm;与 PCB 边缘的距离应不小于 5mm。

不同类型的典型表面组装元器件对应的焊盘图形及尺寸推荐如下:

1) 矩形片式元件

元件与焊盘图形的形状,如图 2 所示。

焊盘的宽度:

$$A = W_{max} - K \tag{1}$$

电阻器的长度:

$$B = H_{max} + T_{max} + K \tag{2}$$

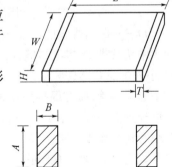

图 2 矩形片状元件及其焊盘示意图

电容器焊盘的长度:

$$B = H_{max} + T_{min} - K \tag{3}$$

焊盘间距:

$$G = L_{max} - 2T_{max} - K \tag{4}$$

式中　L——元件长度,mm;

　　　W——元件宽度,mm;

　　　T——元件焊端宽度,mm;

　　　H——元件高度(对塑封钽电容器是指焊端高度),mm;

　　　K——常数,mm,一般取 0.25mm。

对尺寸大于 3.2×2.5mm(长×宽)的矩形片状电容器,不推荐用波峰焊。

对尺寸小于 2 mm$\times 1.25$mm(长×宽)的矩形片状电阻器、电容器,上述公式不适用。

2) 圆柱形元器件(MELF)

焊盘图形有两种形式。采用波峰焊时,焊盘图形为长方形;采用再流焊时,必须设计有凹形槽(见图 3),但无论采用波峰焊还是再流焊,如果焊前采用胶黏剂固定元器件,则不必设计成凹槽。无论是否凹槽,相应的焊膏印刷窗孔均设计成矩形。

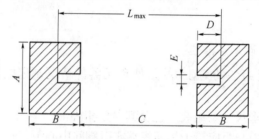

图 3　圆柱形元器件焊盘示意图

凹槽焊盘的槽深,按式(5)计算:

$$D = B - \left(\frac{2B + G - L_{max}}{2} \right) \tag{5}$$

式中　L_{max}——元器件最大外壳长度,mm;

　　　B——焊盘图形的长度,mm;

　　　G——两焊盘图形之间距离,mm;

　　　D——凹槽焊盘的深度,mm。

图 3 中 E 是凹槽焊盘的槽宽,一般取(0.3 ± 0.05)mm。

3) 小外形封装器件

对小形晶体管,应在保持焊盘间的中心距等于引线的中心距的基础上,每个焊盘四周的尺寸再分别向外延伸至少 0.4mm;

对小形封装集成电路(SOIC)和电阻网络,见图 4;

焊盘宽度 A 一般为 0.50mm～0.80mm

焊盘长度 B 一般为 1.85mm～2.15mm

相对两个(或两排)焊盘的距离(焊盘图形内廓)按式(6)计算:

$$G = F - K \tag{6}$$

式中 G——两焊盘之间距离,mm;

$\quad\quad$ F——元器件壳体封装尺寸,mm;

$\quad\quad$ K——常数,mm,一般取 0.25。

一般,对 J 形引线的 SOIC,G 值为 4.9mm;对翼形引线的 SOIC,有壳体宽窄不同的两种封装体,G 值分别为 7.6mm 和 3.6mm。

4) 芯片载体器件

对塑封有引线芯片载体(PLCC),焊盘宽度一般为 0.50mm~0.80mm。焊盘长度为 1.85mm~2.15mm,见图 5;

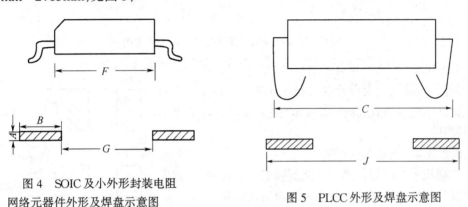

图 4 SOIC 及小外形封装电阻
网络元器件外形及焊盘示意图

图 5 PLCC 外形及焊盘示意图

相对两个(或两排)焊盘之间的距离(焊盘图形外廓),按式(7)计算:

$$J = C + K \qquad\qquad (7)$$

式中 J——焊盘图形外廓尺寸, mm;

$\quad\quad$ C——PLCC 最大封装尺寸,mm;

$\quad\quad$ K——常数,mm,一般取 0.75mm。

对无引线陶瓷芯片载体(LCCC),焊盘的设计原则上与 PLCC 基本相同,但不同之处是 K 值推荐 1.75mm。

5) 四边扁平封装器件(QFP)

对 QFP,其焊盘宽度可根据产品一定范围内变动,一般从焊盘的宽度与引脚的宽度相等,至焊盘的宽度等于相邻引脚中心距之半。焊盘长度一般可取 2.5mm±0.5mm。

6) 其它元器件

焊盘尺寸的设计原则上可参照前述内容。一般,对于不属于细间距范畴的元器件,焊盘宽度可以比引脚宽度大约 0.125mm。

5.2.3.2 焊盘与印制导线

a. 减少印制导线连通焊盘外的宽度,除非受电荷容量、印制板加工极限等因素的限制,最大宽度应为 0.4mm,或焊盘宽度的一半(以较小焊盘为准),见图 6(a)。

b. 焊盘要与交大面积的导电区,如地、电源等平面相连时,应通过一长度较短细的导电电路进行热隔离,见图 6(a)和图 6(b)。

c. 应避免呈一定角度与焊盘相连。只要可能,印制导线应从焊盘的长边的中心处与之相连,见图 6(c)。

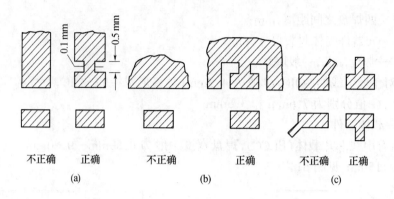

不正确　正确　　　不正确　　　正确　　　不正确　正确

(a)　　　　　　　　(b)　　　　　　　　(c)

图6　焊盘与印刷导线连接是否正确的实例

5.2.3.3　焊盘与导通孔

如图7所示,一般导通孔直径不小于0.75mm。应避免在元件下打导通孔;允许在SOIC或PLCC等器件之下打导通孔。

5.2.3.4　焊盘与阻焊膜

印刷板上相应与各焊盘的阻焊膜的开口尺寸,其宽度和长度分别应比焊盘图形范围内不应有阻焊膜。

阻焊膜的厚度不得大于焊盘的厚度。

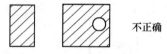

图7　导通孔位置是否正确的实例

5.2.4　PCB翘曲度

印刷或滴涂焊膏及贴装元器件时对PCB翘曲度的要求。一般,对厚度为1.6mm的PCB,在90mm长度上的翘曲应不大于1.5mm。

5.3　工艺材料

5.3.1　焊料

应符合GB 3131中的有关规定。

5.3.2　焊膏

采用再流焊工艺焊接SMA时,常用膏状焊料,即焊膏。

SMA的制造中,常用焊膏的金属组分、物态范围、性质与用途,见表3。

表3　常用焊膏金唆组份、物态范围、性质与用途

金属组分	物态范围	性质与用途
Sn63Pb37	183E	共晶常温焊料。适用于常用SMA焊接,但不适用于含Ag、Ag/Pa材料电极的元器件
Sn60Pb40	183S~188L	近共晶常温焊料,易制得,用途同上
Sn62Pb36Ag2	179E	共晶常温焊料。易于减少Ag、Ag/Pa材料电极的浸析,广泛用于SMA焊接(不适用于金)
Sn10Pb88Ag2	286S-290L	近共晶高温焊料。适用于耐高温元器件及需两次再流焊的SMA的第一次再流焊(不适用于金)
Sn96.5Ag3.5	221E	共晶高温焊料。适于要求焊点强度较高的SMA的焊接(不适用于金)
Sn42bi58	138E	共晶低温焊料。适用于热繁元器件及需要两次再流焊的SMA的第二次再流焊

应优先采用免清洗焊膏(焊剂残留物低的焊膏)。对普通焊膏,推荐技术要求如下:

a. 黏度

见表 4。

表 4 推荐采用的焊膏黏度   Pa·s

施膏方法	丝网印刷	漏板印刷	注射滴涂
黏度	300～800	对普通 SMD:500～900 对细间距 SMD:700～1300	150～300

b. 焊剂类型

可采用 RMA(中等活性)焊剂、RA(全活性)焊剂和免清洗焊剂。

c. 金属(粉末)重量百分含量

印刷施膏时,推荐用 85%～92% 金属含量的焊膏;

注射涂布焊膏时,推荐用 80%～85% 金属含量的焊膏。

d. 粒度

常用焊膏的颗粒尺寸是 $-200/+325$ 目;对细间距的元器件,焊膏中金属粉末的粒度则应更细。表 5 列出了推荐采用的四种粒度等级的焊膏。

表 5 推荐采用的四种粒度等级的焊膏   μm

类 型	小于 1% 的颗粒尺寸	至少 80% 的颗粒尺寸	最多 10% 的颗料尺寸
1	>150	15～150	<20
2	>75	45～75	<20
3	>45	20～45	<20
4	>38	20～38	<20

焊膏的再流特性可用焊料球实验确定,其实验方法如下:

用一张厚度为 0.15mm～0.20mm,穿有直径为 5.5mm 孔的双面不干胶纸作为漏板,将焊膏印刷于面积 50mm×50mm,厚 0.6mm～0.8mm 的陶瓷或铝基板上,在基板上即留下一个直径 5.5mm,厚 0.6mm～0.8mm 的焊膏点。在 250℃ 的温度下,将基板放在上面加热5s～10s后,焊膏熔化,必然会聚集为一个大的焊料球,形成的焊料球有下列几种情况:

熔融焊料在陶瓷或铝基板上形成一个大焊料球时,为优良;

熔融焊料形成一个大焊料球,但在其周围有少数小的焊料球,直径不人于 50μm 时,为合格;

熔融焊料形成一个或多个大焊料球,周围还有大量小的焊料球时,为不合格。

5.3.3 贴装胶

表面组装中使用的贴装胶应满足下列要求:

a. 在常温或低温下能储存及使用寿命长;

b. 有一定的黏度,应适应手工和自动涂敷的要求,滴胶时不拉丝,涂敷后能保持轮廓,形成足够的高度,且不致漫流到有待焊接的部位;

c. 固化后的焊接过程中贴装胶无收缩,在焊接过程中无释放气体现象;

d. 固化后有一定的黏结强度,能经受 PCB 的移动、翘曲、焊剂和清洗剂的作用及焊接温度的作用,在波峰焊时元器件不允许掉落;

e. 应与后续工艺过程中的化学制品相容,不发生化学反应,对清洗溶剂要保持惰性,在任何情况下,具有非导电性,抗潮和抗腐蚀能力强,应有颜色。

5.3.4　清洗剂

清洗 SMA 的清洗剂应满足以下基本要求:

化学和热稳定性好,在储存和使用期间不发生分解,不与其它物质发生化学反应,对接触材料弱腐蚀或无腐蚀,具有不燃性和低毒性,操作安全,清洗操作过程中损耗小,必须能在给定温度及时间内进行有效清洗。

选定好的清洗剂除可以清洗 SMA 以外,还可以用于清洗印刷焊膏用的网板或漏板。

6　对各生产工序的基本要求

6.1　焊膏的印刷和滴涂

无论采用印刷还是滴涂方法,都应充分注意焊膏对温度的敏感性。

6.1.1　印刷

焊膏的印刷工艺,分为丝网印刷、金属漏板印刷两大类;其中金属漏板印刷又分为接触式和非接触式两种。

应优先采用金属漏板印刷工艺;对元器件所用焊盘及焊盘间距较大、组装密度不高的印刷板,可采用丝网印刷工艺。

6.1.1.1　准备

a. 用于印刷焊膏的网板或漏板上的与焊盘相对应的窗孔尺寸,在长度和宽度方向上均应不大于焊盘图形尺寸(其内缩尺寸范围时 0mm～0.05mm)。

b. 可用金属漏板与 80 目丝网胶合而制成柔性金属漏板。

c. 对金属漏板的要求:

可采用化学腐蚀(单面或双面)、激光切割、电铸等方法制作金属漏板。采用腐蚀法时,制做精度应高于 ±0.05mm。

对于细间距 SMD 焊盘等有特殊要求的焊膏印刷用金属漏板,可采用分级腐蚀、叠层、交错排列窗孔等设计办法制做(见图8)。

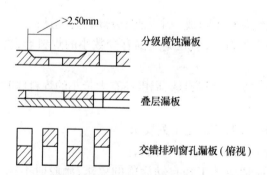

图 8　在细间距 SMD 焊盘上印刷焊膏用的漏板设计

金属漏板印刷用的金属板材料一般以不锈钢为宜,亦可使用黄铜,加工后镀磷化镍或黄铜、铍青铜等材料。厚度根据产品需要,一般为 0.10mm～0.30mm。

d. 丝网板、漏板尺寸:

对丝网板,网板每边应比 PCB 对应边缘大 100mm 以上;对全金属漏板、网框每边比 PCB 对应边缘应大 25mm 以上;对柔性金属漏板,当 PCB 边长小于 200mm 时,网框内边尺寸 取 PCB 尺寸的 2 倍以上,当 PCB 边长大于或等于 200mm 时,网框内边尺寸距 PCB 每边至少应为 100mm。

6.1.1.2 焊膏印刷量及工艺参数

a. 在一般情况下,焊盘上单位面积的焊膏应为 0.8mg/mm² 左右。对细间距元器件,应为 0.5 mg/mm² 左右。

b. 印刷在基板上的焊膏重量与要求相比,可允许有一定的偏差,至于焊膏覆盖每个焊盘的面积,应在 75% 以上,见图 9。

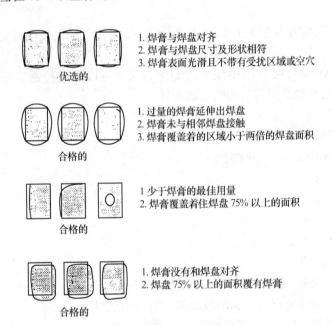

图 9 合格的焊膏印刷图形

c. 焊膏印刷后,应无严重塌落,边缘整齐,错位不大于 0.2mm,对细间距元器件焊盘,错位不大于 0.1mm。基板不允许被焊膏污染,常见的焊膏印刷缺陷,见图 10。

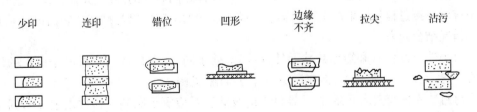

图 10 常见焊膏印刷缺陷

d. 工艺参数的要求

(1) 刮板硬度、刮印角度。印刷用刮板的硬度可取 60HS~90HS(肖氏硬度),一般多用 70HS。刮板形状可分为平型、菱形、角型。刮印角度一般为 40°~75°。

(2) 印刷间隙。印刷时,网板或漏板与印刷制板焊盘表面的间隙应控制在 0mm~2.5mm。

(3) 印刷压力、速度。使刮板接触网板或漏板。对网板,压力一般为 $3.5×10^5$Pa,对漏板,压力一般为 $1.75×10^5$Pa。印刷速度通常取 10mm/s~25mm/s 之间。

6.1.2　滴涂

小批量生产及维修 SMA 时,可以采用注射式滴涂分配方法。

可以通过控制气压压力、通气时间、针嘴尺寸等工艺参数来得到需求的焊膏滴涂量。

6.2　贴装胶的印刷和滴涂

无论采用印刷还是滴涂方法,都应充分注意贴装胶对温度的敏感性。

6.2.1　印刷

贴装胶的印刷还是可参照 5.1.1,所述焊膏的印刷方法。贴装胶应避免印在焊盘上。

6.2.2　滴涂

大批量生产 SMA 时,可以采用注射式滴涂方法。可以通过控制气压压力、通气时间、针嘴压力等工艺参数得到需求的胶点滴涂量。

一般参数如下:

针嘴内径:0.25mm~0.75mm;

气　　　压:$2×10^5$Pa~$3×10^5$Pa;

通气时间:<40ms;

气压波动:$≤0.5×10^5$Pa;

环境温度:25℃±3℃;

相对湿度:75%±5%。

6.2.3　位置及胶量

滴涂或印刷的胶滴位置必须与固化方法和焊接条件相匹配。采用紫外光固化时,须使元器件下面的胶滴至少有一半的量处于被直接照射状态(见图 11(a))。采用紫外光和热共同固化时不受此限。对热固化可完全使元器件覆盖胶滴(见图 11(b))。对外形尺寸大的元器件(如 SOP、PLCC),可滴涂数滴贴装胶。

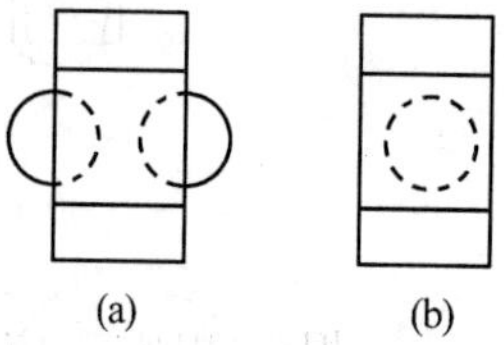

(a)　　　　(b)

图 11　胶滴位置

胶滴尺寸取决于被贴装的元器件类型(元器件与基板的间距、元器件结构和尺寸、器件的引脚底部与器件壳体之间离开的高度、元器件的重量)。胶滴不应对焊接过程和结果产生不利影响。胶滴尺寸的决定可以与贴装了表面组装元器件后的情况结合起来。

对小外形晶体管和矩形片状元件,胶滴应处于同一 SMD 的两个或两个以上的焊盘中心位置,允许有一定偏差,但应避免与焊盘接触,见图 12。

对封装壳体较大的元器件,元器件上的胶滴直径应等于贴装元器件之前涂布到基板上的胶滴的直径,但允许有一定的偏差,见图 13。

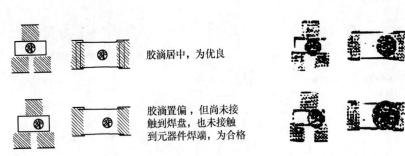

胶滴居中,为优良

胶滴置偏,但尚未接触到焊盘,也未接触到元器件焊端,为合格

胶滴刚接触到焊盘,但对焊点形成无不利影响,为合格

胶滴大量覆盖焊盘,对焊点形成有不利影响,不合格

图 12

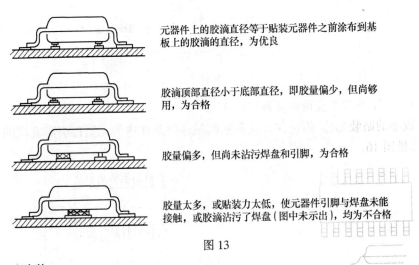

元器件上的胶滴直径等于贴装元器件之前涂布到基板上的胶滴的直径,为优良

胶滴顶部直径小于底部直径,即胶量偏少,但尚够用,为合格

胶量偏多,但尚未沾污焊盘和引脚,为合格

胶量太多,或贴装力太低,使元器件引脚与焊盘未能接触,或胶滴沾污了焊盘(图中未示出),均为不合格

图 13

6.3 贴装

6.3.1 贴装位置

6.3.1.1 矩形片状元件

元件焊端一般要求全部位于焊盘上,但允许有偏移,见图14。

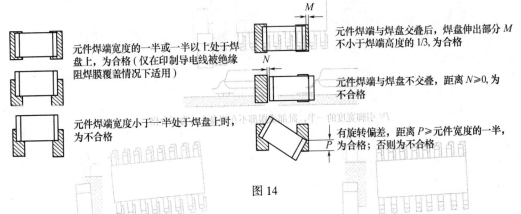

元件焊端宽度的一半或一半以上处于焊盘上,为合格(仅在印制导电线被绝缘阻焊膜覆盖情况下适用)

元件焊端宽度小于一半处于焊盘上时,为不合格

元件焊端与焊盘交叠后,焊盘伸出部分 M 不小于焊端高度的1/3,为合格

元件焊端与焊盘不交叠,距离 $N \geq 0$,为不合格

有旋转偏差,距离 $P \geq$ 元件宽度的一半,为合格;否则为不合格

图 14

6.3.1.2 小外形晶体管

具有少量短引线的元器件,如 SOP-23,贴装时允许在 X 或 Y 方向及旋转有偏移,但必须使引脚(含脚趾和脚跟)全部处于焊盘上,见图15。

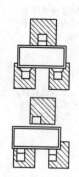
引脚全部处于焊盘上，对称居中，为优良

有偏差，但引脚（含脚趾和跟部）全部处于焊盘上，为合格

引脚处于焊盘之外的部分，为不合格

有旋转偏差，但引脚全部位于焊盘上，为合格

引脚有处于焊盘之外的部分，为不合格

图15

6.3.1.3 小外形集成电路及网络电阻

允许较小的贴装偏移,但应保证使包括脚跟和脚趾在内的元器件引脚宽度的一半,位于焊盘上,见图16。

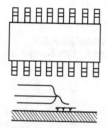
元器件引脚及跟部全部位于焊盘上，所有引脚对称居中，为优良

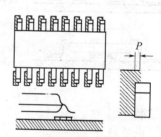
$P \geqslant$引脚宽度的一半，引脚跟部和趾部全部位于焊盘上，为合格

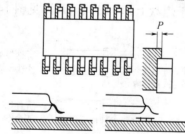
$P <$引脚宽度的一半，趾部或跟部不在焊盘上，为不合格

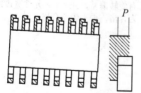
有旋转偏差，$P \geqslant$引脚宽度的一半，为合格

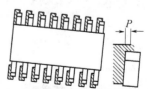
有旋转偏差，$P <$引脚宽度的一半，为不合格

图16

6.3.1.4 四边扁平封装器件和超小型封装器件

只要能保证引脚宽度的一半处于焊盘上,允许这类器件有一较小的贴装偏移,见图 17。

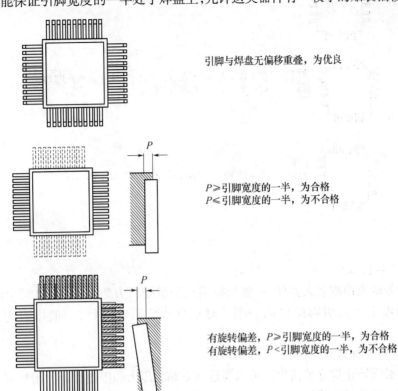

引脚与焊盘无偏移重叠,为优良

$P \geqslant$ 引脚宽度的一半,为合格
$P \leqslant$ 引脚宽度的一半,为不合格

有旋转偏差,$P \geqslant$ 引脚宽度的一半,为合格
有旋转偏差,$P <$ 引脚宽度的一半,为不合格

图 17

只要能保证引脚的脚跟形成弯液面,允许脚趾部分有较小的伸出量,但引脚必须有不小于 3/4 的长度位于焊盘上,见图 18。

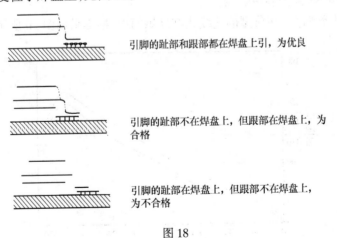

引脚的趾部和跟部都在焊盘上引,为优良

引脚的趾部不在焊盘上,但跟部在焊盘上,为合格

引脚的趾部在焊盘上,但跟部不在焊盘上,为不合格

图 18

6.3.1.5 塑封有引线芯片载体(PLCC)

允许有一小的贴装偏移,但引脚位于焊盘上的宽度应不小于引脚宽度的一半,见图 19。

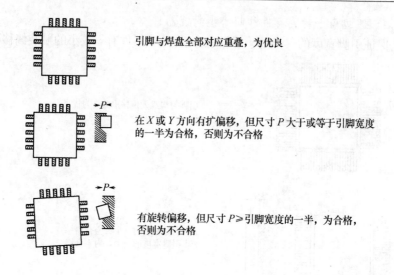

引脚与焊盘全部对应重叠,为优良

在 X 或 Y 方向有扩偏移,但尺寸 P 大于或等于引脚宽度的一半为合格,否则为不合格

有旋转偏移,但尺寸 $P \geqslant$ 引脚宽度的一半,为合格,否则为不合格

图 19

6.3.2 贴装压力

对有引线的表面组装元器件,一般每根引线所承受压力为 10Pa～40Pa,引线应压入焊膏中的深度至少为引脚厚度的一半。对矩形片状阻容元件,一般压力为 450Pa～1000Pa。

6.3.3 焊膏挤出量

贴装时必须防止焊膏被挤出。可以通过调整贴装压力和限制焊膏的用量等方法防止焊膏被挤出。对普通元器件,一般要求焊盘之外挤出量(长度)应小于 0.2mm,对细间距元器件,挤出量(长度)应小于 0.1mm。

6.4 固化

根据贴装胶的不同类型,固化可采用热固化或紫外光与热结合固化。后者固化速度快,更适于大批量 SMA 的制造。

热固化应用较普遍。在典型的连续式红外烘箱中,推荐采用图 20 所示的固化曲线。

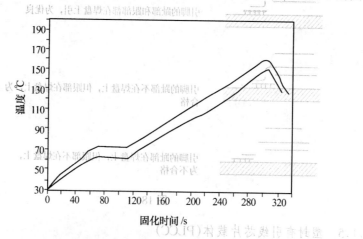

图 20

一般,升温速率或贴装胶固化速率决定贴装胶形成针孔的难易;峰值温度决定固化百分率及固化后的黏结强度。应对固化温度、升温速率、固化时间等工艺参数予以严格控制。

6.5　焊接

6.5.1　波峰焊

适用于焊接矩形片状元件、圆柱形元器件、SOT 等和较小的 SOP。元器件排布,应遵循一定原则,以最大限度地克服焊料遮蔽效应,避免不均匀焊点或脱焊出现。尽可能不采用图 21 的排布方式,而采用图 22 的排布方式。

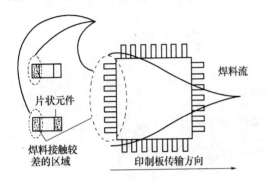

图 21　焊料遮蔽效应

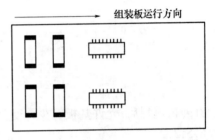

图 22　波峰焊中推荐的元件排列取向

典型的双波峰焊的温度—时间曲线,见图 23。

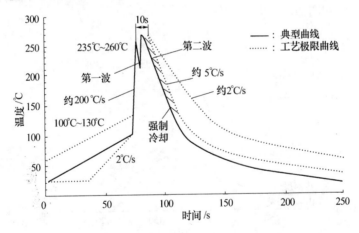

图 23　双波峰焊,温度—时间曲线(引线温度)

6.5.2　再流焊

6.5.2.1　红外再流焊

红外再流焊适用于不同批量的 SMA 的制造。

可选用红外、红外加热气流、红外加惰性循环热气流三种红外再流焊方法之一。

再流焊机内的温度与下列因素有关:加热时间和功率,元器件及 PCB 的质量,元器件及 PCB 的尺寸,元器件及 PCB 表面的吸热系数,组装密度和阴影,辐射源和波长频普,辐射能和对流能的比率。

推荐优先使用中远红外光的红外再流焊机。

建议采用通过实时测量经过再流焊机的规定样品的温度来调整工艺参数。

红外再流焊的典型的带预热焊接的引线温度—时间曲线见图24。

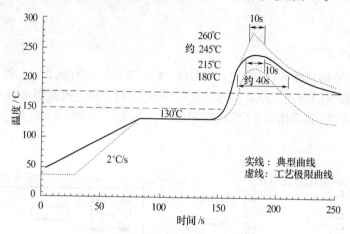

图 24   红外再流焊温度—时间曲线

红外再流焊后,允许基板有少许变色,但要求均匀。

6.5.2.2   气相再流焊

可选用批装或连续式两种气相再流焊之一。

应充分利用气相阶段对元器件及 PCB 的热冲击。典型的带预热焊接的引线温度—时间曲线,见图25和图26。

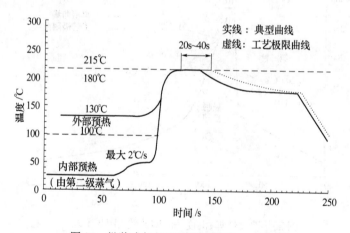

图 25   批装式气相再流焊接温度—时间曲线

6.5.2.3   烙铁焊接

此工艺实用、方便,适用单件、小批量 SMA 的制造及维修;但不适合用于大批量 SMA 的制造。

焊接时,不允许烙铁直接加热焊端和引脚的脚跟以上部位。

6.5.2.4   激光再流焊

此工艺适于热敏感元器件及其它特殊元器件的焊接。对每个待焊点,推荐如下典型工艺参数及其范围:

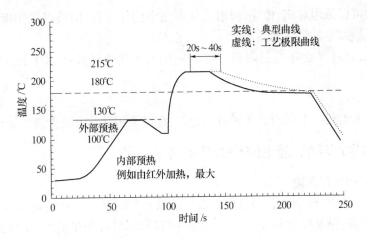

图26 连续式气相再流焊接温度—时间曲线

激光照射时间:0.5s~2.5s;

激光照射功率:≤20W;

激光照射光斑尺寸(直径):0.2mm~1.2mm。

6.6 清洗

表面组装中,推荐采用免清洗焊剂,焊后无须清洗。

对焊接后的SMA,如果必须清洗,可按表6所列工艺条件进行。

表6 推荐清洗工艺条件

工　　艺		条　　件
液　体	煮　沸	40℃~80℃,4min
	带超声	45℃,2min
	搅　动	9W,40kHz
	蒸　汽	80℃,30s
	喷　淋	45℃,1.6×10⁶Pa

SMA上有集成电路器件时,建议不采用超声清洗。

6.7 返修

返修工序如下:

a. 准备工作

清洗SMA上的尘埃。

把焊剂涂在带有缺陷的焊点上,建议采用RMA型液体焊剂。

b. 预热

预热装置应逐步地对SMA进行升温,达到保持与焊料熔化温度相差约25℃~5℃范围内。对铅锡合金焊料,可预热至125℃~150℃,并应保持约低于4℃/s~5℃/s的速度逐渐升温。

c. 元器件拆卸与更换工作顺序;

拆卸加热→拆卸带有缺陷的元器件→加新焊料→贴装新元器件→重新焊接

加热方法可以采用对流、传导、辐射三种办法中的任一种,但最好采用喷射热空气的对流加热或电组加热的传导加热。

如果需要,应对焊点补加新焊料。可以采用人工送焊锡丝或用注射式涂布器施加焊膏。

d. 清洁处理

优先用原来组装时采用的方法做清洁处理,也可采用其它方法做清洁处理。

7 对储存和生产环境、静电防护的基本要求

7.1 储存和生产环境

表面组装元器件、印制板、工艺材料、组装成品及半成品应该在清洁环境下储存和生产。其中,对焊膏、贴装胶应具备 0~5℃ 的储存环境,并尽可能在温度为 (25 ± 1)℃,相对湿度为 (75 ± 5)% 的生产环境下使用。

7.2 静电防护

应满足 SJ/T 10533 和 SJ/T 元器件制造防静电技术要求中的规定。

附录 2 SMT 常用英文缩写与名词解释

1 SMT 常用英文缩写解释

ACA:各向异性导电胶(Anisotropic Conductive Adhesive)

ACAF:各向异性导电胶膜(Anisotropic Conductive Adhesive Film)

Al:铝(Aluminium)

ALIVH:完全内部通孔(All Inner Via Hole)

AOI:自动光学检测(Automatic Optical Inspection)

ASIC:专用集成电路(Application Specific Integrated Circuit)

ATE:自动检测设备(Automatic Test Equipment)

Au:金(Gold)

BCB:苯并环丁烯(Benzocycohutence,Benzo Cyclo Butene)

BeO:氧化铍(Beryllium Oxide)

BIST:内建自测功能(Built - In Self - Test(Function))

BIT:双极晶体管(Bipolar Transistor)

BTAB:凸点载带自动焊(Bumped Tape Automated Bonding)

BGA:焊球阵列(Ball Grid Array)

BQFP:带缓冲垫的四边引脚扁平封装(Quad Flat Package With Bumper)

C4:可控塌陷芯片连接(Controlled Collapsed Chip Connection)

CAD:计算机辅助设计(Computer Aided Design,Computer Assisted Design)

CBGA:陶瓷焊球阵列(Ceramic Ball Grid Array)

CCGA:陶瓷焊柱阵列(Ceramic Column Grid Array)

CLCC:带引脚的陶瓷片式载体(Ceramic Leaded Chip Carrier)

CML:电流开关逻辑(Current Mode Logic)

CMOS:互补金属氧化物半导体(Complementary Metal - Oxide - Semiconductor)

COB:板上芯片(Chip On Board)

COG:玻璃板上芯片(Chip On Glass)

CSP:芯片尺寸封装(Chip Size Package, Chip Scale Package)

CTE:热膨胀系数(Coefficient of Thermal Expansion)

CVD:化学气象淀积(Chemical Vapor Deposition)

DCA:芯片直接安装(Direct Chip Attach)

DFP:双侧引脚扁平封装(Dual Flat Package)

DIP:双列直插式封装(Double In-line Package,Dual In-line Package)

DMS:直接金属化系统(Direct Metallization System)

DRAM:动态随机存取存储器(Dynamic Random Memory System)

DSO:双侧引脚小外形封装(Dual Small Outline)

DTCP:双载带封装(Dual Tape Carrier Package)

3D:三维(封装),立体(封装)(Tree-Dimension (Package))

2D:二维(封装),二维(封装)(Two-Dimension (Package))

EB:电子束(Electronic Beam)

ECL:射级耦合逻辑(Emitter-Coupled Logic)

FC:倒装片法,倒装芯片(Flip Chip)

FCB:倒装焊(Flip Chip Bonding)

FCOB:板上倒装芯片(Flip Chip On Board)

FEM:有限元法(Finite Element Method)

FP:扁平封装(Flat Package)

FPBGA:细间距 BGA(Fine Pitch Ball Grid Array)

FPD:细间距器件(Fine Pitch Device)

FPPQFP:细间距塑料 QFP(Fine Pitch Plastic Quad Flat Package)

GaAs:砷化镓(Gallium Arsenic)

GQFP:带保护环的 QFP(Guard-Ring Quad Flat Package)

HDI:高密度互连(High Density Interconnection)

HDMI:高密度多层互连(High Density Multiplayer Interconnection)

HIC:混合集成电路(Hybrid Integrated Circuit)

HTCC:高温共烧(氧化铝)陶瓷(High Temperature Co-Fired (Alumina) Ceramic)

HTS:高温储存(实验)(High Temperature Storage)

IC:集成电路(Integrated Circuit)

IGBT:绝缘栅双极晶体管(Insulated Gate Bipolar Transistor)

ILB:内引脚(键合)Inner-Lead Bond(ing))

I/O:输入/输出(Input/Output)

IVH:内部通孔(Inner Via Hole)

JLCC:J 形引脚片式载体(J-Leaded Chip Carrier)

KGD:优质芯片(Known Good Die)

LCC:无引脚片式载体(Leadless Chip Carrier)

LCCC:无引脚陶瓷片式载体(Leadless Ceramic Chip Carrier)

LCCP:有引脚片式载体封装(Lead Chip Carrier Package)

LCD:液晶显示器(Liquid Crystal Display)

LCVD:激光化学气相淀积(Laser Chemical Vapor Deposition)

LDI:激光直接成像(Laser Direct Imaging)

LGA:焊区阵列(Land Grid Array)

LSI:大规模集成电路(Large Scale Integrated Circuit)

LOC:芯片上引线键合(Lead Over Chip)

LQFP:薄型四边引脚扁平封装(Low Profile Quad Flat Package)

LTCC:低温共烧陶瓷(Low Temperature Co–Fired Ceramic)

MBGA:金属基板焊球阵列(Metal Ball Grid Array)

MCA:多通道存取(Multiple Channel Access)

MCM:多芯片组件(Multi–Chip Module)

MCM-C:陶瓷基板多芯片组件(Multi Chip Module with Ceramic Substrate)

MCM-D:淀积薄膜互连基板多芯片组件(Multi Chip Module with Deposited Thin Film Interconnect Substrate)

MCM–C/D:厚/薄膜混合集成多芯片组件(Multi Chip Module with Thin Film Deposited on Ceramic Substrate)

MCM-L:叠层(有机)基板多芯片组件(Multi Chip Module with Laminated Substrate)

MCP:多芯片组装(Multi Chip Package)

MEFB:金属电极表面键合(Metal Electrode Face Bonding)

MELF:金属电极无引脚表面(贴装)元件(Metal Electrodes Leadless Face Components)

MEMS:微电子机械系统(Micro Electro Mechanical System)

MFP:微型扁平封装(Mini Flat Package)

MLC:多层陶瓷封装(Multi–Layer Ceramic Package)

MMIC:微波单片集成电路(Monolithic Microwave Integrated Circuit)

MOSFET:金属氧化物半导体场效应晶体管(Metal–Oxide–Silicon Field–Effected Transistor)

MPU:微处理器(Micro Processor Unit)

MSI:中规模集成电路(Medium Scale Integration)

OLB:外引脚焊接(Outer Lead Bonding)

PBGA:塑封焊球阵列(Plastic Ball Grid Array)

PC:个人计算机,个人电脑(Personal Computer)

PFP:塑料扁平封装(Plastic Flat Package)

PGA:针栅阵列(Pin Grid Array)

PI:聚酰亚胺(Polyamide)

PIH:通孔插装(Plug–In Hole)

PLCC:塑料有引脚片式载体(Plastic Leaded Chip Carrier)

PTF:聚合物厚膜(Polymer Thick Film)

PWB:印制电路板(Printed Wiring Board)

PQFP:塑料引脚扁平封装(Plastic Quad Flat Package)

QFJ:四边 J 形引脚扁平封装(Quad Flat J – leaded Package)

QFP:四边引脚扁平封装(Quad Flat Package)

QIP:四边直插式封装(Quad In – line Package)

RAM:随机存取存储器(Random Access Memory)

SBB:钉头凸点焊接(Stud – Bump Bonding)

SBC:焊球连接(Solder – Ball Connection)

SCIM:单芯片集成模块(Single Chip Integrated Module)

SCM:单芯片组件(Single Chip Module)

SLIM:单级集成模块(Single Level Integrated Module)

SDIP:细间距双列直插式封装(Shrinkage Dual Inline Package)

SEM:电子扫描显微镜(Sweep Electron Microscope)

SIP:单列直插封装(Single In-line Package)

SIP:系统级封装(System In a Package)

SMC:表面组装元件(Surface Mount Component)

SMD:表面组装器件(Surface Mount Device)

SMP:表面组装封装(Surface Mount Package)

SMT:表面组装技术(Surface Mount Technology)

SOC:系统级芯片(System On Chip)

SOIC:小外形封装集成电路(Small Outline Integrated Circuit)

SOJ:小外形 J 形引脚封装(Small Outline J – leaded Package)

SOP:小外形封装(Small Outline Package)

SOP:系统级封装(System On a Package)

SOT:小外形晶体管(Small Outline Transistor)

SSI:小规模集成电路(Small Scale Integration)

SSIP:小外形单列直插式封装(Small Outline Single In – line Plug Package)

SSOP:细间距小外形封装(Shrink Small Outline Package)

SPLCC:细间距塑料无引脚片式封装(Shrinkage Plastic Leadless Chip Carrier)

STRAM:自定时随机存储器(Self Timed Random Access Memory)

TAB:载带自动焊(Tape Automated Bonding)

TBGA:载带焊球阵列(Tape Ball Grid Array)

TCM:热导器件(Thermal Conduction Module)

TCP:带式载带封装、载带封装(Tape Carrier Package)

THT:通孔插装技术(Through‐Hole Technology)

TO:晶体管外壳(Transistor Outline)

TPQFP:薄型塑料四边引脚扁平封装(Thin Plastic Quad Flat Package)

TSOP:薄型小外形封装(Thin Small Outline Package)

TTL:晶体管—晶体管逻辑(Transistor‐Transistor Logic)

UBM:凸点金属化(Metallization Under Bump)

UFPD:超细间距器件(Ultra Small Pitch Device)

USOP:超小外形封装(Ultra Small Outline Package)

USONF:无散热片的超小外形封装(Ultra Small Outline Package Non Fin)

UV:紫外(线,光)(Ultra Violet)

VHSIC:超高速集成电路(Very High Speed Integrated Circuit)

VLSI:超大规模集成电路(Very Large Scale Integrated Circuit)

WB:引线键合(Wire Bonding)

WLP:圆片级封装(Wafer Level Package)

WSI:圆片规模集成(Wafer Scale Integration)

2　SMT 基本名词解释

A

Accuracy(精度)

　　测量结果与目标值之间的差额。

Active Device(有源器件)

　　外加电信号时,电的某些特性随之变化的电子器件。如二/三极管、可控硅、各类集成电路等。

Additive Process(加成工艺)

　　一种制造 PCB 导电布线的方法,选择性的在板层上沉淀导电材料(铜、锡等)。

Adhesion(附着力)

　　类似于分子之间的吸引力。

Adhesives(贴装胶)

　　固化前具有足够的黏度,固化后具有足够的黏接强度的液体化学制剂。在表面组装技术中指波峰焊前暂时固定表面组装元器件的胶黏剂。

Aerosol(气溶剂)

　　小到足以空气传播的液态或气体粒子。

Angle of attack(迎角)

　　丝印刮板面与丝印平面之间的夹角。

Anisotropic adhesive(各向异性胶)

　　一种导电物质,其粒子只在 Z 轴方向通过电流。

Annular ring(环状圈)

钻孔周围的导电材料。

Application specific integrated circuit(ASIC,特殊应用集成电路)

　　客户定做的用于专门用途的电路。

Array(阵列)

　　一组元素,例如锡球点按行列排列。

Artwork(布线图)

　　PCB 的导电布线图,用来产生照片原版,可按任何比例制作,但一般为 3:1 或 4:1。

Automated test equipment(ATE,自动测试设备)

　　自动分析功能或静态参数的设备,也用于故障分析。

Automatic optical inspection(AOI,自动光学检查)

　　在自动系统上,用光学设备来检查模型或物体。

Assembly density(组装密度)

　　单位面积内的焊点数目。

B

Ball grid array(BGA,球栅列阵)

　　集成电路的封装形式,其输入输出点是在元件底面上按栅格形式排列的锡球。

Base material(基材)

　　可在表面形成导电图形的绝缘材料。分为刚性和柔性。

Batch soldering equipment(间歇式焊接设备)

　　使贴好表面组装元器件的印制板单块或批量进行焊接的设备。同义词:批装式焊接设备。

Beam reflow soldering(光束再流焊)

　　利用聚焦的可见光辐射进行加热的再流焊。是局部软钎焊方法之一。

Blind via(盲通路孔)

　　PCB 外层与内层之间的导电连接,不通到板的另一面。

Bonding agent(胶黏剂)

　　用于将单层板黏合成多层板。

Bond lift-off(焊接分离)

　　把焊接引脚从焊盘表面(电路板基底)分开的故障。

Brazing(硬钎焊)

　　使用熔点高于 45°度的焊料进行的焊接。

Bridge(锡桥)

　　把两个应该导电连接的导体连接起来的焊锡,引起短路。

Bulk feeder(散装式供料器)

　　适用于散装元器件的供料器。一般采用微倾斜直线振动槽,将储放的尺寸较小的表面组装元器件输送至定点位置。

Buried via(埋入的通路孔)

　　PCB 两个或多个内层之间的导电连接(外层看不见)。

C

Capillary action(毛细管作用)

　　使熔化焊锡逆着重力,在相隔很近的固体表面流动的一种现象。

Centering jaw(定心爪)

　　贴装头上与吸嘴同轴配备的锻钳式机构,用来在拾取元器件后对其从四周抓合定中心,大多能进行旋转方向的位置校正。

Centering unit(定心台)

　　设置在贴装机机架上的用来完成表面组装元器件定中心功能的装置。

Chip carrier(芯片载体)

　　一种基本封装形式。它将集成电路芯片和内引线封装于塑料或陶瓷壳体之内,向壳外四边引出相应的焊端或短引线。也泛指采用这种封装形式的表面组装集成电路。

Chip on board(COB,板载芯片)

　　一种混合技术,它使用面朝上胶着的芯片元件,通过飞线专门地连接于电路板基底层。

Chip quad pack/Chip carrier(四边封装器件/芯片载体)

　　不以封装体引线间距尺寸为基础,而以封装体大小为基础制成的四边带 J 形或 I 形短引线的高度气密封装的陶瓷芯片载体。

Circuit tester(电路测试机)

　　一种在批量生产时测试 PCB 的装置。包括:针床、导向探针等。

Cladding(覆盖层)

　　金属箔的薄层粘合在板层上形成的 PCB 导电布线。

Cleaning after soldering(焊后清洗)

　　焊接后,用溶剂、水对印制板清洗,以去除焊剂残留物和其它污染物的工艺过程。简称清洗。

Coefficient of the thermal expansion(温度膨胀系数)

　　材料温度增加时,对应每度温度的材料膨胀百万分率(ppm)。

Cold cleaning(冷清洗)

　　一种有机溶解过程,用液体完成焊接后的残渣清除。

Cold solder joint(冷焊锡点)

　　一种反映湿润作用不够的焊接点。其特征是:外表灰色、多孔。

Component density(元件密度)

　　PCB 上的元件数量除以板的面积。

Conductive epoxy(导电性环氧树脂)

　　一种聚合材料,通过加入金属粒子(通常是银)使其能通过电流。

Conductive ink(导电墨水)

　　在厚胶片上使用的胶剂,形成 PCB 导电布线图。

Conductive pattern(导电图形)

　　绝缘基材上由导电材料层构成的几何图形的通称。如:导电带线(导线)、焊盘、互导孔等。

Contact angle(接触角)

指液态物质(熔融锡料)表面与固体(被焊件)表面在接触处的夹角。

Copper foil(铜箔)

一种沉淀于电路板基底层上的阴质性电解材料,作为 PCB 的导电体。它容易粘合于绝缘层,接受印刷保护层,腐蚀后形成电路图样。

Copper mirror test(铜镜测试)

一种助焊剂的腐蚀性测试,在玻璃板上用真空沉淀薄膜。

Cure(烘焙固化)

材料物理性质的变化,通过化学反应或有压/无压的热反应进行。

Curing(固化)

通过加热贴装胶,使表面组装元器件与印制板暂时固定在一起的工艺过程。

Cycle rate(循环速率)

用来计量从拾片到在板上定位、释放和返回过程的元件贴片机器速度,也叫测试速度。

D

Defect(缺陷)

元件或电路单元偏离了正常要求的特征。

De-lamination(分层)

板层的分离和板层与导电覆盖层之间的分离。

De-soldering(卸焊)

把焊接元件拆卸下来修理或更换。包括:用吸锡带吸锡、真空(焊锡吸管)和热拔。

De-wetting(去湿)

熔化的焊锡先覆盖、后收回的过程,留下不规则的残渣。

DFM(面向制造的设计)

以最有效的方式生产产品的方法,将时间、成本和可用资源都考虑在内。

Dip Soldering(浸焊)

将插有元器件印制板的待焊接面与静态熔融的焊料表面接触,使元器件引脚、焊盘充分与焊料浸润,然后提取形成焊点,实现电气和机械连接的作业。

Dispensing(滴涂)

表面组装时,往印制板上施加焊膏或贴装胶的工艺过程。

Dispersant(分散剂)

一种化学品,加入水中以增加其去颗粒的能力。

Downtime(停机时间)

设备由于维护或失效而不生产产品的时间。

Double condensation system(双蒸气系统)

有两级饱和蒸气区和两级冷却区的气相焊系统。

Drag soldering(拖焊)

将插有元器件印制板的待焊接面与静态熔融的焊料表面接触并加以拖动,使元器件引脚、焊盘充分与焊料浸润来形成焊点,实现电气和机械连接的作业。

Drawbridge(吊桥)

两个焊端的表面组装元器件在贴装或再流焊(特别是气相再流焊)中出现的一种特殊现象。其一端离开焊盘表面,整个元件呈斜立或直立,状如立碑。同义词:Manhattan effect(曼哈顿现象)。

Drying(干燥)

印制板在焊膏施加和贴装表面组装元器件后,在一定温度下进行烘干的工艺过程。

Dual wave soldering(双波峰焊)

采用两个波峰的波峰焊。

Dummy land(工艺焊盘)

为减小表面组装元器件贴装后的架空高度,设置在印制板涂胶位置上的有阻焊膜的空焊盘。

Durometer(硬度计)

测量橡胶或塑料刮板刀片硬度的装置。

E

Electronic assembly(电子装联)

电子或电器产品在形成中所采用的电连接和装配的工艺过程。

Eutectic solders(共晶焊锡)

两种或更多的金属合金具有最低的熔化点。当加热时,共晶合金直接从固态变到液态,而不经过塑性阶段。

F

Fabrication(预制)

装配之前的空板制造工艺。包括叠层、金属加成/减去、钻孔、电镀、布线和清洁。

Feeders(供料器)

向贴装机供给表面组装元器件并兼有储料、供料功能的部件。

Feeder holder(供料器架)

贴装机中安装和调整供料器的部件。

Fiducial(基准点)

和电路布线图合成一体的专用标记,用于机器视觉,以找出布线图的方向和位置。

Fiducial mark(基准标志)

在印制板照相底板或印制板上,为制造印制板或进行表面组装各工序,提供精密定位所设置的特定的几何图形。

Fillet(焊角)

在焊盘与元件引脚之间由焊锡形成的连接。即焊点。

Fine pitch(细间距)

不大于 0.65mm 的引脚间距。

Fine pitch devices(FPD,细间距器件)

引脚间距不大于 0.65mm 的表面组装器件。也指长×宽不大于 1.6mm×0.8mm(尺寸编码为 1608)的表面组装元件。

Fine-pitch technology(FPT,细间距技术)

元件的引脚中心距为 0.025″(0.635mm)或更少时的制造、组装工艺、方法。

Fixture(夹具)

连接、固定 PCB 在处理机器中心的装置。

Flexible stencil(柔性金属漏板)

通过四周丝网或有弹性的其它薄膜物与网框相粘连为一个整体的金属漏板,可在承印物上进行类似于采用网板的非接触印刷。简称柔性漏板。同义词:Flexible metal mask(柔性金属模板)。

Flip chip(倒装芯片)

一种无引脚结构的芯片。一般通过适当数量的位于其面上的锡球(导电性胶黏剂所覆盖)面向下倒装在基板电路上,实现电气和机械连接。

Flux(助焊剂)

一种能清除焊料或被焊件表面的氧化物(或不洁物),并能降低其表面张力的活性物质。

Flux bubbles(焊剂气泡)

焊接加热时印制板与表面组装元器件之间因焊剂气化所产生的气体得不到及时的排出,而在熔融焊料中产生的气泡。

Flying(飞片)

贴装头在拾取或贴放表面元器件时,使元器件"飞"出的现象。

Focused infrared reflow soldering(聚焦红外再流焊)

采用聚焦成束的红外辐射热进行加热的再流焊,是一种特殊形式的红外再流焊。

Functional test(功能测试)

模拟其预期的操作环境,对整个装配电器、电路进行的测试。

Full liquidus temperature(完全液化温度)

焊锡达到最大液体状态的温度,此温度最适合良好湿润。

G

General placement equipment(中速贴装机)

贴装速度在 3000 片/h～8000 片/h 的贴装机。

Golden boy(金样)

一个已经测试并确定其功能达到技术规格的元件或电路装配,用来比较测试其它单元。

Gull wing lead(翼形引线)

表面组装元器件封装体向外伸出的形似鸥翼的引线。

H

Halides(卤化物)

含有氟、氯、溴、碘或砹的化合物。是助焊剂中催化剂部分,由于其腐蚀性而必须清除。

Hardener(硬化剂)

加入树脂中的化学品,使其提前固化,即固化剂。

High speed placement equipment(高速贴装机)

贴装速度大于 8000 片/h 的贴装机。

Hot air reflow soldering(热风再流焊)

用强制循环流动的热气流进行加热的再流焊。同义词:Convection reflow soldering(热对流再流焊)。

Hot air/IR reflow soldering(热风红外再流焊)

同时采用红外辐射和热风循环对流进行加热的再流焊。同义词:Convection /IR reflow soldering(热对流红外辐射再流焊)。

Hot plate reflow soldering(热板再流焊)

利用热板传导加热的再流焊。同义词:thermal conductive reflow soldering 热传导再流焊。

I

I-lead(I 形引线)

从表面组装元器件封装体向外伸出并向下弯曲 90°,形似英文字母"I"的平接头引线。

In – circuit test(在线测试)

表面组装过程中,对印制板上个别的或几个组合在一起的元器件分别输入测试信号,并测量相应输出信号,以判定是否存在某种缺陷及所在位置的方法。

In-circuit inspection(在线检测)

组装过程中对元件的位置和方向逐个元件进行的检查。

In-line placement(流水线式贴装)

多台贴装机同时工作,每台只贴装一种或少数几种表面组装元器件的贴装方式。

Inspection after soldering(焊后检验)

印制板完成焊接后的质量检验。

IR reflow soldering/infrared reflow soldering(红外再流焊)

利用红外辐射热进行加热的再流焊。简称红外焊。

IR reflow soldering system(红外再流焊机)

可实现红外再流焊功能的焊接设备。同义词:IR oven(红外炉)。

IR shadowing(红外遮蔽)

红外再流焊时,表面组装元器件,特别是具有 J 型引线的元器件的壳体遮挡其下面的待焊点,影响其吸收红外辐射热量的现象。

J

J-lead(J 形引线)

从表面组装元器件封装体向外伸出并向下伸展,然后向内弯曲,形似英文字母"J"的引线。

L

Laminate(层压板)

由两层或多层预浸基材料叠合后,经加热加压粘结成型的板状材料。根据需要可制成各种厚度。

Land/Pad(焊盘)

印制板上专为焊接电子元器件,导线等设计的导电几何图形(或图案)。

Laser reflow soldering(激光再流焊)

采用激光辐射能量进行加热的再流焊。

Lead(引线)

从元器件封装体内向外引出的导线。在表面组装元器件中,有翼形、J 形、I 形引线。

Lead configuration(引脚外形)

从元件延伸出的导体,起机械与电气两种连接点的作用。

Lead coplanarity(引脚共面性)

指表面组装元器件引脚的垂直高度偏差,即引脚的最高脚底与最低三条引脚的脚底形成的平面之间的垂直距离。其值一般不大于引脚厚度。对于细间距器件,其值不大于 0.1mm。

Leaded ceramic chip carrier(LDCC,有引线陶瓷芯片载体)

把引线封装在陶瓷基体的四边上,使整个器件的热循环性能增强。

Lead foot(引脚)

引线末端的一段,通过软钎焊使这一段与印制板上的焊盘共同形成焊点。

Leadless ceramic chip carrier(LCCC,无引线陶瓷芯片载体)

四边无引线,有金属化焊端并采用陶瓷气密封装的表面组装集成电路。

Lead pitch(引脚间距)

表面组装元器件相邻引脚中心线之间的距离。

Local fiducial mark(局部基准标志)

针对个别或多个细间距、多引线、大尺寸表面组装器件的精确贴装,设置在印制板相应焊盘区域角部供光学定位校准用的特定几何图形。

Located soldering(局部软钎焊)

不是对印制板上全部元器件进行群焊,而是对某些表面元器件或通孔插装元器件逐个加热,或对某个元器件的全部焊点逐个加热进行软钎焊的方法。

Low speed placement equipment(低速贴装机)

贴装机速度小于 3000 片/h 的贴装机。

Low temperature paste(低温焊膏)

熔化温度比锡铅共晶焊膏(熔点为 183℃)低几十度的焊膏。

M

Machine inspection(机视检验)

泛指所有利用检测设备进行组装质量检验的方法。

Machine vision(机器视觉)

使用一个或多个摄像机,用来帮助找元件中心以提高系统的元件贴装精度。

Mass soldering(群焊)

对印制板上所有待焊点同时加热进行软钎焊的方法。

Mean time between failure(MTBF,平均故障间隔时间)

预料可能的运转单元失效的平均统计时间间隔,通常以每小时计算。

Metal electrode face component(金属焊端外形)

一般指两端无引线,有焊端的圆柱形表面组装元器件。

Metal stencil(金属漏板)

用铜或不锈钢薄板经照相蚀刻、激光加工、电铸等方法制成的印刷用模板。

Miniature plastic leader chip carrier(微型塑料有引线芯片载体)

四边有翼形短引线,封装外壳四角带有保护引线共面性和避免引线变形的"角耳"。

Mixed component mounting technology(混装技术)

将表面组装元器件与通孔插装元器件同装在一块印制板上的电子装联技术。

N

No-clean solder paste(免清洗焊膏)

焊后只含微量焊剂残留物而无需清洗组装板的焊膏。

Nonwetting(不润湿的)

由于待焊表面的污染,焊锡不粘附金属表面的一种情况。其特征是可见基底金属的裸露。

Nozzle(吸嘴)

贴装头中利用负压产生的吸力来拾取元器件的重要零件。

O

Off-line programming(脱机编程)

编制贴装程序不是在贴装机上进行,而是在另一计算机上进行的编程方式。

Omegameter(奥米加表)

一种测量 PCB 表面离子残留量的仪表。可以测得和记录由于离子残留而引起的电阻率下降。

Open(开路)

两个电气连接点(引脚和焊盘)变成分开。原因是焊锡不足或连接点引脚共面性差。

Optic correction system(光学校准系统)

指精密贴装机中的摄像头、监视器、计算机、机械调整机构等用于确定贴装位置和方向功能的光机电一体化系统。

Organic activated (有机活性)

作为活性剂的一种助焊系统,具有水溶性。

P

Packaging density(装配密度)

PCB 上放置元件的数量。

Passive component(无源元件/被动元件/非动态元件)

凡外加电信号时(如电流、电压),其基本电性能不会随之发生变化的电子元件。如电阻、电容、电感等。

Paste/adhesive application inspection(施膏检验)

　　用目视或机视检验方法,对焊膏或贴装胶施加于印制板上的质量状况进行的检验。

Paste shelf life(焊膏储存寿命)

　　焊膏丧失其工作寿命之前的保存时间。

Paste working life(焊膏工作寿命)

　　焊膏从被施加到印制板上至焊接之前的不失效时间。

Paste separating(焊膏分层)

　　焊膏中较重的焊料粉末与较轻的焊剂、溶剂、各种添加剂的混合物互相分离的现象。

Percentage of metal(金属百分含量)

　　一定体积的焊膏中,焊前或焊后焊料合金所占体积的百分比。

Photoploter(相片绘图仪)

　　基本的布线图处理设备,用于在照相底片上生产原版 PCB 布线图(通常为实际尺寸)。

Pick – and – place(拾取 – 贴装设备)

　　一种可编程机器。通过机械手臂,从自动供料器拾取元件,移动到 PCB 上的一个定点,以正确的方向贴放于正确的位置。

Pick and place(贴装)

　　将表面组装元器件从供料器中拾取并贴放到印制板规定位置上的手动、半自动或自动的操作。

Pin transfer dispensing(针板转移式滴涂)

　　使用与印制板上待印焊盘或点胶位置对应的针板施加焊膏或贴装胶的工艺方法。

Placement accuracy(贴装精度)

　　贴装表面元器件时,元器件焊端或引脚偏离目标位置的最大偏差,包括平移偏差和旋转偏差。

Placement direction(贴装方位)

　　贴装机贴装头主轴的旋转角度。

Placement equipment(贴装机/贴片机)

　　完成表面组装元器件贴装功能的专用工艺设备。

Placement head(贴装头)

　　贴装机的关键部件,是贴装表面组装元器件的执行机构。

Placement inspection(贴装检验)

　　表面组装元器件贴装时或完成后,对漏贴、错位、贴错、元器件损坏等情况进行的质量检验。

Placement pressure(贴装压力)

　　贴装头吸嘴在贴放表面元器件时,施加于元器件上的力。

Placement speed(贴装速度)

　　贴装机在最佳条件下每小时贴装的表面组装元器件的数目。

Plastic leaded chip carrier(PLCC,塑封有引线芯片载体)

　　四边具有 J 形短引线,典型引线间距为 1.27mm,采用塑料封装的芯片载体。

Precise placement equipment(精密贴装机)

用于贴装形体较大、引线间距较小的表面组装器件(如 QFP)的贴装机,要求贴装精度在 ±0.05mm～±0.10mm 之间或更高。

Printed component(印制元件)

用印刷的方法制成的电子元件(如印制电容、电阻、电感等)。它是印制电路中导电图形的有效组成部分。

Production board(成品板)

按照设计图纸要求,已完成印制加工生产的全过程,具有导电图形与字符的合格印制电路板。

Q

Quad flat pack(QFP,四边扁平封装器件)

四边具有翼形短引线的塑料封装薄形表面组装集成电路。

R

Rectangular chip component(矩形片状元件)

两端无引脚,有焊端,外形为薄片矩形的表面组装元件。

Reflow atmosphere(再流气氛)

指再流焊机内的自然对流空气、强制循环空气或注入的可改善焊料防氧化性能的惰性气体。同义词:Reflow environment(再流环境)。

Reflow soldering(再流焊)

通过重新熔化预先分配到印制板焊盘上的膏状软钎焊料,实现表面组装元器件焊端或引脚与印制板焊盘之间机械与电气连接的软钎焊。

Repeatability(可重复性)

精确重返特性目标的过程能力。

Resolution(分辨率)

贴装机驱动机构平稳移动的最小增量。

Rework(返工)

把不正确装配带回到符合规格或要求的一个重复过程。

Reworking(返修)

去除表面组装组件的缺陷或恢复其机械、电气性能的修复工艺过程。同义词:Repair(返修)。

Rework station(返修工作台)

能对有质量缺陷的组装板进行返修的专用设备或系统。

Rotating deviation(旋转偏差)

因贴装头在旋转方向上不能精确定位而造成的贴装偏差。

S

Saponifier(皂化剂)

一种用来分散清洁剂,促进松香和水溶性助焊剂的清除的水溶液。

Schematic(原理图)

　　使用专用符号代表电路布置的图,包括电气连接、元件和功能。

Screen printing(丝网印刷)

　　使用网板将焊料印到承印物上的印刷工艺过程。简称丝印。

Screen printing plate(网板)

　　由网框、丝网和掩膜图形构成的丝印用印刷网板。

Screen printer(丝网印刷机)

　　表面组装技术中,用于丝网印刷或模板漏印的专用工艺设备,简称丝印机。

Self alignment(自定位)

　　贴装后偏离了目标位置的表面组装元器件,在焊膏融化过程中,当其全部焊端或引脚与相应的焊盘同时被润湿时,能在表面张力的作用下,自动地被拉回到近似目标位置的现象。

Semi-aqueous cleaning(不完全水清洗)

　　涉及溶剂清洗、热水冲刷和烘干循环的技术。

Sequential placement(顺序贴装)

　　按预定贴装顺序逐个拾取、贴放的贴装方式。

Shadowing(阴影)

　　在红外再流焊中,元件身体阻隔来自某些区域的能量,造成温度不足以完全熔化锡膏的部分。

Shifting deviation(平移偏差)

　　因贴装机的印制板定位系统和贴装头定心机构在 $X-Y$ 方向不精确以及元器件、印制板本身尺寸偏差所造成的贴装偏差。

Shrink small outline package(SSOP,收缩型小外形封装)

　　近似小外形封装,但宽度比小外形封装更窄,可节省组装面积的一种新型封装。

Silver chromate test(铬酸银测试)

　　一种定性的、检测卤化离子在 RMA 助焊剂中是否存在的检查。

Simultaneous placement(同时贴装)

　　两个以上贴装头同时拾取、贴放多个表面组装元器件的贴装方式。

Single condensation systems(单蒸气系统)

　　只有一级饱和蒸气区和一级冷却区的气相焊系统。

Skewing(偏移)

　　焊膏熔化过程中,由于润湿时间等差异,使同一元器件所受的表面张力不平衡,一端向一侧斜移、旋转或向另一端平移的现象。

Slump(坍落)

　　在印刷后固化前,锡膏、胶剂等材料的扩散。

Small outline pack(SOP,小外形封装)

　　两侧具有翼形或 J 形短引线的一种表面组装元器件封装形式。

Small outline diode(SOD,小外形二极管)

　　采用小外形封装结构的表面组装二极管。

Small outline integrated circuit(SOIC,小外形集成电路)

　　指外引线数目不超过 28 条的小外形集成电路,一般有宽体和窄体两种封装形式。其中具有翼形短引线者称为 SOL 器件,具有 J 形短引线者称为 SOJ 器件。

Small outline transistor(SOT,小外形晶体管)

　　采用小外形封装结构的表面组装晶体管。

Snap-off-distance(印刷间隙)

　　印刷时,网板与承印物上表面的静态距离。

Solder ability(可焊性)

　　为了形成很强的连接,导体(引脚、焊盘或迹线)熔湿的(变成可焊接的)能力。

Solder balls(焊料球)

　　焊接缺陷之一。指散布在焊点附近的微小球状焊料。

Solder bump(焊球)

　　球状的焊锡材料粘合在无源或有源元件的接触区,起到与电路焊盘连接的作用。

Soldering(软钎焊)

　　使用熔点低于 450℃ 的焊料进行的焊接。

Soldering time(焊接时间)

　　焊接时,锡料熔融并在被焊件表面发生润湿、铺展、扩散、形成合金属等理化作用所需的时间。

Solder mask(阻焊)

　　印刷电路板的处理技术,除了要焊接的连接点之外的所有表面都由塑料涂层覆盖住。

Solder paste(膏状焊料)

　　由焊料合金、焊剂和添加剂混合制成具有一定黏度和良好触变性的焊料膏。简称焊膏。

Solder powder(焊料粉末)

　　在惰性气氛中,将熔融焊料雾化制成的微细粒状金属。一般为球形和近球形或不定形。

Solder shadowing(焊料遮蔽)

　　波峰焊时,某些元器件受本身或前方较大体积元器件的阻碍,得不到焊料或焊料不能润湿其某一侧甚至全部焊端或引脚而导致漏焊的现象。

Spreading(铺展)

　　熔融的锡料在被焊件表面上流动并扩展开来的一种现象。

Squeegee(刮板)

　　由橡胶或金属材料制作的叶片和夹持部件构成的印料刮压构件,用它将印料印刷到承印物上。

Statistical process control(SPC,统计过程控制)

　　用统计技术分析过程输出,以其结果来指导行动,调整/保持品质控制状态。

Stencil printer(模板印刷)

　　使用金属漏板或柔性金属漏板将印料印于承印物上的工艺过程。

Stick feeder(杆式供料器)

　　适用于杆式包装元器件的供料器。它靠元器件自重和振动进行定点供料。

Storage life(储存寿命)

胶剂的储存和保持有用性的时间。

Stringing(挂珠)

注射式滴涂焊膏或贴装胶时,因注射嘴/针头与焊盘表面分离欠佳而在嘴上粘连少许焊膏或贴装胶,并带至下一个被滴涂焊盘上的现象。

Subtractive process(负过程)

去掉导电金属箔或覆盖层的选择部分,得到电路布线。

Surface mounted assembly(SMA,表面组装组件)

采用表面组装技术完成装联的印制板组装件。简称组装板或组件板。

Surface mounted components/surface mounted devices(SMC/SMD,表面组装元器件)

外形为矩形/圆柱形片状,其焊端或引脚制作在同一平面,适用于表面组装的电子元器件。

Surface mounted solder joints(表面组装焊点)

印制板上表面组装元器件焊端与印制板焊盘之间实现软钎焊连接的区域。简称焊点。

Surface mount technology(SMT,表面组装技术)

无需对印制板钻插装孔,直接将表面组装元器件贴、焊到印制板表面规定位置上的装联技术。同义词:表面安装技术、表面贴装技术。

Surfactant(表面活性剂)

加入水中以降低表面张力、改进润湿的化学品。

Syringe(注射器)

通过狭小开口滴出胶剂的容器。

Syringe dispensing(注射式滴涂)

使用注射针管,往印制板表面规定位置施加贴装胶或焊膏的工艺方法。

T

Tape-nd-reel(带盘)

贴片用的元件包装。在连续条带上,把元件装入凹坑内并由塑料带盖住卷到盘上,供贴片机用。

Tape feeder(带式供料器)

适用于编带包装元器件的供料器。它将表面组装元器件进行编带后成卷地进行定点供料。同义词:Tape reel feeder(整卷盘式供料器)。

Teach mode programming(示教式编程)

在贴装机上,操作者根据贴装程序,经显示器(CRT)给操作者一定的指导提示,模拟贴装一遍,贴装机同时自动逐条输入所设计的全部贴装程序和数据,并自动优化程序的简易编程方式。

Termination/Terminal(焊端)

无引脚表面组装元器件的金属化外电极。

Thermocouple(热电偶)

由两种不同金属制成的传感器。受热时,在测量回路中产生一个小的直流电压。

Thixotropy(触变性)

流变体的黏度随着时间、温度、切变力等因素而发生变化的特性。

Tombstoning(立碑)

一种焊接缺陷。片状元件被拉到垂直位置,使另一端不焊。

Tray feeder(盘式供料器)

适于盘式包装元器件的供料器。它将引线较多或封装尺寸较大的表面组装元器件,预先编放在一矩阵格子盘内,由贴头分别到各器件位置拾取。同义词:Waffle pack feeder (华夫盘式供料器)。

U

Ultra – fine – pitch(超细间距):引脚中心距和导体间距为 0.010″(0.25mm)或更小。

V

Vapor degreaser(气相去油器)

一种清洗系统,将物体悬挂在箱内,受热的溶剂汽体凝结于物体表面。

Vapor phase soldering(VPS,气相再流焊)

利用高沸点工作液体饱和蒸气的气化潜热,经冷却时的热交换进行加热的再流焊。简称气相焊。

Visual inspection(目视检验)

直接用肉眼或借助简单的辅助工具检验组装质量状况的方法。

Void(空隙)

锡点内部的空穴,在回流时气体释放或固化前夹住的助焊剂残留所形成。

W

Wave soldering(波峰焊)

将熔化的焊料,经电动泵或电磁泵喷流成特定的焊料波峰,使预先装有电子元器件的印制板通过焊料波峰,实现元器件焊端或引脚与印制板焊盘之间机械与电气连接的软钎焊。

Wetting(润湿)

指熔融锡料对被焊件金属表面的一种亲和性或者附着力。

Wicking(芯吸)

由于加热温度梯度过大和被加热对象不同,使表面组装元器件引线先于印制板焊盘达到焊料熔化温度并润湿,造成大部分焊料离开设计覆盖位置(引脚)而沿器件引线上移的现象。严重的可造成焊点焊料量不足,导致虚焊或脱焊,常见于气相再流焊中。同义词:上吸锡、灯芯现象。

Y

Yield(产出率)

制造过程结束时使用的元件和提交生产的元件数量比率。

参 考 文 献

[1] 宣大荣,等. 表面组装技术. 北京:电子工业出版社,1994.

[2] Stephen W Hinch. 表面安装技术手册. 北京:兵器工业出版社,1992.

[3] 廖汇芳. 实用表面安装技术与元器件. 北京:电子工业出版社,1993.

[4] 张立鼎. 先进电子制造技术. 北京:国防工业出版社,2000.

[5] 赵英. 电子组件表面组装技术 北京:机械工业出版社,1997.

[6] 龙绪明. 实用电子 SMT 设计技术. 成都:四川省电子学会 SMT 专委会,1997.

[7] 周瑞山. SMT 工艺材料. 成都:四川省电子学会 SMT 专委会,1999.

[8] 张文典. SMT 生产技术. 南京:南京无线电厂工艺所,1993.

[9] 宣大荣. SMT 生产现场使用手册. 北京:北京电子学会 SMT 专委会,1998.

[10] 宣大荣. SMT 工程师使用手册. 苏州:江苏省 SMT 专委会,2000.

[11] 江锡全,等.表面安装技术原理与应用.北京:《计算机与信息处理标准化》编辑部,1991.

[12] 张文典.实用表面组装技术.北京:电子工业出版社,2002.

[13] 龙绪明. 现代实用电子 SMT 设计制造技术. 成都:四川省电子学会 SMT 专委会,2002.

[14] 电子工艺技术. 太原:中国电子学会生产技术学分会,1999－2007.

[15] SMT China(中文版). 香港:《SMT China》编辑部,2005－2007.

[16] 环球 SMT 与封装. 太原:《环球 SMT 与封装》编辑部,2000－2007.

[17] Gerald Ginsberg. Surface Mount and Related Technologies. New York: Marcel Dekker, 1989.

[18] James K. Hollomon. Surface Mount Technology. Indianapolis: Howard W. Sams Company,1989.

[19] Strauss, Rudolf. Surface Mount Technology. Oxford: Newnes, 1998.

[20] Ray P. Prasad. Surface Mount Technology Principles and Practice. New York: Van Nostrand Reinhold, 1989.

[21] Carmen Capillo. Surface Mount Technology: Materials, Processes, and Equipment. New York: McGraw－Hill, 1990.

[22] Stephen W. Hinch. Handbook of Surface Mount Technology. UK: Longman Scientific & Technical, 1988.

[23] Clyde F. Coombs, Jr. Printed Circuits Handbook(5th). New York: Chicago San Francisco Lisbon, 2001.

[24] Howard H. Manko. Solders and Soldering: Materials, Design, Production, and Analysis for Reliable Bonding. New York: McGraw－Hill Professional, 2001.

[25] Lee, Ning－Cheng. Reflow soldering processes and troubleshooting: SMT, BGA, CSP, and flip chip technologies. Boston: Newnes, 2002.

[26] Jennie S. Hwang. Implementing lead－free electronics: a manufacturing guide, New York: McGraw－Hill, 2004.

[27] http://www.smt.net.cn.

[28] http://dfx.51.net.

[29] http://www.ee.cityu.edu.hk/~ieeecon.

[30] http://www.smtmag.com.